高职高专给水排水工程专业系列教材

水泵 风机与站房

黄兆奎　主编

黄兆奎　刘家春　李黎武　编

刘自放　主审

中国建筑工业出版社

图书在版编目（CIP）数据

水泵风机与站房/黄兆奎，刘家春，李黎武编．
北京：中国建筑工业出版社
（高职高专给水排水工程专业系列教材）
ISBN 978-7-112-04040-7

Ⅰ．水…　Ⅱ．①黄…②刘…③李…　Ⅲ．①水泵-高职高专-教材②鼓风机-高职高专-教材③水泵房-高职高专-教材　Ⅳ．TH

中国版本图书馆 CIP 数据核字（1999）第 56005 号

本书阐述水泵、风机与站房的有关基础知识。全书除绪论外，共分五章，主要内容为：叶片式泵、风机构造及理论基础；离心泵、风机运行原理；给水泵站；排水泵站；风机站。主要介绍离心泵、风机工作原理，基本结构，性能参数，运行原理，站房工艺设计、运行与维护管理等。

本书为高等专科学校给水排水工程专业系列教材之一，也可作为其他相关专业的教学参考书，亦可供设计、施工、运行管理的有关工程技术人员参考。

高职高专给水排水工程专业系列教材

水泵　风机与站房

黄兆奎　主编

黄兆奎　刘家春　李黎武　编

刘自放　主审

*

中国建筑工业出版社出版、发行（北京西郊百万庄）

各地新华书店、建筑书店经销

北京世知印务有限公司印刷

*

开本：787×1092 毫米　1/16　印张：11½　字数：277 千字

2000 年 6 月第一版　2012 年 7 月第六次印刷

定价：**16.00** 元

ISBN 978-7-112-04040-7

(16746)

前　言

我国的高等工程专科教育起步较晚，发展过程又较曲折。经过多年的实践与探索，特别是随着高教改革的深入，高等工程专科的“定位”问题已趋明朗。套用本科的教学模式和沿用本科教材，似乎难以为继而该另起炉灶了，于是有了这套给水排水工程专业专科系列教材。《水泵 风机与站房》是根据 1997 年 9 月全国高校给水排水专业专科指导小组沧州会议通过的《水泵 风机与站房》课程教学基本要求，按 46 学时编写的。

水泵风机与站房是很实在的客观事物，人们可以从不同角度、按照不同的理解、采用不同的表述方式来描述。本书编者试图以高等专科人材培养模式的要求、结合给水排水工程的实际、从应用的角度出发，用较为通俗的语言（或专业语言）介绍专业所必须的水泵、风机基本知识和基础理论，站房工艺设计基础知识。以适当的篇幅论及节能技术、泵房新结构及新设备，如潜水取水泵站，潜水泵、计量仪表等，以较大篇幅介绍离心泵等的安装、调试与验收、正常运行与故障处理程序等。明确提出了：水泵风机工况求解时，以系统能量平衡为基础的等值水泵、等值管路概念；为泵站选泵时，增加扬程利用率和全年权重效率两项评价指标。

参加本书编写的有湖南城市建设高等专科学校黄兆奎副教授（前言、绪论、第三章、第四章）、李黎武讲师（第一章）、河北工程技术高等专科学校刘家春副教授（第二章、第五章）。全书由黄兆奎统稿。

本书承吉林建筑工程学院罗文立副教授、长春建筑高等专科学校刘自放教授审阅了全部初稿，刘自放教授审查了全部修改稿，并提出了许多宝贵的修改意见和建议。编写过程中湖南大学余健副教授、湖南省建筑设计院杨春山高级工程师、湖南城建高等专科学校钟映恒副教授提供了许多有益的建议。杨青山高级工程师还提供了潜水取水泵站等资料。此外，还参考引用了国内一些书刊文献和手册中的资料，这里未能一一列出。编者在此一并表示真诚的谢意。

由于编者水平有限，对所论及内容的理解欠深，表述难免有不够充分和错误之处，恳请读者和同仁批评指正。

目　录

绪　论

一、水泵、风机在国民经济各领域中的地位和作用

水泵、风机广泛应用于国民经济各个领域，以致使水泵、风机发展成为通用机械而组织生产。随着现代工业的发展和社会的进步，采矿、冶金、电力、石化、交通、市政、农林等部门以及人们日常生活的诸多方面，使用多种形式的泵站、风机站，而且其规模和投资愈来愈大，在安全、经济与环境维护等方面的要求不断提高。

在市政建设中，泵站是给水排水工程必要的组成部分，是给水排水系统正常运转的枢纽。给水系统中，取水泵站从水源抽水输送到水厂，净化后的清水由送水泵站送到城市管网。排水系统中，生活污水和允许排放的工业废水经排水管渠汇集后，由排水泵站送至污水处理厂，经处理后的污水再由排水泵站（或自流）排放至水体，在污水处理厂内，用活性污泥法降解有机物时，鼓风曝气要用压缩空气站，沉渣的排除、新鲜污泥的抽送、活性污泥的回流均需用不同类型的泵站。除此以外，雨水的排除还需专门的雨水泵站，城市管道煤气工程中煤气的制备与输送需要水泵站与压缩煤气站。

在矿山、工业企业的生产过程中，风机站（排风、送风）、水泵站是很多生产工艺过程中必不可少的设施。使用汽轮发电机组的火电站，为保证发电机组的正常工作，需要一系列相应的水泵和风机站，如供冷凝器冷却水的循环泵站，维持冷凝器正常工作的凝水泵站，锅炉上水的给水泵站，补充新水的补水泵站，水力除灰泵站，引风机站，煤粉系统和水冷壁吹灰系统的压缩空气站等。在矿山采矿生产中，竖井的井底排水、矿床的地表水疏干、掘进斜井的初期排水、水力掘进、水力选矿等需用不同的水泵站，为保证安全生产，矿井要有专门的排风机站、送风机站。

在农田灌溉及排涝方面，泵站是作为一个独立的构筑物而服务于各项作业的。这类泵站的数量和总装机容量，在我国国民经济各领域的泵站中所占的比例最大。这些泵站在抗御旱涝灾害、保证农业生产方面，发挥了重要的作用。随着农业发展的需要，在我国的长江三角洲、江汉平原、洞庭湖区、珠江三角洲、杭嘉湖地区、苏北里下河地区等兴建了一大批大容量低扬程的排灌结合的泵站，如江都四座泵站共装机 4.98×10^4kW，设计流量为 400m^3/s，抽江水输送至大运河及苏北灌溉总渠，灌溉沿线农田、排除里下河地区的内涝，同时又是南水北调工程第一级泵站的组成部分。我国高扬程、多梯级的灌溉泵站主要分布在西北高原地区，如陕西合阳县东雷引黄泵站设计流量 60m^3/s，分 8 个梯级，总静扬程 311m，装机总容量为 12×10^4kW。

在跨流域调水方面，泵站是核心工程。我国人均水资源仅为世界人均水资源的 1/4，可谓贫乏，且现存的水资源分布又很不均匀。因此，人们自然会想到，不仅要节约利用水资源，还要合理地进行调度，因而有跨流域调水工程的逐步发展。已建成比较著名的如引滦入津工程，全长 234km，共修建了 3 级泵站 4 座，分别采用了叶片可调的大型轴流泵（27 台）和高压离心泵，总装机容量为 2×10^4kW，全年引水量 10 多亿 m^3。南水北调工程经全

面论证后正式启动。东线第一期工程输水干线长646km，新建和扩建泵站20座，抽江水$500m^3/s$，除满足居民及航运用水外，对农业以提高灌溉保证率为主。第二期工程抽水$700m^3/s$，全线共有37座大型泵站，总装机容量80×10^4kW，输水干线总长1150km。1997年长江三峡的截流成功，标志着南水北调西线工程的正式启动。

二、水泵、风机分类与发展趋势

水泵、风机是一种将原动机的机械能转换为流体势能和动能的换能装置，因而又统称为流体机械。它们广泛应用于国民经济各个部门，因而型号和规格很多，分类方法也不尽相同。

1. 水泵种类

按工作原理的不同，水泵可分为三类：

(1) 叶片式泵。这类泵利用高速旋转的叶轮上的叶片与流体发生力的相互作用，完成能量的转换以实现对液体的抽送。属于这一类的泵有离心泵、轴流泵和混流泵。叶片式泵具有效率高、启动方便、工作稳定、性能可靠、容易调节等优点，用途最为广泛。

(2) 容积式泵。它是靠泵体工作室容积的周期性改变，对液体产生抽吸和挤压作用，从而完成对液体的输送。如，利用活塞在泵缸内作往复运动的往复泵，类似的有柱塞泵、隔膜泵；利用转子作回转运动的转子泵、齿轮泵、刮片泵、罗茨泵等。

(3) 其它类型泵。指上述两类水泵以外的其它泵。如利用螺旋推进原理工作的螺旋泵，利用高速流体工作的射流泵和气升泵，利用有压管道水击原理工作的水锤泵等。

图0-1为几种常用水泵的总型谱图。由图可知：往复泵的适用范围侧重于高扬程（出口扬程理论上不受限制）、小流量，常用于系统（或容器）试压、高压系统补充新水、药剂的投加及其计量等；叶片式泵的适用范围很宽，且性能差异也很大，有利于用户选用。轴流泵和混流泵的适用范围侧重于低扬程、大流量，常用于城市雨、污水排水，农业的排灌；离心泵的适用范围介于往复泵与轴流泵之间，常用于城市给水排水等工程。

2. 风机分类

按作用原理风机可分为两类：

(1) 叶片（透平）式风机。它靠叶轮的高速旋转，提高气体的压力和速度，随后在固定元件内使一部分动能进一步转换为压能，完成气体输送。属于这类的风机有离心式风机、轴流式风机和混流式风机。

(2) 容积式风机。它靠周期性改变工作室容积，使气体体积减小而提高压力，完成对气体的输送。工作室容积的改变有往复和回转两种方式。属于往复式的有活塞式、自由活塞式、隔膜式风机；属于回转式的有滑片式、螺杆式、罗茨式风机。

若按风机能达到的压力可区分为三类：通风机（排气压力$p_d<14.7kPa$）、鼓风机（$14.7kPa<p_d<196kPa$）、压缩机（$0.196MPa<p_d<98MPa$）。图0-2为各种风机的压力与排气量（Q_{SV}）范围。由图可见：通风机、鼓风机的适用范围侧重于低压头、大排气量，常用于泵房的散热通风和工艺需要时的鼓风曝气。

3. 发展趋势

目前世界各国的水泵风机与站房发展的趋势和特点有以下几个方面：

(1) 大型化、大容量化。一般而言，大容量机组可以取得高效率，因而这种发展趋势很明显。如国外为130×10^4kW汽轮发电机组（单机）配套的锅炉给水泵，功率达到5×

10^4kW。城市给水工程的单级双吸离心泵单机功率达5500kW，巨型轴流泵的叶轮直径达7m。潜水泵直径已达1.6m。泵站的抽水能力愈来愈大，如我国江都四站，设计流量210m^3/s，装机容量2.1×10^4kW；前苏联卡霍夫卡渠首抽水泵站设计流量530m^3/s，装机容量16.8×10^4kW；美国哥伦比亚河大古力水库泵站设计流量460m^3/s，设计装机容量58×10^4kW；日本新芝川排水泵站设计流量200m^3/s，装机容量1.8×10^4kW。

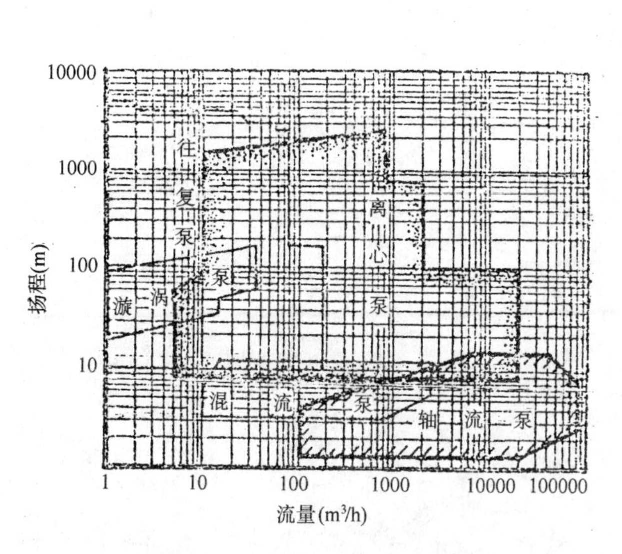

图0-1　常用几种水泵的总型谱图

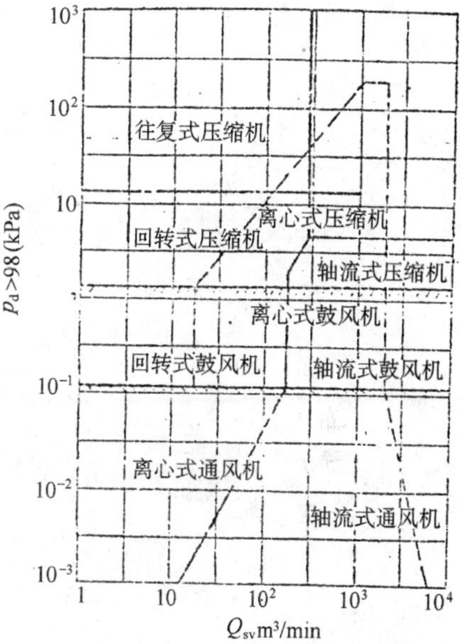

图0-2　各种形式压缩机的压力和气量范围

（2）高速化、高扬程化。目前，锅炉给水泵的单级扬程已有突破1000m大关的记录。要进一步实现高扬程化，势必要提高水泵转数。提高水泵转数主要受泵体与叶轮的材料的限制。随着现代计算技术和科学技术的进步，优化水泵设计，提高材料的耐汽蚀性能和强度，进一步向高速化方向发展是有可能的。

（3）系列化、标准化、通用化。产品的三化是用户对产品的要求，也是对现代工业生产的必然要求。在实现三化方面，我国在工业基础薄弱的条件下，经不懈努力建立了自己的三化体系，三化程度不断提高，并且有部分产品已与国际接轨，如我国已按国际标准化协会制订的ISO 2858—1975E标准设计与生产单级单吸离心泵，其产品在西欧市场上可作为标准水泵出售。

（4）自动化与节能。从机组的启动、运行监督、停机、流量压力调节，至整个泵站全过程的自动化已被多数厂家接受与采用。计算机在管理中的应用也愈来愈普遍。发展的结果，不仅节约了人力、时间，提高了运行的安全性，而且采用调速机组后扩大了水泵高效工作范围、减小了扬程浪费，节电效果十分明显。管路中取消普通止回阀代以微阻缓闭止回阀或液控蝶阀，也有良好的节能效果。

（5）泵房结构创新。由于大容量中低扬程给水潜水泵和潜水轴流泵的出现，泵房结构已有很大的创新，出现了露天取水泵站、露天排水泵站。这种潜水泵房，不需要过多的地面建筑，地下构筑物也大为简化，自动化程度大为提高，水泵的安装和维修也较为方便。因而既节省了土建投资（与同规模的非潜水泵房相比节约可达40％～60％）、又能降低运行费用（30％～40％）。

随着设计理论、现代计算与模拟试验技术、测试手段等的改进，材料性能的提高，加工工艺的革新，可以预见水泵风机单机的性能、站房流量调节的性能会得到进一步的提高，站房的结构形式会得到进一步发展与创新。

第一章　叶片式泵 风机构造及理论基础

叶片式水泵、风机在水泵、风机中是最常用的一类，其工作原理都是依靠叶轮的高速旋转来完成能量的转换。由于叶轮中叶片的几何形状不同，使得旋转时流体通过叶轮所受到的力的作用方式不同，流体流出叶轮时的方向也有所不同，因而叶片式水泵、风机按叶轮中的叶片形状和构造可简单分类如下：

$$\text{叶片式水泵、风机}\begin{cases}\text{离心泵、风机}\\\text{混流泵、风机}\\\text{轴流泵、风机}\end{cases}$$

第一节　离心泵 风机工作原理

由水力学中可知，当盛有水的敞口圆筒绕中心轴作等角速度旋转时，圆筒内的水面在离心力的作用下便形成了母线为抛物线的旋转抛物面。当坐标原点置于抛物面最低点时，与原点相距 r（Z=Const）的 i 点的静水压强为 $p_c=p_a+\frac{\rho\omega^2r^2}{2}=p_a+\gamma h$。由此可以看出，圆筒半径越大，旋转速度越快，液体沿圆筒上升的高度就越大。离心泵、风机就是基于这一原理来工作的。图 1-1 为简单的水泵装置示意图。当叶轮随泵轴旋转时，叶片间（叶槽）的水随叶轮旋转而受到离心力的作用，并使水体从叶槽的出口处被甩出，有如在下雨天打伞，将雨伞旋转时，伞上的雨水被甩出一样。被甩出的水挤入泵壳压水室。由于叶轮作功而使水体得到能量，于是泵壳中的压强增高，最后被导向出口排出。水体被甩出后，叶轮入口处及吸水室的压强降低，吸水池的水在大气压强的作用下通过吸水管进入水泵的吸水室、叶轮入口处，又被叶轮甩出。如此，水泵源源不断地输送流体。

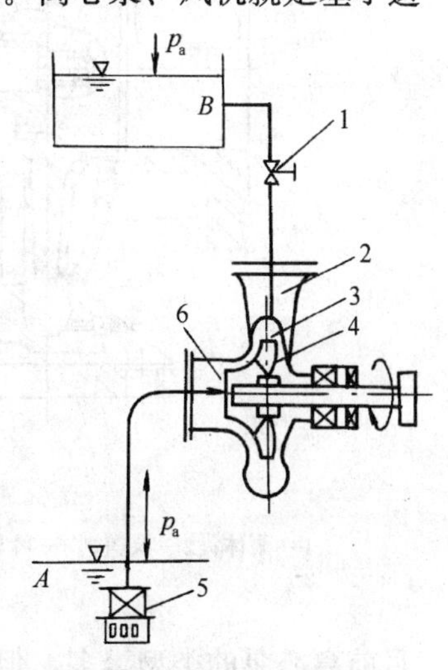

图 1-1　泵工作的装置简图

1—调节阀；2—排出短管；3—压水室；4—叶轮；5—底阀；6—吸水室

通过上面的讨论和进一步分析，不难理解：

（1）离心泵一般没有自吸能力；

（2）离心泵、风机要能连续抽升流体，必须有三个基本部件：叶轮、泵（风机）轴、泵（风机）壳；

（3）离心泵、风机作为能量的转换机械，工作过程中必然伴有能量损失。

第二节　离心泵 风机的主要零部件

一、离心泵的主要零部件

离心水泵是由许多零件组成的，如图 1-2 所示的单级单吸卧式离心泵的结构图。离心泵的主要零件按转动关系分成三部分，如表 1-1 所列。

离心泵的主要零件　　表 1-1

部　分	主　要　零　件
转动部分	叶轮、泵轴
固定部分	泵壳、泵座
交接部分	1. 泵轴与泵壳之间的轴封装置即填料盒 2. 叶轮外缘与泵壳内壁接缝处的减漏装置即减漏环 3. 泵轴与泵座之间的连接装置，即轴承座 4. 泵轴与原动机轴的连接装置，即联轴器

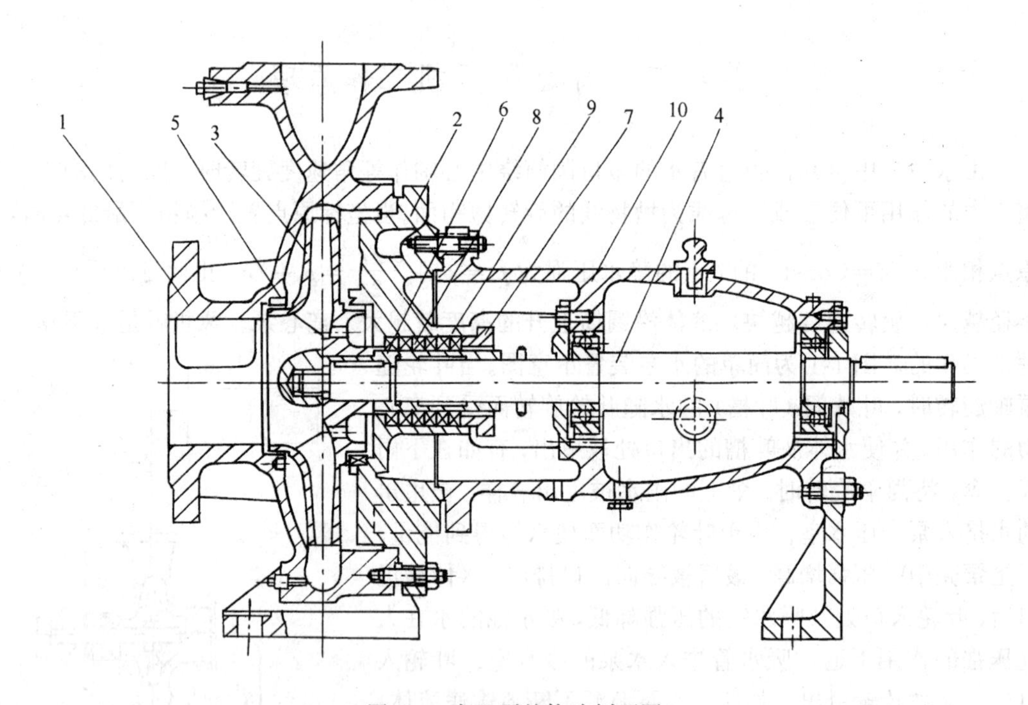

图 1-2　离心泵的构造剖面图

1—泵体；2—泵盖；3—叶轮；4—轴；5—减漏环；6—轴套；7—填料压盖；8—填料环；9—填料；10—悬架轴承部件

目前离心泵的类型繁多，但其工作原理相同，因而它们的主要零部件的作用、材料和组成基本相同。现分别介绍如下：

1. 叶轮（又称工作轮）

叶轮是离心泵的主要零件。选择叶轮材料时不仅要考虑它的机械强度，还要考虑它的耐磨蚀和耐腐蚀性能。目前叶轮材料多数采用铸铁、铸钢和青铜，也有采用不锈钢、塑料和陶瓷的。

叶轮按其吸水方式可分为单吸式叶轮与双吸式叶轮两种。单吸式叶轮为单边吸水，如图 1-3 所示。叶轮的前盖板与后盖板呈不对称状。双吸式叶轮两边吸水，如图 1-4 所示，叶轮盖板呈对称状。多用于大中流量的离心泵。

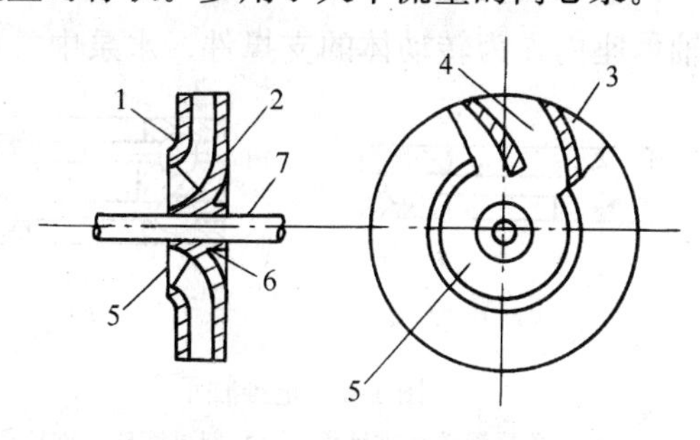

图 1-3　单吸式叶轮

1—前盖板；2—后盖板；3—叶片；4—叶槽；
5—吸水口；6—轮毂；7—泵轴

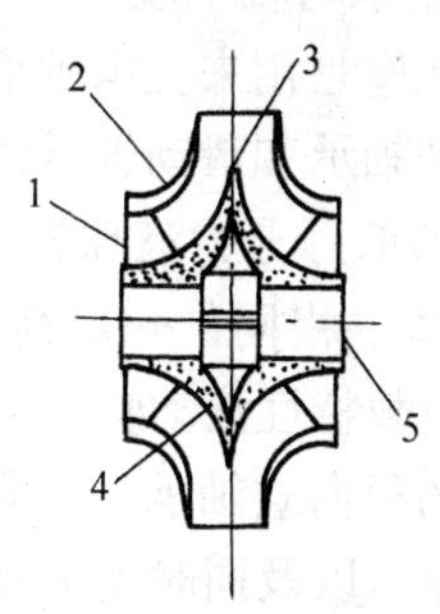

图 1-4　双吸式叶轮

1—吸入口；2—轮盖；3—叶片；
4—轮毂；5—轴孔

叶轮依其盖板覆盖情况可分为开式、半开式和封闭式叶轮三种（如图 1-5 所示）。开式叶轮没有盖板只有叶片；半开式叶轮只设后盖板。开式和半开式叶轮一般为 2～5 片叶片。这两种叶轮多用于抽升含有悬浮物污水的污水泵中。闭式叶轮既有前盖板也有后盖板，叶片一般为 6～8 片，最多为 12 片。

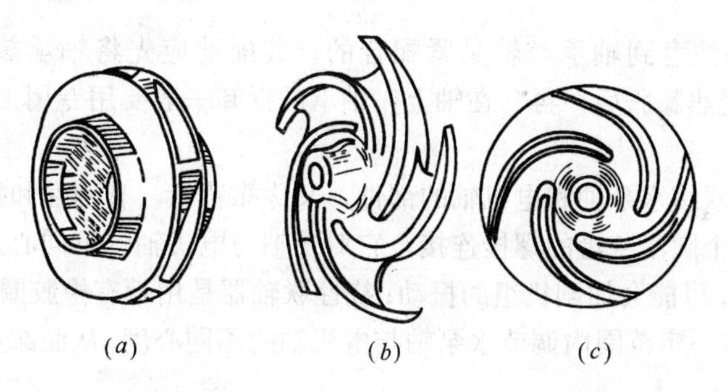

图 1-5　叶轮形式

(*a*) 封闭式叶轮；(*b*) 开式叶轮；(*c*) 半开式叶轮

对于单吸泵，叶轮是用键和叶轮锁紧螺母固定在轴端的。装配时先将键放在轴的键槽中，再用木榔头敲打叶轮将它装在轴上，然后装止退垫圈，拧紧叶轮螺母，并将止退垫圈一边撬起来贴紧于叶轮螺母的侧面，以防退扣。拆卸时，先打平贴在叶轮上的止退垫圈，用专用扳手拧下叶轮螺母即可（注意拧的方向应与水泵工作时的叶轮旋向相同）。而对于双吸泵，转子装配时先在泵轴中间键槽内插上键，然后压入双吸叶轮，再套上轴套。拆卸时先拆下泵轴两端的轴承体压盖，即可将整个转子拆下。

2. 泵轴

泵轴是用来旋转叶轮并传递扭矩的。常用材料是碳素钢和不锈钢。泵轴应有足够的抗扭强度和足够的刚度。叶轮和轴用键联结，但这种联结只能传递扭矩而不能固定叶轮的轴向位置，在大中型水泵中叶轮的轴向固定通常用轴套和并紧轴套的螺母来实现。

由于采用锁紧螺母式锁紧轴套对叶轮进行轴向固定，为防退扣规定了水泵的转向（标在泵壳上），因而初装水泵或解体检修后的水泵按规定要试转向。如与规定转向不符时，应掉换电源相序而予以更正。

3. 轴承与轴承座

轴承座是用来支承轴承的。轴承装在轴承座内作为转动体的支撑件。水泵中常用的轴承为滚动轴承和滑动轴承两类。依荷载大小滚动轴承可分为滚珠轴承和滚柱轴承，其结构基本相同，一般荷载大的采用后者。依荷载特性滚动轴承又分为只承受径向荷载的径向式轴承，只承受轴向荷载的止推轴承，以及同时支承径向和轴向荷载的径向止推轴承，如图 1-6 所示。

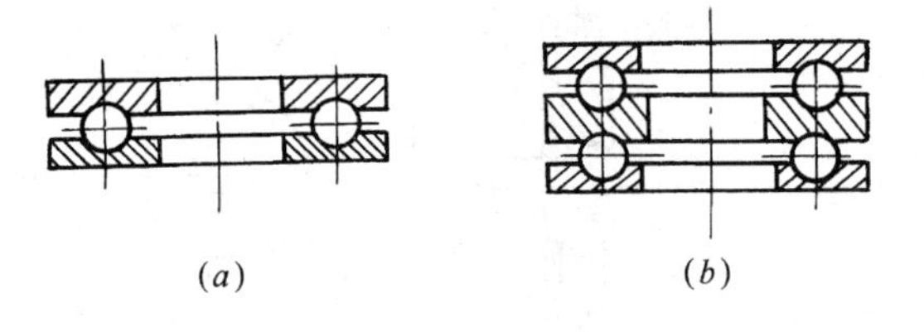

图 1-6 止推轴承

(a) 单排滚珠止推轴承；(b) 双排滚珠止推轴承

大、中型水泵（一般泵轴直径大于 75mm）常采用青铜或铸铁制造分成两半的金属滑动轴瓦，巴氏合金衬里，用油进行润滑和冷却的滑动轴承。也有石墨等材料制成的滑动轴承，可用水润滑和冷却。

轴承座构造如图 1-7 所示。轴承座的润滑和冷却需设置润滑油系统和润滑油冷却系统。冷却水套一般在轴承发热量较大、单用空气冷却不足以将热量散发时才用。这时冷却水套上另外接冷却水管。油杯孔是用于加润滑油的，油杯内设油位标尺，可测定油量并判断油量的适宜程度。

轴承的安装要注意到轴承与轴是紧配合的。装配前应先将轴承放在机油中加热到 120℃左右，轴承受热膨胀后，再套在轴上。轴承的拆卸一般要用专用工具。

4. 联轴器

联轴器是用来联结水泵轴和电机轴的部件，又称靠背轮，有刚性和挠性两种。刚性联轴器实际上就是两个圆法兰盘的螺栓连接，它对泵轴与电机轴的不同心无调节余地，当泵轴与电机轴偏心时，可能会加剧机组的振动；挠性联轴器是用带有橡胶圈的钢柱销联接，如图 1-8 所示。它能在一定范围内调节水泵轴与电机轴的不同心度，从而减小转动时因机轴少

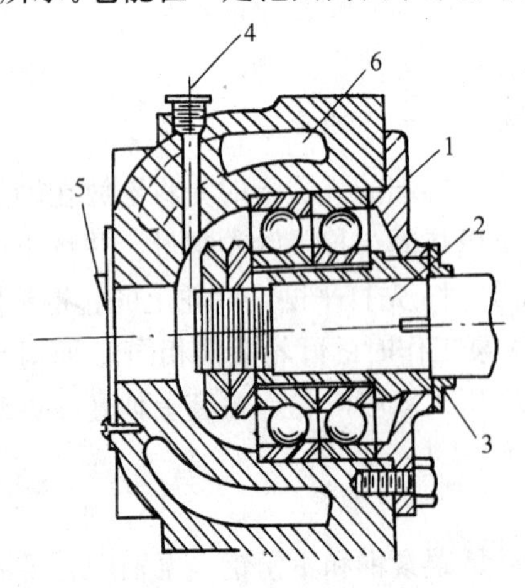

图 1-7 轴承座构造

1—双列滚珠轴承；2—泵轴；3—阻漏油橡皮；4—油杯孔；5—封板；6—冷却水套

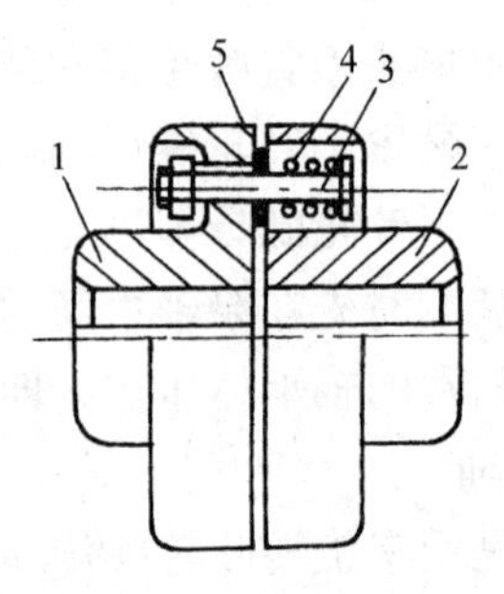

图 1-8 挠性联轴器

1—泵侧联轴器；2—电机侧联轴器；3—柱销；4—弹性圈；5—挡圈

量偏心而引起的轴周期性弯曲应力和振动。运行中要检查挠性联轴器橡胶圈的完好情况，以免发生由于弹性橡胶圈磨损后未能及时换上，致使钢柱销与圆盘孔直接发生摩擦，把孔磨成椭圆或失圆现象。挠性联轴器常用于大、中型水泵中。

5. 泵壳

离心泵泵壳的作用是承压和形成过流通道，其过流部分要求有良好的水力条件，通常铸成蜗壳形。蜗壳的过水截面沿水流方向是渐扩的，这样在叶轮工作时，沿流向虽然流量增加但水流速度保持一常数，可以减小泵内的水头损失。泵壳顶上设有充水和放气的螺孔，以便在泵启动前用来灌泵和排出泵壳内的空气。泵壳底部设有泄水螺孔，当泵停车检修时用来放空泵内积水。泵壳材料的选择，除了考虑介质对过流部分的腐蚀和磨蚀以外，还应使壳体具有作为耐压容器的足够的机械强度。

6. 泵座

泵座上有收集轴封滴水的水槽，轴向的水槽槽底设有泄水螺孔，以便随时排出由填料盒内渗出的水。

7. 轴封装置

泵轴穿出泵壳处，泵轴和泵壳之间存在间隙（转动所必须的），间隙就是泄漏通道。为保证水泵的正常工作或提高水泵的效率，必须在此处设置轴封装置。轴封装置的型式有多种，如机械式迷宫型、填料压盖型，水泵行业常采用填料压盖型的填料盒。

填料盒由五个零件组成，即由轴封套，填料、水封环、水封管、压盖（包括调整螺母）组成，装配示意如图 1-9 所示。

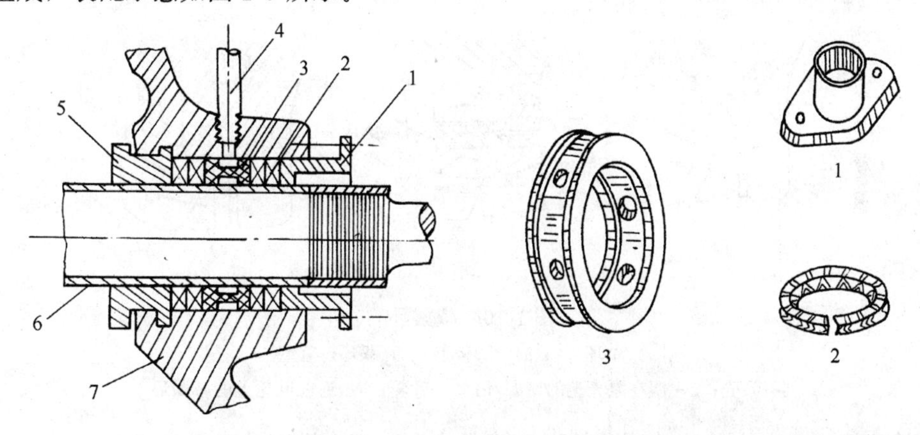

图 1-9　填料盒组装示意图

1—压盖；2—填料；3—水封环；4—水封管；5—轴封套；6—衬套；7—泵壳

填料俗称盘根，它是阻水或阻气的主要零件。常用材料为浸油或浸石墨的矩形断面石棉绳。近年来新开发的填料有碳素纤维、不锈钢纤维、合成树脂纤维编制的绳子，它们有的耐高温、有的耐磨、有的耐腐蚀。要注意的是石棉绳的剪切与填装要有利于密封。

水封环为一金属圆环，外形如图 1-9 所示。水封水通过水封管进入水封环，经小孔沿轴表面均匀布水。这是一股压力水，其作用有三：一是填料的辅助密封介质；一是对填料盒和轴进行冷却；一是对填料盒与泵轴组成的运动副进行润滑。

轴封的作用，对单吸泵是阻水，即减少水泵压水区的高压水外泄；对双吸泵是阻气，即阻止外界气体进入吸水室，维持吸水室所需要的真空。

轴封的调整是通过作用于压盖上的调节螺母实现的。压盖压得太松，达不到密封效果；压得太紧，泵轴与填料的机械磨损、功率损失也大。压得过紧，可能造成“抱轴”现象，产生严重的发热与磨损。一般以水呈滴状渗出为宜。

水泵运行时，要注意检查轴封装置的滴水情况并进行调整，当填料失效后应进行更换。

8. 减漏环

减漏环俗称口环，又称承磨环。

叶轮吸入口的外缘与泵壳内壁的接缝处存在一个转动间隙，此处正好是泵内高、低压水的交界处，经此通道会形成泵内的循环水流（回流），回流回路可见图 1-12。循环水流对出口的高压水而言，是一种容积损失，直接降低了水泵的效率；同时回流破坏了泵内水流的流线，产生冲击损失，水头损失增加，将导致水泵效率的进一步降低。为提高水泵的效率，必须减少水泵压水区向吸水区的回流量。

由水力学可知，在作用水头不变的条件下，要减小通道流量，可采取增大通道阻力的办法实现。一般在水泵构造上采用两种增加通道阻力的办法：一是减小转动间隙。水泵设计与制造中此间隙控制在 0.1～0.5mm；一是在接缝处加装机械装置，增加通道阻力，增设的机械装置称口环，镶嵌在泵壳内壁的称单环型，在泵壳内壁和叶轮吸入口外缘同时镶嵌的称双环型，示意见图 1-10。由于加工、安装、轴向推力等因素，使接缝处因间隙小而发生磨损，加装的口环既增大了回流阻力，又能承磨。即口环兼有两种功能，提高水泵的效率，延长叶轮和泵壳的使用寿命。

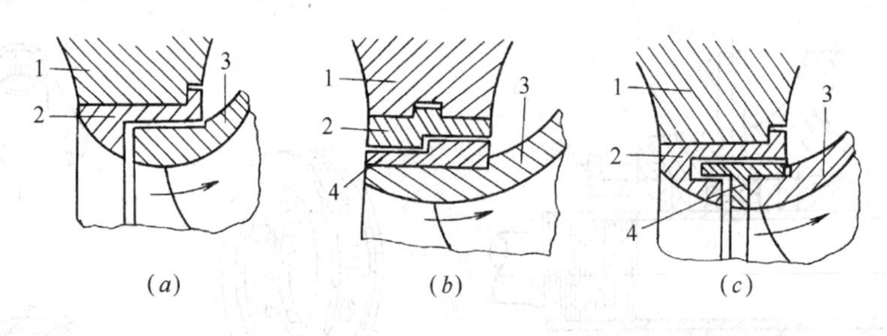

图 1-10　减漏环
(a) 单环型；(b) 双环型；(c) 双环迷宫型
1—泵壳；2—镶在泵壳上的减漏环；3—叶轮；4—镶在叶轮上的减漏环

水泵运行过程中应监视减漏环的磨损情况，发现磨损后应及时更换。

9. 轴向推力平衡措施

单吸式离心泵，由于叶轮盖板不具对称性，工作时作用于前后盖板上的压力 p 不相等，结果作用于叶轮上有一个推向吸入端的轴向推力 Δp，如图 1-11 所示。这种轴向推力对多级单吸式离心泵而言，数值相当大。卧式离心泵一般不采用使结构复杂化的推力轴承平衡轴向推力，多采用平衡轴向推力的其它措施。

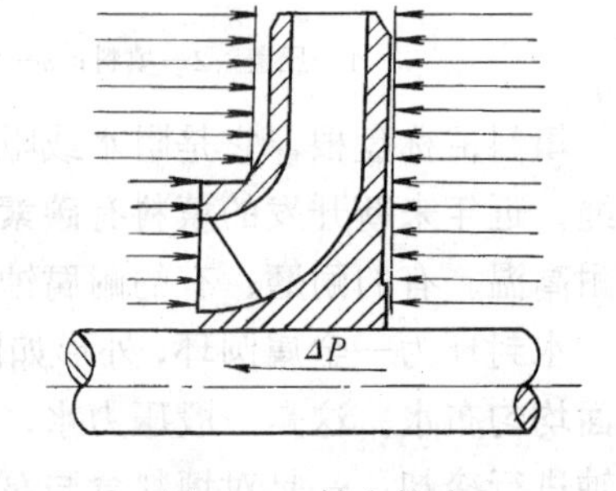

图 1-11　轴向推力

对单级单吸式离心泵，一般在叶轮后盖板上钻开“平衡孔”，并在后盖板上加装减漏环，如图 1-12a 所示。

开孔位置接近轮毂且要尽可能对称，开孔面积及个数应由实验决定，开孔后应做叶轮的静、动平衡试验。为配合开平衡孔加装的减漏环，其目的是增加回流通道阻力，降低开孔区水压。用这种办法平衡轴向推力会使水泵效率有所降低，但简单易行，仍被广泛采用。

对多级式离心泵，为平衡轴向推力，一般在最后一级装设推力平衡盘，其结构示意见图 1-12*b*。

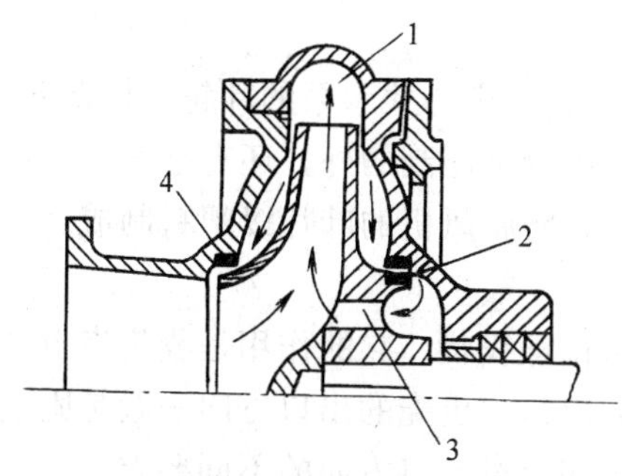

图 1-12*a* 平衡孔

1—排出压力；2—加装的减漏环；3—平衡孔；4—泵壳上的减漏环

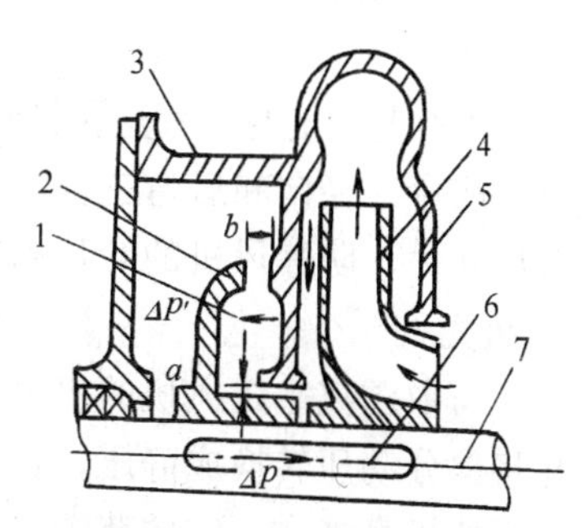

图 1-12*b* 推力平衡盘示意

1—平衡室；2—平衡盘；3—通大气孔；4—叶轮；5—泵壳；6—键；7—泵轴

平衡盘用键与轴联结，盘、轴、叶轮可视为一“固联体”，随轴一起转动。从下面的分析中，将会知道水泵运行时，平衡推力过程中泵轴作有限的（允许的）左右窜动。

轴隙（盘的径向间隙）a，是一个固定间隙，使漏泄通道造成一定的水头损失。盘隙 b，不是固定间隙，主要是控制泄漏量，维持平衡室内有一定的压强力 p，从而使平衡盘上有一定大小的作用力 $\Delta p'$。

设泵状态是平衡的，即轴向推力 Δp 等于盘上的作用力 $\Delta p'$，盘隙 b 有一定的大小。当工况变化使轴向推力 Δp 增大时，$\Delta p'$ 自动增大与 Δp 平衡的过程如下：$\Delta p\uparrow\rightarrow$轴向吸入端窜动$\rightarrow b\downarrow\rightarrow\Delta p'\uparrow$，直到 $\Delta p'=\Delta p$ 为止。此时，盘隙 b 取一个新值，盘、轴、叶轮处于一个新的平衡位置；当工况变化使 Δp 减小时，则会出现与上述相反的调节过程。

推力平衡盘能自动平衡轴向推力。自然，水泵设计工作者要对轴隙 a、盘隙 b、盘面积 A、轴向窜动量 δ 进行严格的水力计算，并要去掉限制泵轴窜动的止推轴承。

二、离心式风机的主要零部件

离心式风机根据其增压大小，可分类为：

(1) 低压风机：增压值小于 1000Pa；

(2) 中压风机：增压值为 1000～3000Pa；

(3) 高压风机：增压值大于 3000Pa。

低压和中压风机多用于通风换气（如用于一些埋深较大的取水泵站进行散热和换气），排尘系统和空气调节系统。高压风机一般用于强制通风。根据用途不同，风机各部件的具体构造有许多差别。离心式风机的整机构造如图 1-13 所示，对其

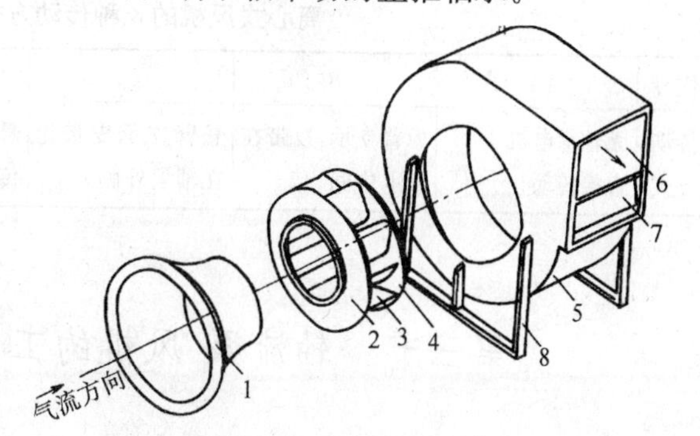

图 1-13 离心式风机主要结构分解示意图

1—吸入口；2—叶轮前盘；3—叶片；4—后盘；5—机壳；6—出口；7—截流板，即风舌；8—支架

主要零部件分别介绍如下：

1．吸入口

吸入口可分为圆筒式、锥筒式和曲线式数种，如图1-14所示。吸入口有集气的作用，可以直接在大气中采气，使气流以最顺畅的流线均匀流入机内。某些风机的吸入口与吸气管用法兰直接连接。

2．叶轮

叶轮由叶片、前盘、后盘和轮毂等组成。其构造与离心式水泵的叶轮的构造基本相同，叶片也有前弯、径向和后弯三种类型。叶片除有由钢板压制的外，还有空气动力性能较好的机翼形叶片。防爆风机的叶片由有色金属制成，防腐风机的叶片以塑料制成。

3．机壳

低压与中压离心式风机的机壳一般是阿基米德螺线状。它的作用是收集来自叶轮的气体，并将部分动压转换成静压，最后将气体导向出口。机壳的出口方向一般是固定的，但新型风机的机壳能在一定的范围内转动，以适应用户对出口方向的不同要求。

4．支承和传动方式

我国离心式风机的支承与传动方式已经定型，共分 A、B、C、D、E 和 F 等6种形式，如图1-15所示及表1-2所列。

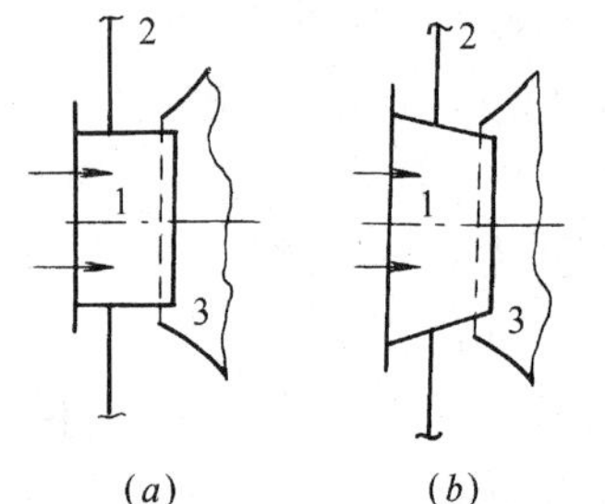

图1-14　离心式风机的吸入口

(a) 圆筒式；(b) 锥筒式；(c) 曲线式

1—吸入口；2—机壳；3—叶轮

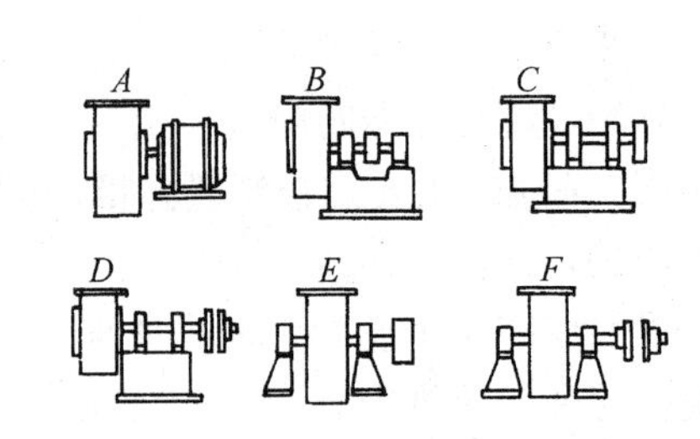

图1-15　离心式风机6种传动方式

离心式风机的6种传动方式及其字母代码　　**表1-2**

代号	A	B	C	D	E	F
传动方式	无轴承电机直接传动	悬臂支承，皮带在轴承中间	悬臂支承皮带轮在轴承外侧	悬臂支承，联轴器传动	双支承，皮带轮在外侧	双支承，联轴器传动

第三节　轴流泵 风机的工作原理及主要零部件

一、轴流泵、风机的工作原理

轴流泵、风机的工作原理是以空气动力学中机翼的升力理论为基础的。其叶片与机翼具有相似的截面形状，一般称这类形状的叶片为翼型叶片，如图1-16所示。在风洞中对翼型叶片进行的绕流试验表明：当流体绕过翼型时，在翼型的首端 A 点处分离成为两股流，它们分别经过翼型叶片的上表面（即轴流泵、风机叶片的工作面）和下表面（轴流泵、风机的叶片背面），然后，同时在翼型尾端 B 点汇合。由于沿翼型叶片下表面的路程要比沿上表面路程要长一些，因此，流体沿翼型下表面的流速要比沿翼型上表面流速大，相应地，翼型下表面的压力将小于上表面，流体对翼型将有一个由上向下的作用力 P。根据牛顿作用力与反作用力定律，翼型叶片对于流体也将产生一个反作用力 P'，P' 作用于流体上，大小与 P 相等，方向向上。

图 1-17 为立式轴流泵、风机的工作示意图。具有翼型断面的叶片，在流体中作高速旋转时，相当于流体相对于叶片产生急速的绕流，如上所述，叶片对水将施加力 P'，在此力作用下流体的能量增加，可被提升到一定的高度。

二、轴流泵的主要零部件

轴流泵的外形很像一根弯管，泵壳直径与吸水口直径差不多，既可以垂直安装（立式）、水平安装（卧式），也可以倾斜安装（斜式），但它们的基本部件相同。现以立式半调节式轴流泵（如图 1-18 所示）为例介绍如下：

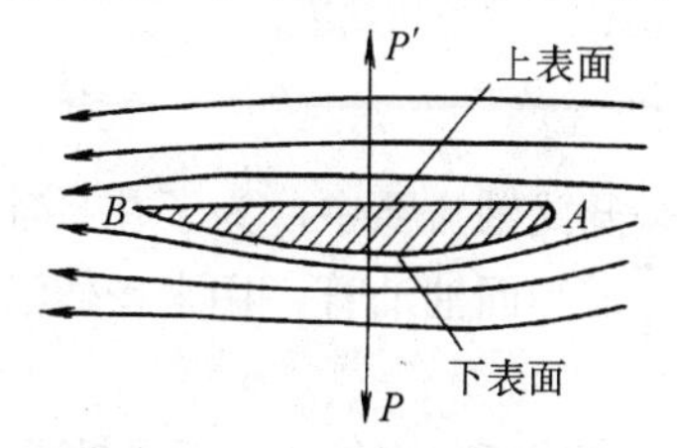

图 1-16 翼型绕流

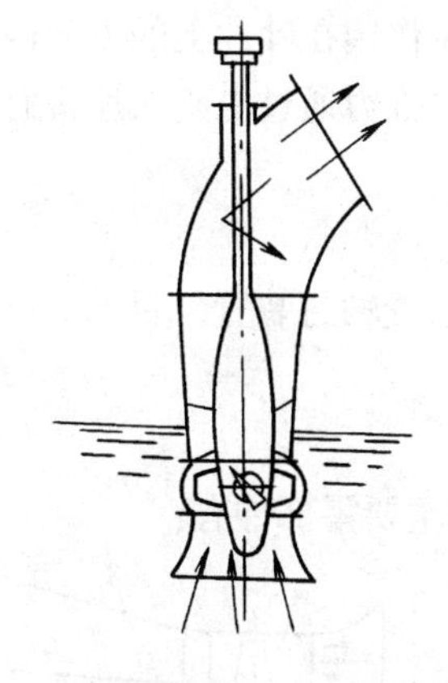

图 1-17 立式轴流泵、风机的工作示意

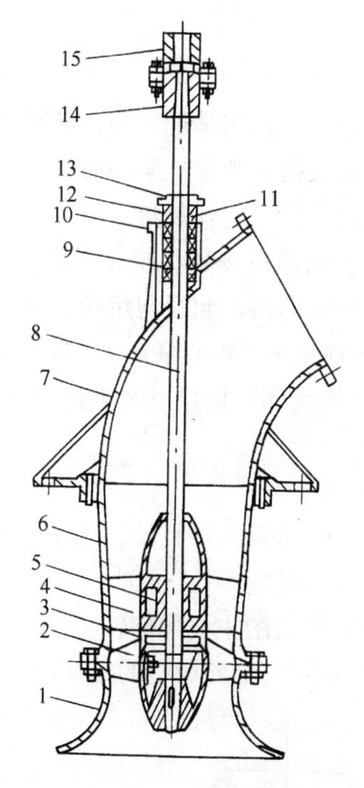

图 1-18 立式半调型轴流泵结构图

1—吸入管；2—叶片；3—轮毂体；4—导叶；5—下导轴承；6—导叶管；7—出水弯管；8—泵轴；9—上导轴承；10—引水管；11—填料；12—填料盒；13—压盖；14—泵联轴器；15—电动机联轴器

1. 吸入管

为了改善吸入口处的水力条件。一般采用流线型的喇叭管。

2. 叶轮

叶轮是轴流泵的主要工作部件。从叶片泵基本方程式可知，叶片的形状和安装角度直接影响到泵的性能。叶轮按叶片安装角度调节的可能性，可以分为固定式、半调式和全调式 3 种。

固定式叶轮叶片和轮毂体铸成一整体，叶片的安装角度不能调节。半调式轴流泵其叶片是用螺母拴紧在轮毂体上的，在叶片的根部上刻有基准线，而在轮毂体上刻有几根相应的安装角的位置线，如图1-19中的－4°，－2°，0°，＋2°，＋4°线。叶片不同的安装角，其相应的性能曲线将不同。根据工况要求可以把叶片安装在某角度位置上。使用过程中，如果工况发生变化需要进行调节时，应停机把叶轮卸下来，将螺母松开转动叶片，使叶片的基准线对准轮毂上某一要求的角度线，然后再把螺母拧紧，装好叶轮即可。全调式轴流泵是在停机或不停机的情况下，通过一套油压调节机构来改变叶片的安装角，从而改变其性能，以满足使用要求。这种全调式轴流泵的调节机构比较复杂，对检修维护的技术要求较高，一般应用于大型轴流泵。

3．导叶

在轴流泵中，液体运动类似螺旋运动，即液体除了轴向运动外，还有旋转运动。导叶是在导叶管上固定不动的，一般为3～6片。水流经过导叶时旋转运动受限制而作直线运动，旋转运动的动能转变为压力能。因此，导叶的作用是把叶轮中向上流出的水流旋转运动变为轴向运动，减少水头损失。

4．轴与轴承

轴流泵泵轴的作用是把扭矩传递给工作叶轮。在大型全调式轴流泵中，为了在泵轴中布置调节、操作机构，常常把泵轴做成空心轴，里面安装动力油和回油油管，用来操作液压调节机构，以改变叶片的安装角。

轴承在轴流泵中按其功能有两种：1）导轴承（如图1-18中5和9，即上、下导轴承）。主要是用来承受径向力，起径向定位作用。2）推力轴承，安装在电机机座上（图1-19中未示出）。在立式轴流泵（离心泵）中，其主要作用是用来承受水流作用在叶片上的方向向下的轴向推力、水泵转动部件重量以及维持转子的轴向位置，并将这些推力通过电机机座传到电机基础上去。

5．轴封装置

轴流泵出水弯管的轴孔处，为了防止压力水泄漏，需要设置轴封装置。目前，一般仍用压盖填料型的填料盒。

三、轴流风机的主要零部件

图1-20所示为轴流风机的结构示意图，由图可知风机的主要零部件有：

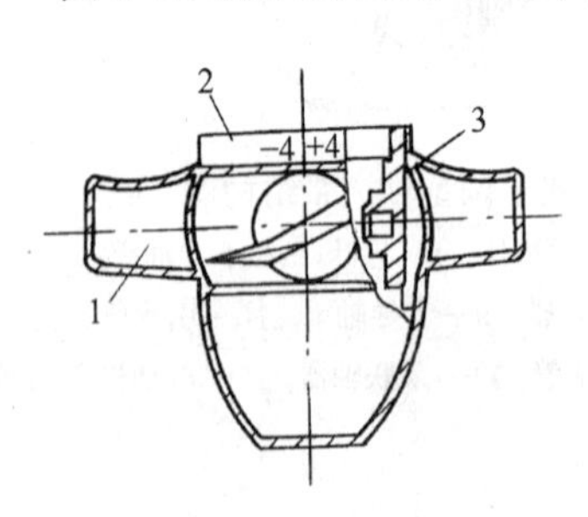

图1-19　半调式叶片

1—叶片；2—轮毂体；3—调节螺母

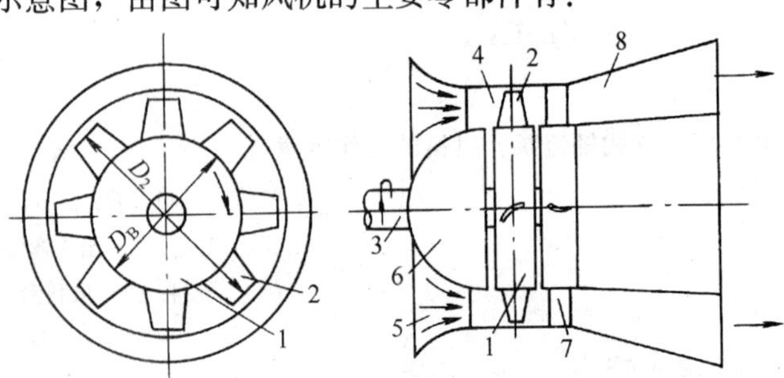

图1-20　轴流通风机结构示意图

1—叶轮；2—叶片；3—轴；4—机壳；5—集流器；6—流线体；7—后整流器；8—扩散器

1. 转子

转子由叶轮与轴组成。叶轮是轴流风机的主要工作部件。叶轮上的叶片有板型、机翼型，机翼型较为常见。叶片从根部到叶梢是扭曲的。与轴流泵一样，风机叶片的安装角度是可以调节的。调节安装角度能改变风机的流量和压头。

2. 固定部件

固定部件主要由两部分组成：

（1）钟罩形入口和轮毂罩。钟罩形入口和轮毂罩的作用是使气流成流线形，平稳而均匀地进入叶轮，以减小入口流动损失。有的风机的电机就装在轮毂罩内。大型轴流风机通常用皮带或三角皮带来驱动叶轮，因而在结构上与我们介绍的风机有所差异。

（2）导叶和尾罩。一些大型轴流风机在叶轮下游设有固定的导叶以消除气流在增压后的旋转。其后还可设置流线型尾罩，有助于气流的扩散，进而使气流中的一部分动压转变为静压，减少流动损失。

第四节　叶片式泵 风机的性能

流体机械扬程、功率、效率、转速与流量之间有确定的关系，这些函数关系的获得与流体力学的研究方法一样，即以实验为主、理论与实验相结合，建立合理的计算模型，得到相应的结论，结论经修正后应用于实践。

一、叶片式泵风机的基本方程

1. 叶轮中流体的运动规律

下面以离心泵封闭式叶轮（见图1-21）为例，分析叶轮中流体的运动情况。

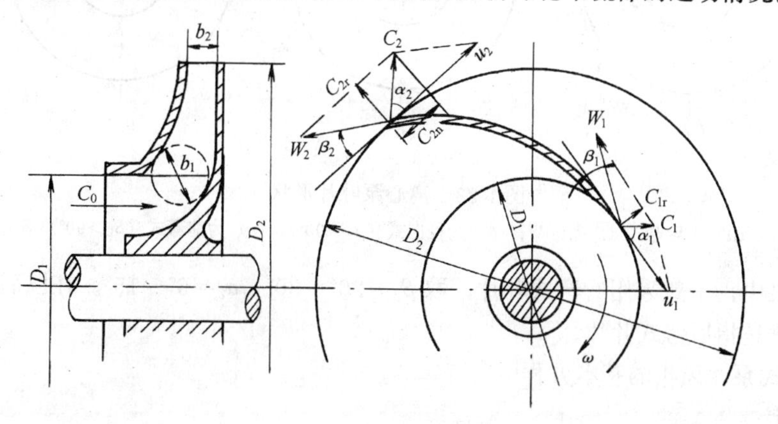

图1-21　离心泵叶轮中水流速度

（1）运动规律

假定叶轮以等角速 ω 旋转，水流从泵入口沿轴线以绝对速度 C_0 流入叶轮入口处。流体一旦进入叶轮，其流体质点既要随叶轮作圆周运动，又要顺着叶槽向出口流出，使流体质点作复合圆周运动。

（2）数学表示

沿用理论力学对复合圆周运动的结论，可以得到叶槽中任一半径处的质点的速度三角形。

设某一半径处质点牵连速度为 u（圆周切向速度），相对运动速度（沿叶槽流动速度）为 W，则质点的绝对运动速度为 C，如图 1-22 所示。绝对速度 C 在圆周切向及径向的分量分别为：

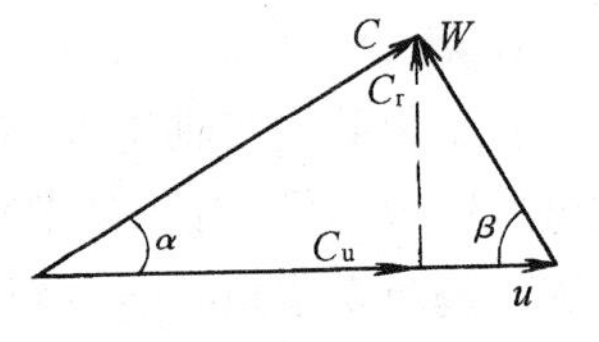

图 1-22　速度三角形

$$C_u = C\cos\alpha = u - C_r \mathrm{ctg}\beta \quad (1\text{-}1)$$

$$C_r = C\sin\alpha \quad (1\text{-}2)$$

（3）特征角度与叶片分类

叶轮进口与出口速度三角形（见图 1-21）中，α_1、α_2 分别为 C_1 与 u_1、C_2 与 u_2 间的夹角，β_1、β_2 分别为 W_1 与 u_1 反向延长线、W_2 与 u_2 反向延长线间的夹角。在水泵设计中，β_1 称进水角，β_2 称出水角，它们表征叶轮进出口水流的情况。β_2 角的大小反映了叶片的弯度，是形成叶片形状和叶槽（流道）形状的一个重要参数，对水泵的性能有很大的影响。

依 β_2 的大小，离心泵叶片分为三类，如图 1-23 所示。$\beta_2 < 90°$，叶片后弯，称后弯式叶片（见图 1-23（a））。它的流道比较平缓，叶槽内的水头损失较小，有利于提高水泵的效率；$\beta_2 = 90°$，称径向式叶片（见图 1-23（b））。这种叶片泵内水头损失较大；$\beta_2 > 90°$，叶片前弯，称前弯式叶片（见图 1-23（c））。这种叶片流道短，弯度大，泵内水头损失大，水力效率低，而且它的性能特性将使系统不能稳定工作。

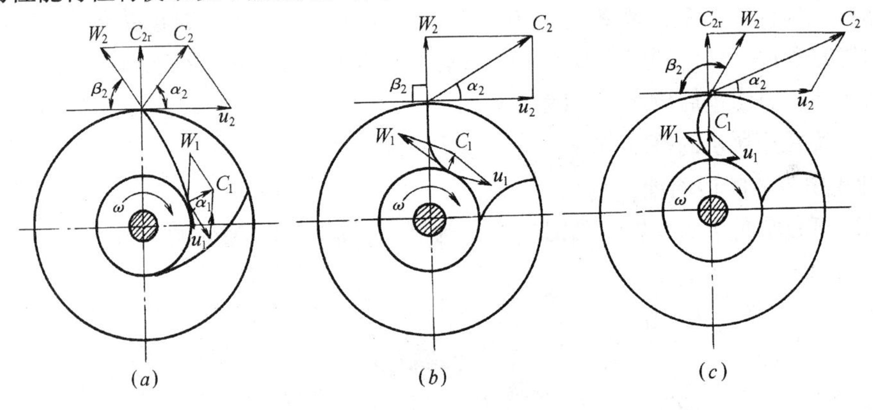

图 1-23　离心泵叶片形状

（a）为后弯式（$\beta_2 < 90°$）；（b）为径向式（$\beta_2 = 90°$）；（c）为前弯式（$\beta_2 > 90°$）

在离心泵中，一般采用后弯式叶片，取 $\beta_2 = 20° \sim 30°$，$\alpha_2 = 6° \sim 15°$。在以后的讨论中如不加说明，就是指后弯式叶片。

2. 离心式泵、风机的基本方程

（1）假定

叶槽内流体的运动情况十分复杂，为使分析简便而又有意义，要对流体的性质和叶轮结构及流动情况作如下假定：

1）恒定流。即槽内各点的流速不随时间变化；

2）液流均匀一致。把叶轮看成具有无限多的叶片，且叶片的厚度很薄，认为叶轮同一半径处的同名速度相等（包括大小和方向）；

3）理想流体。即液体密度均匀、连续、不可压缩、不显粘性。

（2）方程式

叶轮在外力作用下发生转动，叶槽中的流体随着发生流动。研究转动体作用力与流动运动间关系最便捷的工具是总流动量矩方程。根据叶轮进出口的速度三角形和三个假定，利用理论力学的分析方法和动量矩定律，可得到：

$$H_{T}=\frac{\omega}{g}(C_{2}R_{2}\cos\alpha_{2}-C_{1}R_{1}\cos\alpha_{1})$$
$$=\frac{1}{g}(u_{2}C_{2u}-u_{1}C_{1u}) \tag{1-3}$$

式中 H_T——离心泵风机的理论扬程（压头）；

ω——叶轮旋转角速度；

u_1、u_2——分别为叶轮进、出口处的圆周速度；

C_{1u}、C_{2u}——分别为叶轮进、出口处绝对速度的切向分速。

式（1-3）是离心泵、风机的基本方程式，或称理论扬程公式。建模过程中，没有对叶片形状提出限制，所以式（1-3）适用于一切叶片泵、风机。

3. 基本方程式的讨论

（1）H_T 确是比能增值

从本节列出的叶片泵、风机的主要性能参数可知，扬程（风压）是单位重量流体通过水泵（风机）后的能量增值。从式（1-3）可知，u_2C_{2u}是叶轮出口比能，u_1C_{1u}是叶轮进口比能，其差值确为比能增值。

（2）提高水泵扬程和改善吸水性能的途径

水泵设计中，选择合适的特征角度、叶轮尺寸、转速，可提高水泵扬程和改善吸水性能。

当 $\alpha_1=90°$时，式（1-3）可改写为：

$$H_{T}=\frac{1}{g}u_{2}C_{2}\cos\alpha_{2}$$
$$=\frac{1}{g}(u_{2}^{2}-u_{2}C_{2r}\mathrm{ctg}\beta_{2}) \tag{1-4}$$

在 $0<\alpha_2<90°$的范围内，α_2 值愈小，似乎得到的 H_T 值愈大，事实上 α_2 对扬程的影响并非如此简单。从出口速度三角形可看出，当 α_2 减小时，β_2 增大，β_2 的增大会引起 H_T 的下降。权衡以后，一般取 $\alpha_1=90°$，$\alpha_2=6°\sim15°$。

从式（1-3）可知，增大叶轮出口直径 D_2，提高叶轮旋转角速 ω，都可提高水泵扬程。但用增大叶轮直径和提高旋转角速的办法提高扬程，受材料强度等的限制，不能任意取值。

（3）理论扬程与被输送液体的重力密度（容重）无关，在水泵的转速与其它尺寸不变的条件下，液体所受的离心力与液体的质量有关，亦即与液体的重力密度有关，液体受离心力作用而获得的扬程（能量），相当于离心力所形成的压强除以液体的重力密度，这样重力密度对扬程的影响便自行消除了。这个结论告诉我们：同一台水泵抽送不同重力密度的流体时（如水、空气），所产生的理论扬程是相同的；但由于重力密度不同，泵产生的压力是不相同的，在同样流量和扬程条件下水泵消耗的功率也是不相同的，被输送液体的重力密度愈大所消耗的功率愈大。

（4）理论扬程 H_T 为动扬程与势扬程之和

将叶轮进出口速度三角形用余弦定律表示，则有：

$$W_1 = u_1^2 + C_1^2 - 2u_1C_1\cos\alpha_1 \tag{1-5}$$

$$W_2 = u_2^2 + C_2^2 - 2u_2C_2\cos\alpha_2 \tag{1-6}$$

将两式相减，除以 $2g$，整理后可得：

$$\frac{u_2C_2\cos\alpha_2 - u_1C_1\cos\alpha_1}{g} = \frac{u_2^2 - u_1^2}{2g} + \frac{W_1^2 - W_2^2}{2g} + \frac{C_2^2 - C_1^2}{2g} \tag{1-7}$$

即：

$$H_T = \frac{u_2^2 - u_1^2}{2g} + \frac{W_1^2 - W_2^2}{2g} + \frac{C_2^2 - C_1^2}{2g} \tag{1-8}$$

式中　$\frac{C_2^2-C_1^2}{2g}$——叶轮所产的动扬程。由水力学的相对运动能量方程中可知，$\frac{C_2^2-C_1^2}{2g}$是单位重液体动能的增加；

$\frac{u_2^2-u_1^2}{2g}+\frac{W_1^2-W_2^2}{2g}$——以速度头差表示的单位重量液体势能的增加。

由式（1-8）可知，水泵的扬程是由势扬程与动扬程组成的，其中的动扬程对输送流体而言是没有作用但是必须付出的。在实际应用中总希望这部分扬程数值小，这样可以减少泵壳内的水头损失，提高水泵的效率。但要注意到动能转换为势（压）能过程中，也将伴有能量损失。

理论扬程公式推导过程中使用了3个假定，有些假定与实际情况不符，使结论与实测特性有很大的差异。理论扬程公式的应用仅在于：指导水泵的设计和型号试验。理论扬程公式的修正将在本节的后面讨论。

二、叶片式泵的基本性能参数

叶片式泵的基本性能，通常用6个性能参数表示：

1．流量 Q

水泵在单位时间内所输送的液体的体积，称体积流量，常用单位为 m^3/h、m^3/s 或 L/s。

2．扬程 H

水泵对单位重量的液体所做的功，即单位重量的液体通过水泵后其能量的增值，称水泵的扬程，法定单位 MPa 或 Pa，习惯上折算成抽送液柱高度 m。

3．轴功率 N

原动机传送给泵轴的功率（输入功率）称水泵轴功率，常用单位 kW。

4．效率 η

单位时间内通过水泵的液体从水泵那里得到的能量，叫有效功率，亦称水泵的输出功率。代号 N_u，有效功率计算公式为：

$$N_u = \gamma QH \quad (kW) \tag{1-9}$$

式中　γ——被输送液体的重力密度（kN/m^3）。对水通常取为 $9.8kN/m^3$；

Q——水泵流量（m^3/s）；

H——水泵扬程（m）。

水泵效率为有效功率（输出功率）与轴功率（输入功率）比值，即：

$$\eta = \frac{N_u}{N} \tag{1-10}$$

由式（1-10）可求得水泵的轴功率：

$$N = \gamma QH/\eta \tag{1-11}$$

工程实践中常需要计算运行水泵的电耗值。电耗计算公式为：

$$W = \frac{N_u}{\eta_p \eta_m \eta_n} t \qquad (kWh) \tag{1-12}$$

式中 W——水泵的电耗值（kWh）；

N_u——水泵的有效功率（kW）；

η_p——水泵效率；

η_m——电动机效率；

η_n——电网的效率；

t——水泵的运行小时数。

【例 1-1】 某水厂取水泵站，供水量 $Q=8.64\times10^4 m^3/d$，扬程 $H=30m$，水泵、电机及电网的效率分别为 0.70、0.80、0.95。求泵站工作 10h 的电耗值？

【解】

$$Q = \frac{8.64 \times 10^4}{24 \times 3600} = 1 m^3/s$$

$$N_u = \gamma QH = 9.8 \times 1 \times 30 = 294 kW$$

$$W = \frac{N_u}{\eta_p \eta_m \eta_n} t = \frac{294}{0.7 \times 0.8 \times 0.95} \times 10 \approx 5530 kWh$$

5. 转速 n

水泵叶轮的旋转角速度称水泵转数，通常以每分钟转动的次数表示，即转/分或 r/min (rpm)。

往复式泵的转速通常以活塞往复次数表示，即（次/min）。

水泵是按一定的转速设计的，在这个转速下，水泵的其它性能参数（如 Q、H、N）将按一定的规律变化。当转速变化后，水泵的其它性能参数也将发生规律变化。

6. 允许吸上真空高度 H_S 及汽蚀余量 H_{SV}（$NPSH_r$）

允许吸上真空高度是指水泵在标准状况下（即水温为 20℃、吸水池表面压力为一个标准大气压）运转时，水泵吸入口处（一般指真空表连接处）所允许的最大吸上真空高度。单位为 mH_2O。水泵样本中提供了 H_S 值，是水泵生产厂按国家规定通过汽蚀试验得到的，它反映了离心泵的吸水能力。

汽蚀余量是指水泵吸入口处单位重量液体必须具有的超过饱和蒸汽压力的富余能量，也称为必须的净正吸入水头。汽蚀余量一般用来反映轴流泵、锅炉给水泵等的吸水性能，其单位仍为 mH_2O。

H_S 值与 H_{SV} 值是从不同角度反映水泵吸水性能的参数，国内习惯使用 H_S 值，国外多半使用 H_{SV}。一般而言，H_S 值越大，水泵吸水性能越好；H_{SV} 越小，水泵吸水性能越好。关于水泵的吸水性能将在本章第六节中讨论。

为了用户使用方便，水泵制造厂家提供两种性能资料。一是水泵样本。样本中，除了水泵的结构、尺寸外，主要提供一套各性能参数相互之间关系的特性曲线，以便用户全面了解该水泵的性能；一是钉在泵壳上的铭牌。铭牌上列出了水泵在设计转速下运行的，效率最高点的流量、扬程、轴功率、效率、允许吸上真空高度或汽蚀余量值，即设计工况下的参数值。如湘江 48-18A 型单级双吸式离心泵的铭牌为：

离心式清水泵

型号：湘江 48-18A	转数：370r/min
扬程：19.3m	效率：88%
流量：3388L/s	轴功率：728.5kW
必须汽蚀余量：8.5m	重量 2940kg

湘江——有的地方写为 XJ，表示单级双吸卧式离心泵（属 SA 系列，单蜗室水平中开式）；

48——表示水泵吸入口直径（in）；

18——表示比转数被 10 除后取整的数；

A——叶轮经切削，直径比标准直径小一号，为 A 型。

三、叶片式风机的主要性能参数

叶片式风机的性能，由五个主要性能参数表示。

1. 风量 Q

单位时间内风机所输送的气体体积（按吸入状态计算）称为风机流量。单位为 m^3/s、m^3/min、m^3/h。

2. 风压 p

单位体积的气体通过风机后总能量的增值称风机的全压。通常以压强的形式表示，单位为（Pa），习惯上以 mmH_2O 表示。风机的全压、静压、动压的表示见图 1-24。

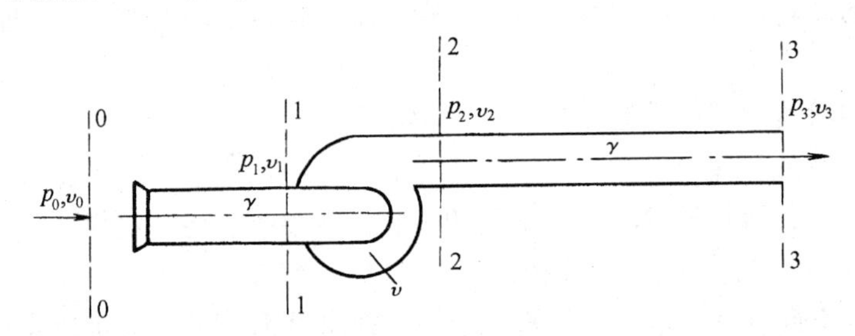

图 1-24　风机风压计算图式

(1) 全压 p

按定义，风机的全压力：

$$p = \left(p_2 + \frac{\gamma v_2^2}{2g}\right) - \left(p_1 + \frac{\gamma v_1^2}{2g}\right) \tag{1-13}$$

式中　p——风机的全压（Pa）；

p_1、p_2——风机进出口断面上的绝对压强（Pa）；

v_1、v_2——风机进出口断面上的风速（m/s）；

γ——流经风机的气体重力密度（N/m^3）。

(2) 静压 p_{st}、动压 p_{mv}

风机风管组成的系统，可能是抽出式（由 0-0 至 2-2）或是压入式（由 1-1 至 3-3）。

对于抽出式工作的风机，则有：

$$
\begin{aligned}
p &= \left(p_2 + \frac{\gamma v_2^2}{2g}\right) - \left(p_1 + \frac{\gamma v_1^2}{2g}\right) \\
&= \left[p_a - \left(p_1 + \frac{\gamma v_1^2}{2g}\right)\right] + \frac{\gamma v_2^2}{2g} \\
&= p_{st} + p_{mv} \qquad (1\text{-}14)
\end{aligned}
$$

式中 p——风机的全压；

p_{st}——风机的静压，$p_{st}=p_a-\left(p_1+\frac{\gamma v_1^2}{2g}\right)$；

p_{mv}——风机的动压，$p_{mv}=\frac{\gamma v_2^2}{2g}$；

p_a——大气压力。

对于压入式工作的风机，则有：

$$
\begin{aligned}
p &= \left(p_2 + \frac{\gamma v_2^2}{2g}\right) - \left(p_1 + \frac{\gamma v_1^2}{2g}\right) \\
&= (p_2 - p_a) + \frac{\gamma v_2^2}{2g} \\
&= p_{st} + p_{mv} \qquad (1\text{-}15)
\end{aligned}
$$

式中 p——风机的全压；

p_{st}——风机的静压，$p_{st}=(p_2-p_a)$为压入式工作风机的相对静压，可在断面2-2上直接测得；

p_{mv}——风机的动压，$p_{mv}=\frac{\gamma v_2^2}{2g}$。

（3）轴功率N、效率η、转速n的概念与叶片式泵相同

四、叶片泵的实测特性曲线

1．离心泵理论扬程特性曲线的定性分析

由式（1-4）可知，当$\alpha=90°$时，理论扬程为$H_T=\frac{u_2}{g}(u_2-C_{2r}\text{ctg}\beta_2)$。叶轮中通过的水量$Q_T$可用下式表示：

$$Q_T = F_2 C_{2r} \qquad (1\text{-}16)$$

即：

$$C_{2r} = Q_T/F_2 \qquad (1\text{-}17)$$

式中 Q_T——水泵的理论流量（m^3/s）；

F_2——叶轮的出口面积（m^2）。可理解为所有叶槽出口面积之和；

C_{2r}——叶轮出口处水流绝对速度的径向分速（m/s）。

将式（1-17）代入式（1-4），可得：

$$H_T = \frac{u_2}{g}\left(u_2 - \frac{Q_T}{F_2}\text{ctg}\beta_2\right) \qquad (1\text{-}18)$$

式（1-18）中的β_2、F_2当水泵制成后为一常数，当水泵转速一定时u_2也为常数，故式（1-18）可改写为：

$$H_T = A - BQ_T \qquad (1\text{-}19)$$

式（1-19）为直线方程式。当$\beta_2>90°$时，是一条上倾直线；$\beta_2=90°$时，为一条水平直线；$\beta_2<90°$时为一条下倾直线，如图1-25所示。

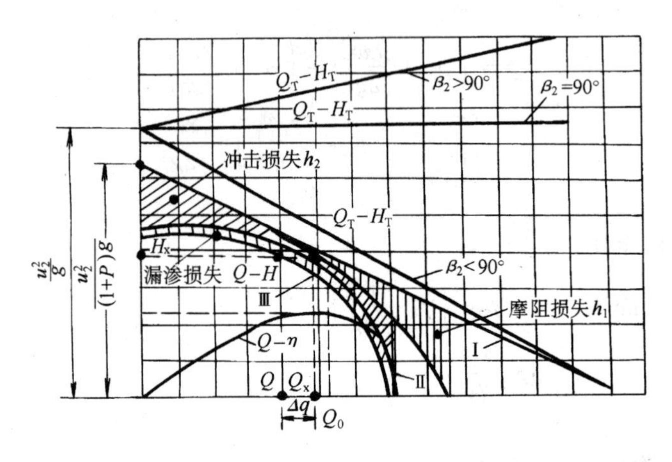

图 1-25　离心泵理论扬程曲线及其修正

2. 理论扬程特性曲线的修正

实测的水泵扬程特性为一条下倾曲线，与理论扬程特性曲线有很大差异，其原因是在理论扬程推导过程中引入了 3 个假定，有的假定与实际情况相差甚远，还有未考虑到的因素的影响，因而要进行相应的修正。

（1）叶槽中液流不均匀流动修正

实际泵或风机的叶轮叶片数一般为 2～12 片，叶槽中的流体具有一定的运动自由度。当叶轮旋转时，叶槽内水流具有惯性，导致水流本身反抗被叶槽带着旋转而趋于保持水流原来位置，因而相对叶槽（流动空间）产生了“反旋”现象，如图 1-26（b）所示。事实是靠近叶片背水面的地方压力低，靠近叶片迎水面的地方压力高。在一个流场内，压力低的地方流速高，压力高的地方流速低，这也证实了反旋现象的存在。其结果是：顺旋转方向看叶片的两面形成压力差，成为作用于轮轴上的阻力矩，从而加大了原动机的能量消耗；另外，造成叶槽内水流的相对流动，使同一半径处圆周上的同名速度分布不均匀（如图 1-26（d）所示），其平均流速小于理论流速，以致在同样流量条件下水泵扬程低于理论扬程，即：

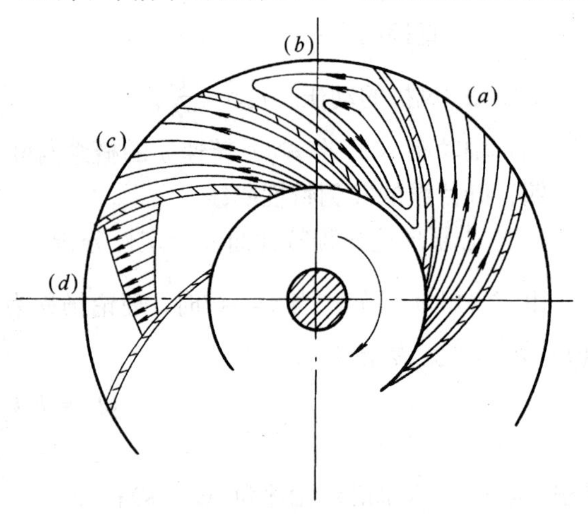

图 1-26　反旋现象对流速分布的影响

$$H'_T = \frac{H_T}{1+p} \tag{1-20}$$

式中　H'_T——流动不均匀修正后的理论扬程。修正后的理论扬程曲线见图 1-25 中的直线Ⅰ；

p——修正系数，其值由经验公式确定。

（2）水泵内部水头损失的修正

水泵和风机抽送的是实际流体，而不是理想流体，因此在水泵、风机壳内流动的流体一定存在能量损失，使得实际流体的扬程值永远小于理论扬程值。离心泵内部的水头损失，可归纳为摩阻损失和冲击损失两类。

摩阻损失 h_1 指液流在吸水室、叶槽和压水室中产生的摩阻损失，其中还包括转弯处的弯道损失和由流速水头转换为压头时的转换损失。

h_1 的大小可用下式表示：

$$h_1 = k_1 Q_T^2 \tag{1-21}$$

式中 k_1——比例系数。

冲击损失 h_2 是指当流量偏离设计流量时，在叶轮的进口导水器、蜗壳压水室的进口等处会发生水力冲击现象而引起的水头损失。水泵在设计工况下运行时，可认为没有冲击损失。流量与设计流量相差越远，冲击损失也越大。h_2 的大小可用下式表示：

$$h_2 = k_2 (Q_T - Q_0)^2 \tag{1-22}$$

式中 Q_0——设计流量值（m^3/s）；

Q_T——理论流量值（运行流量值）；

k_2——比例系数。

考虑到水泵内部的水头损失，从直线Ⅰ上减去相应流量 Q_T 下的水泵内部水头损失，可得到这种修正后的扬程和理论流量 Q_T 之间的关系曲线，即（Q_T-H）曲线，如图 1-25 中的Ⅱ线。

（3）容积损失修正

水泵工作过程中存在泄漏和回流，虽然在结构上采取了措施，但水泵的出水量总比通过叶轮的流量小，即 $Q=Q_T-\Delta q$，Δq 称为漏渗损失量。漏渗量的大小与扬程及运行工况有关。

考虑到漏渗损失，从曲线Ⅱ上的（H_X，Q_x）点减去 Δq，得到（H_x，Q）点，如此得到曲线Ⅲ即（$Q-H$）曲线。

经过上面修正的理论扬程特性曲线，从形状看，已经与实测扬程特性极其接近。

3. 水泵的效率

通常将泵、风机的机内损失按产生的原因分为三类，即水力损失、容积损失和机械损失。由于机内流动十分复杂，现在还不能用分析的方法精确地计算这些损失，因而只能定性地讨论水泵的总效率。图 1-27 是表示轴功率和机内损失功率之间关系的功率流图。

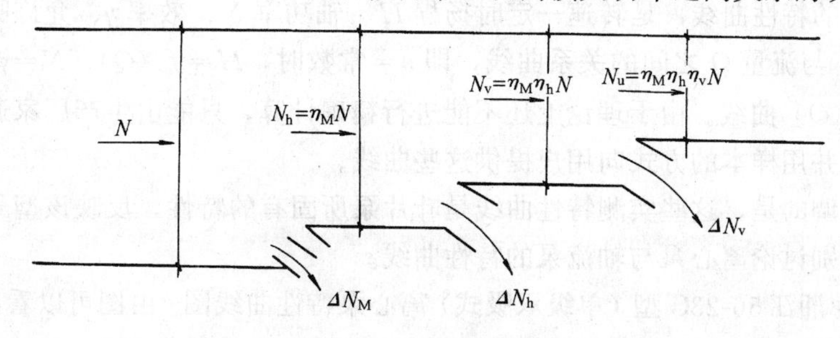

图 1-27 水泵功率流图

泵和风机的机械损失包括轴承和轴封的摩擦损失、叶轮旋转时叶轮盖板的“圆盘摩擦”损失等。泵的机械损失中圆盘摩擦损失常占主要部分。

根据经验，正常情况下泵的轴承和轴封摩擦损失的功率可达以下的程度：

$$\Delta N_{M1} = (0.01 \sim 0.03) N \tag{1-23}$$

泵的圆盘摩擦损失 ΔN_{M2} 为：

$$\Delta N_{M2} = Kn^3D_2^5 \tag{1-24}$$

式中 N——泵的轴功率；

K——实验系数；

n——水泵转速；

D_2——叶轮外径。

机械损失的总功率 ΔN_M 为：

$$\Delta N_M = \Sigma\Delta N_{Mi}$$

据此，泵和风机的机械效率为：

$$\eta_M = \frac{N - \Delta N_M}{N} \tag{1-25}$$

水力效率为：

$$\eta_h = \frac{H_T - \Sigma h}{H_T} = \frac{H}{H_T} \tag{1-26}$$

容积效率为：

$$\eta_v = \frac{Q_T - \Delta q}{Q_T} = \frac{Q}{Q_T} \tag{1-27}$$

泵和风机的总效率为：

$$\eta = N_u/N = \gamma QH/N$$

即：

$$\eta = \frac{\gamma QH}{\gamma QH_T} \cdot \frac{\gamma QH_T}{\gamma Q_T H_T} \cdot \frac{\gamma Q_T H_T}{N} = \frac{H}{H_T} \cdot \frac{Q}{Q_T} \cdot \frac{N - \Sigma\Delta N_M}{N}$$

$$= \eta_h \eta_v \eta_M \tag{1-28}$$

由（1-28）式可知，水泵、风机的总效率 η 为三个局部效率的乘积。要提高水泵、风机的效率，必须尽量减小机械损失、容积损失，并优化壳内过流部分的设计、改进制造与安装工艺，以减少水力损失。

4. 实测特性曲线

叶片式泵的特性曲线，是转速一定时扬程 H、轴功率 N、效率 η、允许吸上真空高度 H_S（或 H_{SV}）与流量 Q 之间的关系曲线，即 n＝常数时，$H=f(Q)$、$N=\phi(Q)$、$\eta=\Phi(Q)$、$H_S=\phi(Q)$ 曲线。由于理论上还不能进行精确计算，只能由生产厂家通过国家规定的试验得到，并用样本的方式向用户提供这些曲线。

要特别强调的是，这些实测特性曲线是叶片泵所固有的特性，反映该型号水泵的工作能力。下面分别讨论离心泵与轴流泵的特性曲线。

图 1-28 为湘江 56-23C 型（单级双吸式）离心泵特性曲线图。由图可以看出，对每一个流量 Q 都对应于一个固有的扬程 H、轴功率 N、效率 η 和汽蚀余量 $NPSH_r$。

（1）扬程特性（$Q-H$）

由图 1-28 可知，扬程特性是一条不规则的下倾曲线，这与理论分析是相吻合的。在任一个流量下，都有一相应的（固有的）扬程，而且实测具有重复性。

1）设计工况点。最高效率点即是设计工况点，该点下的性能参数值称为设计参数，亦即铭牌数据。水泵工作于该点时，效率最高；

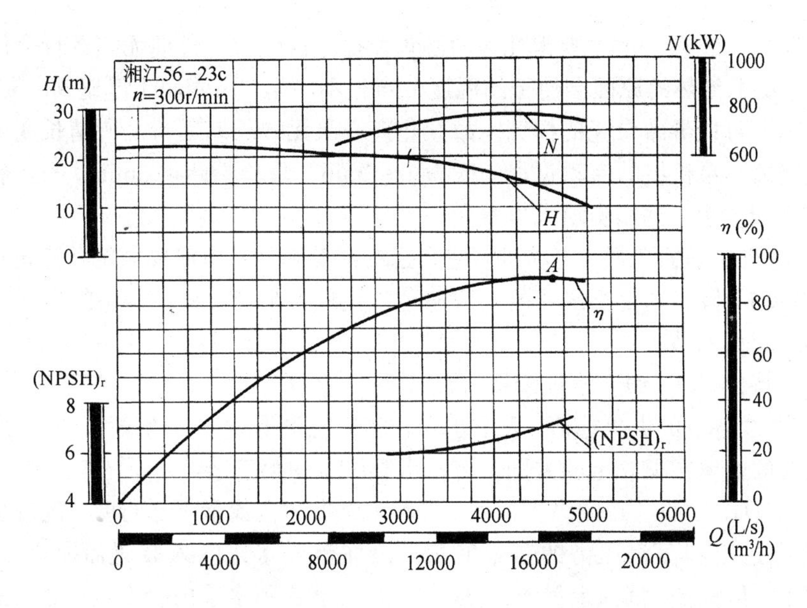

图 1-28　离心泵的特性曲线

2）"憋死"工况点。流量为零的点可称为憋死工况点。水泵工作于该点时，扬程最高；

3）水泵高效工作段。亦称水泵高效段，是水泵效率较高的工作范围。一般以不低于最高效率点的10％的扬程范围作为水泵的高效工作段，样本中以波形线标出。选泵时，应使设计流量和扬程落在高效段内；或者泵站运行中，应取相应的调节方式使水泵工况点落在高效段内；

4）下倾的扬程特性利于系统稳定工作。假定水泵装置的工作状态如图 1-29 所示。由图可知，水泵的 $Q-H$ 曲线呈现为下倾的特性，管道系统的 $Q-\Sigma h$ 曲线呈现为上翘的特性，两者组成的系统工作于 A 点。如果系统有一扰动，使流量从 Q_A 下降至 Q_B，水泵扬程沿 $Q-H$ 曲线变为 H_B。当扰动消失以后，水泵提供的扬程 H_B 大于管道系统所需扬程 H'_B，管道流速增大，流量增加，水泵扬程从 H_B 下降，管道系统所需扬程从 H'_B 增大，一直到 H_B 下降至 H_A、Q_B 增大至 Q_A 为止，系统又回到了原工作点 A。这种扰动消失后，又能自行回到原来状态的系统，称稳定平衡系统。这也是实际叶片泵采用后弯式叶片的原因。

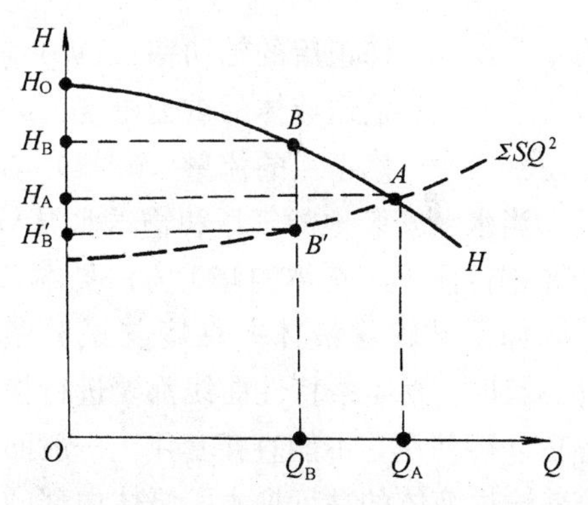

图 1-29　水泵装置特性图

（2）轴功率特性（$Q-N$）

从图 1-28 可看出，（$Q-N$）特性基本上是一条上倾的直线，任一流量下都有一相应的轴功率值。根据（$Q-N$）曲线的形状特点可对一些设计运行问题作出如下解释：

1）离心泵必须闭阀启动。离心泵轴功率的统计资料表明，$N_{Q=0}=$（5％～30％）N_e，即闭阀启动功率仅为设计轴功率的 5％～30％（对不同的泵其比例值不同）。符合电网轻载启动、减小启动电流的要求。因此，在给水排水工程中，凡离心泵均采用"闭阀启动"；

2）离心泵不允许"无载长期"运行。运行的无载是指 $Q=0$ 的运行状态。因 $N_{Q=0}=$

(5%～30%) N_e，这些功率主要消耗在“圆盘摩擦”损失上。长期无载运行会使泵壳内水温急剧上升，由于传热的原因会使壳的温度分布很不均匀（泵壳属于厚壁筒传热），引起较大的温差应力，可能导致泵壳的损坏。故禁止离心泵无载长期运行。所谓长期是对启动过程而言，大型离心泵机组的启动过程一般为1～3min，最长不超过5min。一旦启动过程结束，应立即开阀供水，并逐步增大出水量；

3）配套电机功率的选择。电动机有它自己的固有特性。当偏离额定状态运行时，其效率和功率因数均下降，这是不经济的。应避免小机配大泵、大机配小泵的情况。具体的选型计算见第三章第六节。

（3）效率特性（$Q-\eta$）、汽蚀余量特性（$Q-NPSH_r$）

（$Q-\eta$）曲线各点的纵坐标值，表示水泵在相应流量下运行时的效率。要注意水泵的效率与水泵装置的效率在概念上的差别，可参考第二章的第三节。

（$Q-NPSH_r$）曲线各点的纵坐标值，表示水泵在相应流量下运行时，流进水泵的液体必须具有的超过饱和蒸汽压力的富余能量。液体流经水泵吸入装置后剩余的汽蚀余量 $NPSH_a$ 必须大于水泵的汽蚀余量 $NPSH_r$（即 H_{SV}），否则水泵内会发生汽蚀，将不能正常工作。关于汽蚀概念将在本章第六节离心泵的吸水性能中介绍。

（4）被输送液体的重力密度和粘度等对特性曲线的影响

水泵样本提供的特性曲线是在一定的试验条件下得出的，当输送液体和环境条件与试验条件不符时，应对试验曲线进行必要的换算（修正）。

当输送液体的重力密度γ与试验条件不同时，则（$Q-N$）曲线可按下式修正：

$$N = \gamma QH \qquad (\text{kW})$$

式中 N——修正后的轴功率（kW）；

γ——输送液体的重力密度（kN/m^3）；

Q、H——修正点的流量（m^3/s）与扬程（m）。

当水泵安装地的气压和输送水温与试验条件不符时，则 $Q-H_s$ 曲线或 $Q-NPSH_r$ 曲线要进行修正。具体的修正方法见本章第六节离心泵吸水性能。

如果被输送液体的粘度与试验条件不符时，则4条特性曲线都要进行换算后才能使用，不能直接套用。一般而言，输送液体的粘度愈大，泵体内部的能量损失愈大，水泵的扬程和流量都要下降，轴功率增大，效率下降。具体的修正可参考有关专业书籍或手册。

图1-30为轴流泵的特性曲线图。与离心泵的特性曲线相比，轴流泵的特性曲线具有如下明显的特点：

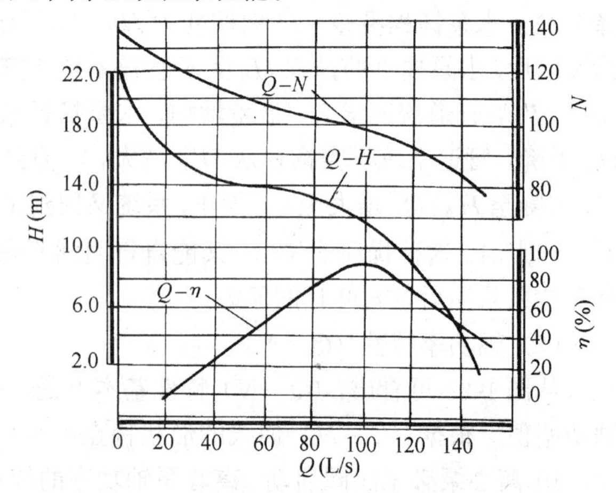

图1-30 轴流泵的特性曲线

（1）扬程特性曲线陡降且具有转折点（拐点）

轴流泵扬程特性曲线形似马鞍，且小流量范围内的（$Q-H$）曲线正好在马鞍凹部，所以曲线的头部很陡。一般而言，空转（$Q=0$）扬程为设计扬程的1.5～2.0倍。这是因为在小流量情况下，叶轮进、出口处产生回流，回流水多次反复得到能量，类似多级加压一样，故扬程特性曲线很陡。

（2）轴功率曲线陡降

在小流量范围内，有两种情况使水泵损失更多的能量，加大了轴功率。一是叶轮进出口产生回流，回流内水力损失要消耗能量；一是叶片进出口处产生回流漩涡，使主流从轴向流动变为斜流形式，这也要损失能量。其结果使 $N_{Q=0}=(1.2\sim1.4)N_e$，即憋死点功率为设计轴功率的 1.2～1.4 倍。为满足电网限制启动电流的要求，轴流泵一般采用开阀启动。

（3）效率特性曲线呈单驼峰型

（$Q-\eta$）曲线呈单驼峰型，当运行工况一旦偏离设计工况时，效率下降很快，不宜采用节流调节。通常采用改变叶片安装角度的办法来改变水泵的特性曲线，达到调节工况点的目的。

图 1-31（a）为 500ZQB-100 型轴流潜水电泵通用特性曲线图。通用特性曲线是一台泵在 n= 常数下，在叶片不同安装角度的扬程特性曲线上，加绘等功率特性曲线、等效率特性曲线。有了这种通用曲线图和性能表（如表 1-3 所列），可以很方便地根据所需的流量和扬程来选择水泵和叶片的安装角度。

500ZQB-100 型轴流潜水电泵性能表 表 1-3

叶片安装角度	流量 Q		扬程	转速	功率 N（kW）		效率	叶轮直径
	m^3/h	L/s	H（m）	n（r/min）	轴功率	电机功率	η（%）	D（mm）
+4°	2736	760	6.2		56.6	YQGN	81.6	
	2995	832	5		47.8	368.6	85.2	
	3276	910	3.6		39.3	65	81.6	
+2°	2498	694	6.4		53.3	YQGN	81.6	
	2844	790	4.68		42.5	368.6	85.2	
	3114	865	3.25		33.8	65	81.6	
+0°	2322	645	6.4		43.6	YQGN	81.6	
	2700	750	4.3		37.1	368.6	85.2	
	2916	810	3.05		29.7	55	81.6	
−2°	2160	600	6.18	980	44.5	YQGN	81.6	450
	2513	692	4.2		33.7	368.6	85.2	
	2700	750	3.1		27.9	55	81.5	
−4°	1980	550	6		39.6	YQGN	81.6	
	2340	650	4		30.2	368.6	84.3	
	2166	635	3.15		25.9	55	81.6	
−6°	1764	490	6.05		36.5	YQGN	79.7	
	2160	600	3.7		26.5	368.6	82	
	2275	632	2.9		23.5	55	79.7	

（4）汽蚀余量 $NPSH_r$（即 H_{SV}）

轴流泵的吸水性能一般用汽蚀余量 $NPSH_r$ 表示。样本中的汽蚀余量是水泵厂通过汽蚀试验得出的。一般轴流泵的汽蚀余量都要求较大，其安装高度为负值，即叶轮常浸在吸水井水面下一定深度处。为保证在运行中轴流泵不产生汽蚀，工艺设计时须保证有正确的进水条件，如吸水口要有足够的淹没深度、悬高、边距、间距，进水道不产生漩流和漩涡；要留有一定的安全裕量。

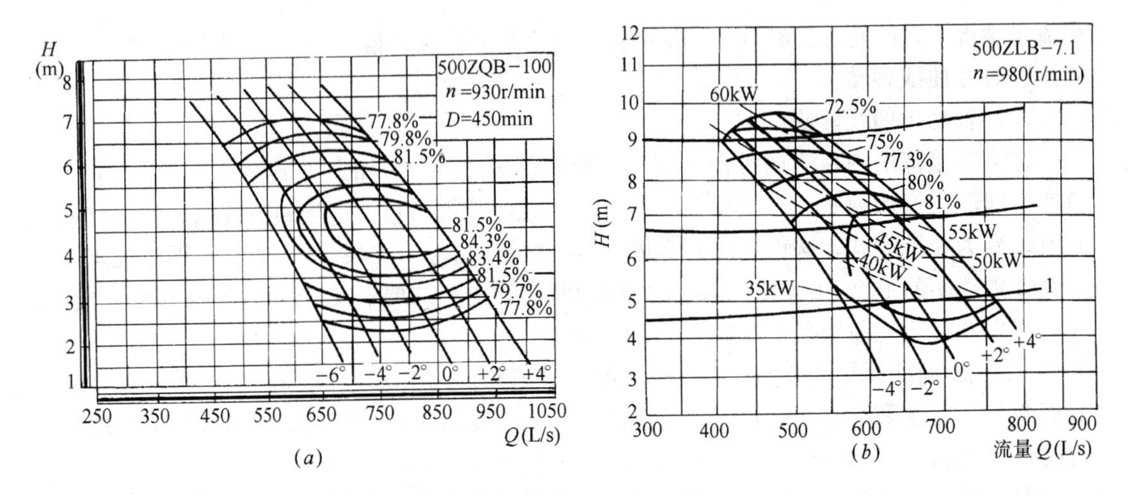

图 1-31　轴流泵通用特性曲线

（*a*）500ZQB-100 轴流泵通用特性曲线；（*b*）500ZLB-7.1 轴流泵通用特性曲线

五、叶片式风机的实测特性曲线

在风机转速恒定的条件下，改变风机的风量、则出口风压、轴功率、效率等会随着发生规律性的变化。风机在定速条件下性能参数之间的关系曲线，称为风机的特性曲线。风机的主要特性曲线有 3 条：全压与风量之间的关系曲线（$Q-H$）；轴功率与风量之间的关系曲线（$Q-N$）；总效率与风量之间的关系曲线（$Q-\eta$）。

1. 离心通风机的实测特性曲线

图 1-32 为 CQ-6 型离心通风机特性曲线图。

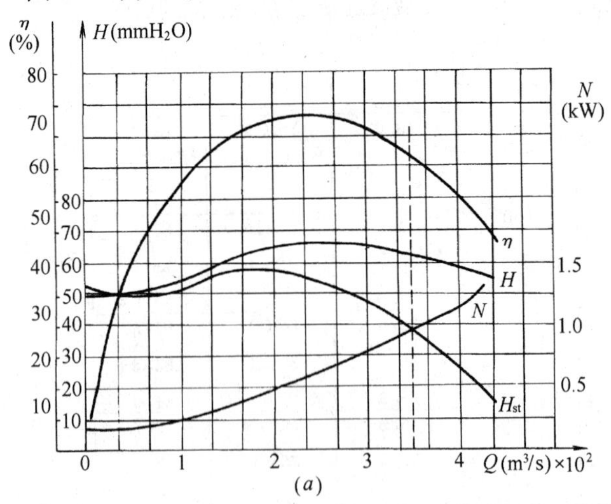

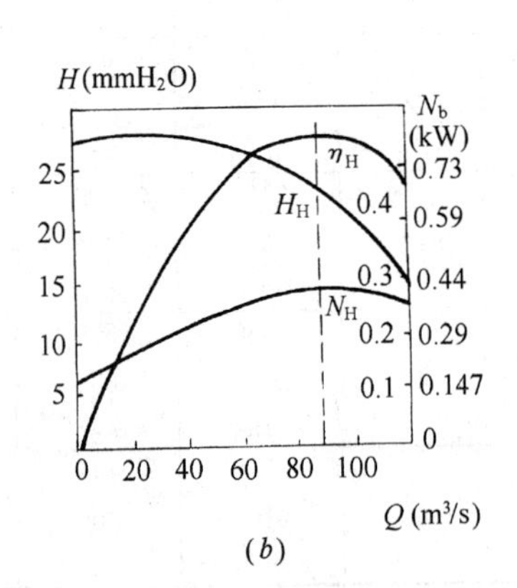

图 1-32　离心通风机的特性曲线

（*a*）CQ-6 型前弯式离心风机；（*b*）CQ-6 型后弯式离心风机

（1）（$Q-H$）特性曲线

全压特性对不同叶片形状的风机有不同的形状。后弯式叶片离心风机，全压随风量的增大而减小，呈一条不规则的下倾曲线；前弯式叶片离心风机，全压特性呈一条不规则的上倾曲线。这与离心泵的扬程特性基本相同。有的样本还给出静压特性与动压特性曲线，即

($Q-H_{st}$)、($Q-H_{mv}$) 曲线。

(2) ($Q \sim \eta$) 特性曲线

离心风机的效率有静压效率与全压效率之分，图 1-32 给出的为全压效率特性。与离心泵一样，它有一个最高点，该点对应的 Q、H、η 值为设计工况值，亦即铭牌数据值。有的样本还给出静压效率特性，静压效率特性的最高点一般位于全压效率曲线最高点的左侧。

(3) ($Q-N$) 特性曲线

曲线形状对于不同的叶轮形式有差别。后弯式叶片离心风机，风量增大，轴功率随之增加，但增加较为缓慢，呈上倾的不规则曲线；前弯式叶片离心风机，风量增大，轴功率随之增加非常迅速，呈上翘的较为典型的二次曲线。因此，工况变动较大的系统，不要选用前弯式离心风机。

为用户使用方便，样本还给出风机的性能表，如表 1-4 所列（摘录）；选择性能曲线图，如图 1-33 所示的通用 T8-23-11 No3～No5 型离心式通风机选择性能曲线。该图的说明及使用方法见第五章第二节风机选择。

T4-72-11 型离心风机性能表（摘录） **表 1-4**

No5A

转数 (r/min)	序号	全压 (mmH$_2$O)	流量 (m^3/h)	轴功率 (kW)	选用件 1 电动机		选用件 1 地脚螺栓 (4 套)	选用件 2 电动机		选用件 2 地脚螺栓 (4 套)
					型号	功率 (kW)	代号 F2120	型号	功率 (kW)	代号 Q/SG531-1
2900	1	324	7950	8.52						
	2	319	8917	8.9						
	3	313	9880	9.42						
	4	303	10850	9.9	JO$_2$-52-2 (D$_2$/T$_2$)	13	M12×320	JO$_2$-52-2 (D$_2$/T$_2$)	13	M13×250
	5	290	11830	10.3						
	6	268	12780	10.5						
	7	246	13750	10.7						
	8	224	14720	10.9						
1450	1	81	3977	10.6						
	2	79	4460	11.1						
	3	78	4943	11.8						
	4	76	5426	12.3	JO$_2$-31-4 (D$_2$/T$_2$)	2.2	M10×250	JO$_2$-31-4 (D$_2$/T$_2$)	2.2	M10×200
	5	72	5909	12.9						
	6	66	6392	13.1						
	7	61	6875	13.4						
	8	56	7358	13.6						

转数 (r/min)	序号	全压 (mmH$_2$O)	风量 (m^3/h)	电动机		三角皮带			风机槽轮	电机槽轮	电机滑轨 (2 套)
				型号	功率 (kW)	型号	根数	代号	代号	代号	代号
4-72-11 No6C											
1250	1	86	5920								
	2	84	6640								
	3	83	7360								
	4	81	8100								
	5	77	8800	BJO$_2$-32-4	3	B	2	90	45-B$_2$-240	28-B$_2$-210	3912-013
	6	71	9500								
	7	65	10250								
	8	59	11000								

续表

转数 (r/min)	序号	全压 (mmH_2O)	风量 (m^3/h)	电动机		三角皮带			风机槽轮	电机槽轮	电机滑轨 (2套)
				型　号	功率 (kW)	型号	根数	代号	代　号	代　号	代　号
4-72-11No10C											
900	1 2 3 4 5 6	124 122 117 112 105 98	25050 27250 29470 31680 33890 36100	JO_2-61-4	13	B	3	120	65-B_3-400	42-B_3-250	3912-014
630	1 2 3 4 5 6	61 60 58 55 52 48	17540 19100 20650 22180 23750 25280	JO_2-42-4	5.5	B	2	105	65-B_2-400	32-B_2-175	3912-013

转数 (r/min)	序号	全　压 (mmH_2O)	风　量 (m^3/h)	电　动　机		联轴器（1套）			底脚垫板部 (4套)
				型　号	功率（kW）	F2508	轴孔规格		代　号
							风机	电机	
4-72-11No6D									
1450	1 2 3 4 5 6 7 8	116 114 112 109 104 96 88 80	6840 7680 8520 9360 10200 11040 11880 12720	JO_2-41-4	4	3-45×32	45	32	3912-001
960	1 2 3 4 5 6 7 8	51 50 49 48 45 42 38 35	4520 5070 5620 6170 6720 7270 7820 8370	JO_2-31-6	7.6	3-45×28	45	28	3912-001
4-72-11No8D									
1450	1 2 3 4 5 6 7	206 203 200 194 185 170 156	16200 18165 20130 22100 24060 26025 27990	JO_2-62-4	17	5-65×42	65	42	3912-002
960	1 2 3 4 5 6 7	91 89 88 85 81 75 69	10730 12000 13320 14620 15940 17240 18560	JO_2-51-6	5.5	5-65×38	65	38	3912-002

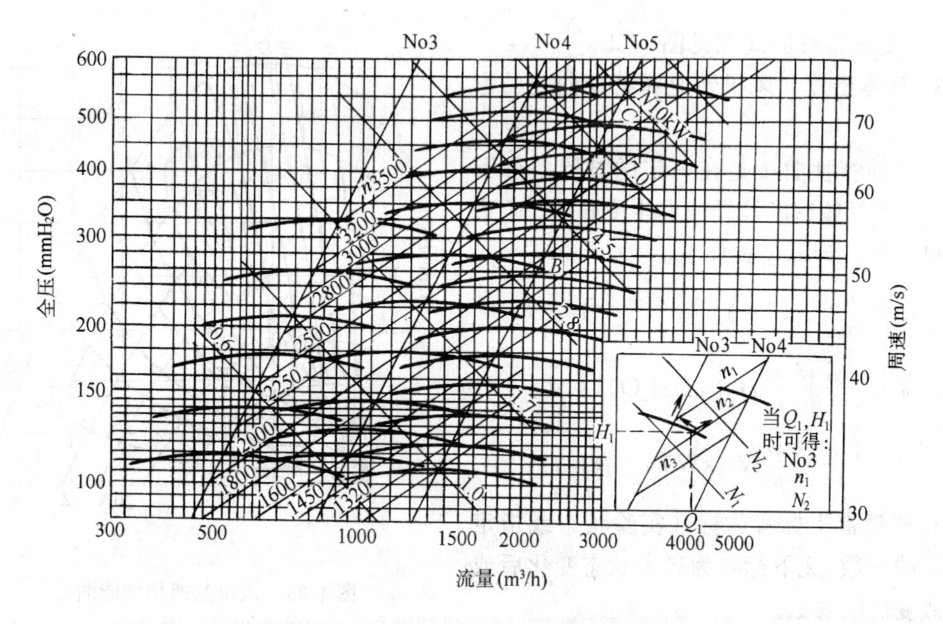

图 1-33　8-23-11 No3～5 选择性能曲线图

2．轴流风机特性曲线的特点

图 1-34 为轴流风机的特性曲线。

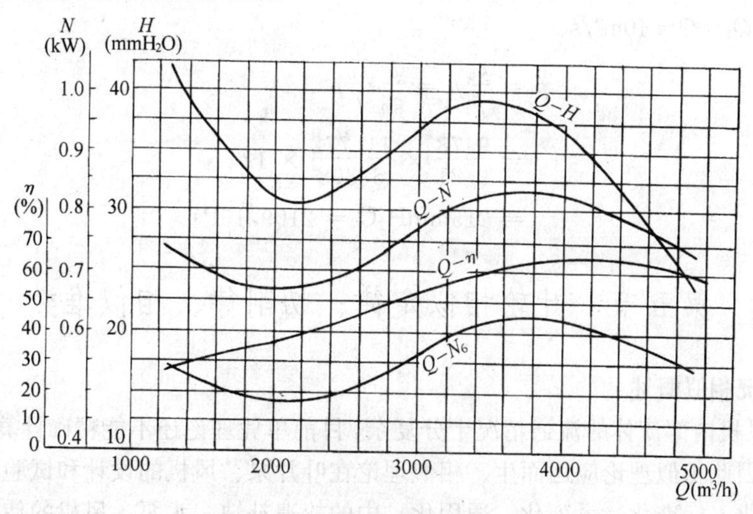

图 1-34　轴流风机的特性曲线

(1) 全压特性 ($Q-H$) 曲线是一条陡降且有拐点的曲线，与轴流泵扬程特性曲线形状相似；

(2) 轴功率特性 ($Q-N$) 曲线是一条与全压特性曲线具有类似形状的曲线。流量为零时轴功率最大，因而轴流风机启动时，应全开管道上的调节门；

(3) 效率特性 ($Q-\eta$) 的高效段很窄。风机一旦偏离设计工况点运行时，很可能效率很低。一般不采用调节门调节风量，对大型轴流风机常采用改变叶片安装角度（变角）或改变风机转速（变速）调节风量，以提高风机的运行效率。

为使用户使用方便，样本也提供变角特性表和变角或变速特性曲线图。变角性能表见

表 5-1，变速特性曲线图见图 1-35。

3. 气体密度和风机转速对特性曲线的影响

风机的特性曲线是在一定的试验条件下得到的，当气体密度及转速发生变化时，应进行转换计算，计算公式如下：

$$Q=\frac{n}{n_0}Q_0(\mathrm{m^3/s}) \tag{1-29}$$

$$H=\left(\frac{n}{n_0}\right)^2\frac{\rho}{\rho_0}H_0(\mathrm{mmH_2O}) \tag{1-30}$$

$$N=\left(\frac{n}{n_0}\right)^3\frac{\rho}{\rho_0}N_0(\mathrm{kW}) \tag{1-31}$$

式中物理量带下标者为标准实验状态或指定条件下的参数，无下标者为吸入状态变化后或转速改变后的参数。

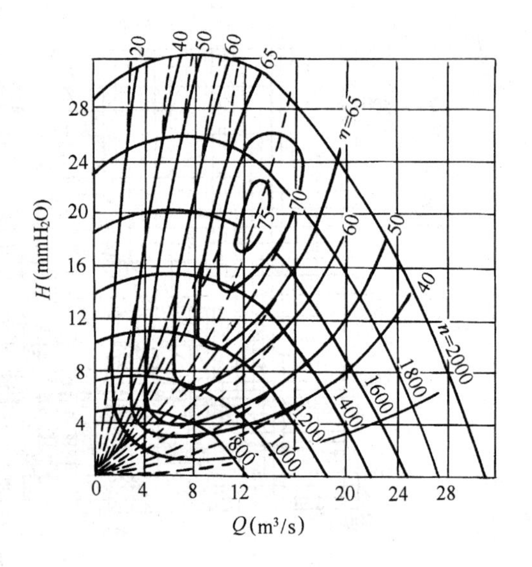

图 1-35 风机的通用性能曲线

【例 1-2】 已知：$p=124\mathrm{mmH_2O}=1216.44\mathrm{N/m^2}$，$Q=40\mathrm{m^3/s}$，$g=9.78\mathrm{m/s^2}$，$\gamma=6.808\mathrm{N/m^3}$。

试换算为风机定速特性曲线上的风量和风压。

【解】 $Q_0=Q=40\mathrm{m^3/s}$

$$p_0=\frac{\rho_0}{\rho}p=\frac{g}{g_0}\frac{\gamma_0}{\gamma}p$$

$$=\frac{9.78}{9.81}\times\frac{11.772}{6.808}\times 124$$

$$=215\mathrm{mmH_2O}=2109.15\mathrm{Pa}$$

第五节 叶轮相似定律、切削律、相似准数

一、工况相似概述

水泵、风机内部流体的流通情况十分复杂，目前单凭理论还不能精确计算出叶片泵、风机的性能，因此相似理论应运而生。相似理论在叶片泵、风机的设计和试验、在指导流体机械生产三化（标准化、系列化、通用化）中的拾遗补缺、水泵、风机的使用等方面有着广泛的应用。如大型水泵、风机设计时，性能参数与结构参数之间的关系无法精确计算，1∶1的全模拟试验既不经济又无可能。这时可利用相似理论，做缩小比例的模型试验，再将模拟试验的结论指导大型泵与风机的设计。又如利用相似理论，可将叶片泵、风机不同转速下的性能参数进行换算，而不必通过试验。这样扩大了水泵、风机的使用范围，满足用户的需要。

叶片泵、风机叶轮的相似定律是建立在几何相似与运动相似基础上的。现分别介绍几何相似与运动相似的条件。

几何相似的条件是：两个叶轮主要过水部分一切相对应的尺寸成一定的比例，所有的对应角相等。

设有两台水泵的叶轮，满足几何相似的条件，则有：

$$\frac{b_2}{b_{2m}} = \frac{D_2}{D_{2m}} = \lambda \tag{1-32}$$

式中 b_2、D_2——实际水泵叶轮的出口宽度与叶轮的外径；

b_{2m}、D_{2m}——模型水泵叶轮的出口宽度与叶轮的外径；

λ——任一线性尺寸的比例（或称模型缩小比例尺）。例如比模型大一倍的实际泵 $\lambda=2$。

运动相似的条件是：两叶轮对应点上的同名速度方向一致，大小互成比例。这实际是对应点上的速度三角形相似，如图1-36所示。依运动相似的条件，则有：

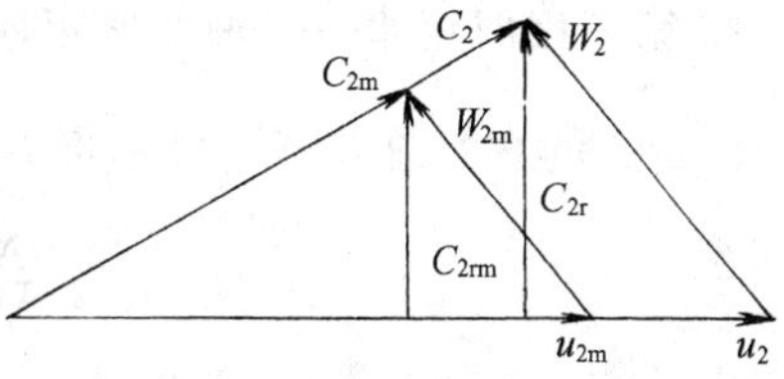

$$\frac{C_2}{C_{2m}} = \frac{C_{2r}}{(C_{2r})_m} = \frac{u_2}{u_{2m}} = \frac{D_2 n}{(D_2 n)_m} = \lambda \frac{n}{n_m} \tag{1-33}$$

图1-36 相似工况下两叶轮出口速度三角形

由上分析可知，两个叶轮相似的必要条件是几何相似，充分条件是运动相似。凡是满足几何相似条件和运动相似条件的两台水泵，称工况相似水泵。

二、叶轮相似定律

1. 第一相似定律——流量定律

两台相似水泵在相似工况下运行时，工况相似点的流量之间存在确定的关系，推导如下：

由式（1-27）可知，水泵流量 $Q=\eta_V Q_T$

即：

$$Q=\eta_V F_2 C_{2r}$$

因而：

$$\frac{Q}{Q_m} = \frac{\eta_v}{\eta_{vm}} \cdot \frac{C_{2r}}{C_{2rm}} \cdot \frac{F_2}{F_{2m}} = \frac{\eta_v}{\eta_{vm}} \cdot \frac{C_{2r}}{C_{2rm}} \cdot \frac{\pi D_2 b_2 \phi_2}{(\pi D_2 b_2 \phi_2)_m} \tag{1-34}$$

式中 ϕ_2——考虑叶片厚度引起叶轮出口截面积减小的排挤系数。在几何相似条件下，$\phi_2 \doteq \phi_{2m}$。

将式（1-32）、（1-33）、代入（1-34）式，并整理，可得：

$$\frac{Q}{Q_m} = \lambda^3 \frac{\eta_v}{\eta_{vm}} \cdot \frac{n}{n_m} \tag{1-35}$$

式（1-35）表示两台相似水泵在工况相似下运行时，工况相似点的流量与转速、容积效率的乘积成正比，与线性比例尺的三次方成正比。

2. 第二相似定律——扬程定律

由式（1-26）可知，$H=\eta_h H_T$

即：

$$H = \frac{H_T}{1+p} = \frac{\eta_h}{1+p} \cdot \frac{u_2 C_{2u}}{g}$$

现假定反映反旋现象的修正系数 p 相等，则：

$$\frac{H}{H_{\mathrm{m}}}=\frac{\eta_{\mathrm{h}}}{\eta_{\mathrm{hm}}}\cdot\frac{u_2}{u_{2\mathrm{m}}}\cdot\frac{C_{2\mathrm{u}}}{C_{2\mathrm{um}}} \tag{1-36}$$

因两相似泵在工况相似下运行，故有：

$$\frac{H}{H_{\mathrm{m}}}=\lambda^2\cdot\frac{\eta_{\mathrm{h}}}{\eta_{\mathrm{hm}}}\cdot\frac{n^2}{n_{\mathrm{m}}^2} \tag{1-37}$$

由式（1-37）可知，两台相似水泵在相似工况下运行时，工况相似点的扬程与转速及线性比例尺的二次方成正比，与水力效率的一次方成正比。

3．第三相似定律——轴功率定律

由定义的水泵总效率，可求得 $N=\frac{\gamma QH}{\eta}$，故：

$$\frac{N}{N_{\mathrm{m}}}=\frac{\gamma QH}{(\gamma QH)_{\mathrm{m}}}\cdot\frac{\eta_{\mathrm{m}}}{\eta} \tag{1-38}$$

假定输送液体的重力密度相等，将式（1-35）、（1-37）代入式（1-38），经整理可得：

$$\frac{N}{N_{\mathrm{m}}}=\lambda^5\frac{n^3}{n_{\mathrm{m}}^3}\cdot\frac{\eta_{\mathrm{mM}}}{\eta_{\mathrm{M}}} \tag{1-39}$$

由式（1-39）可知，两台相似水泵在相似点工况下运行时，工况相似点的轴功率与转速的三次方、线性比例尺的五次方成正比，与机械效率成反比。

实际应用中，如果实际水泵与模型水泵的尺寸相差不大，转速也相差不大时，可近似认为三个局部效率不随尺寸变化，这时相似定律可写为：

$$\frac{Q}{Q_{\mathrm{m}}}=\lambda^3\cdot\frac{n}{n_{\mathrm{m}}} \tag{1-40}$$

$$\frac{H}{H_{\mathrm{m}}}=\lambda^2\cdot\frac{n^2}{n_{\mathrm{m}}^2} \tag{1-41}$$

$$\frac{N}{N_{\mathrm{m}}}=\lambda^5\cdot\frac{n^2}{n_{\mathrm{m}}^3} \tag{1-42}$$

三、比例律

把相似定律应用于不同转速运行的同一台叶片泵时，则有：

$$Q_1/Q_2=n_1/n_2 \tag{1-43}$$

$$\frac{H_1}{H_2}=\frac{n_1^2}{n_2^2} \tag{1-44}$$

$$\frac{N_1}{N_2}=\frac{n_1^3}{n_2^3} \tag{1-45}$$

式中　H_1、Q_1、N_1——转速 n_1 下某个工况点的参数；

H_2、Q_2、N_2——转速 n_2 下与上述工况点相似的点的参数。

上述三式是同一台水泵在不同转速下运行时，性能参数的换算公式，是相似定律的一个特殊形式，称为比例律。比例律对水泵的使用者是很有用处的，关于它的具体运用将在第二章离心泵、风机运行原理中详细讨论，在运用上述三个公式时要注意两点：一是公式只能用于工况相似点；一是相似点的效率在一定的转速变化范围是相等的。实践证明超过一定的转速变化范围时，低转速相似点的效率将下降。

四、切削律

实践证明，在切削量适当的条件下，叶轮切削前后效率可认为不变，性能参数 Q、H、N 的变化与切削前后的轮径存在如下关系：

$$\frac{Q'}{Q}=\frac{D'_2}{D_2} \tag{1-46}$$

$$\frac{H'}{H}=\left(\frac{D'_2}{D_2}\right)^2 \tag{1-47}$$

$$\frac{N'}{N}=\left(\frac{D'_2}{D_2}\right)^3 \tag{1-48}$$

式（1-46）至（1-48）统称为水泵叶轮的切削律。式中 Q'、H'、N' 为叶轮切削后的参数。切削律是建立在大量试验资料基础上的，是一种统计规律。应用切削律要注意下面几点：

（1）性能换算公式只适用于工况相似点；

（2）切削量要控制在切削限量以内。切削限量与水泵的比转数有关，详见表 1-5；

叶轮切削限量 **表 1-5**

比转数 n_s	60	120	200	300	350	350 以上
最大允许切削(%)	20	15	11	9	7	0
效率下降值	每切削 10%，效率下降 1%		每切削 4%，效率下降 1%			

注：切削量 $\delta=\frac{D_2-D'_2}{D_2}\times100\%$。

（3）切削方式。对不同构造的叶轮应取不同的切削方式。低比转数叶轮，对前后盖板作等量切削，如图 1-37（*a*）所示。对高比转数离心泵叶轮后盖板多切，前盖板少切，如图 1-37（*b*）所示。对混流式叶轮只切前盖板，后盖板不切，如图 1-37（*c*）所示。如果混流泵叶轮出口装有导流器式减漏环，则只切削叶片，不切削盖板；

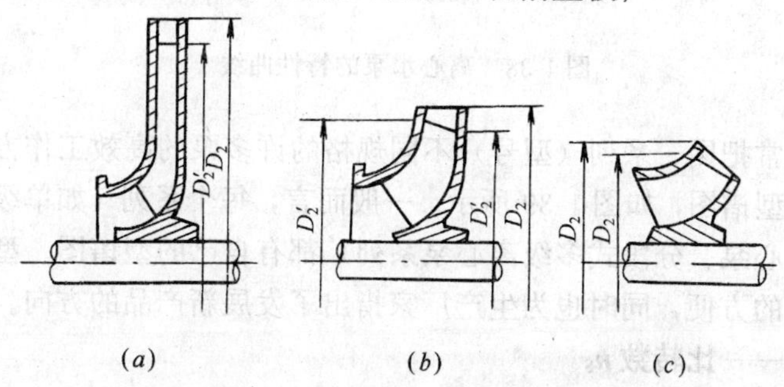

图 1-37　叶轮切削方式

（*a*）低比转数离心泵；（*b*）高比转数离心泵；（*c*）混流泵

（4）锉削方式。离心泵叶轮的切削后，叶片的出水舌端显得比较厚，如能沿弧面在一定的长度内锉削去一层，则可改善水泵的性能。锉时应锉出水叶舌的下表面（背水面），这样可使两叶片间的间距增大。理论指出，这样锉削在水泵转速和流量不变的情况下，可使扬程适量提高。实践证明，这样锉削最高效率通常有所改善，效率最高点一般向流量增大侧移动。另外，如果叶片的入口叶舌呈圆形，把它锉成锐角形，则水泵的吸水性能将有所改善；

(5) 离心泵的型谱图。水泵叶轮切削后，就性能特性而言，它已经变成了另一台泵，这无疑扩大了水泵的适用范围。图1-38为水泵样本提供的湘英-44-20 (A) 型离心泵的特性曲线，该泵是单级双吸中开式离心泵。图中，实线表示叶轮 ($D_2=835$mm) 未经切削的水泵特性曲线，虚线表示叶轮经切削 ($D_2=810$mm) 的水泵特性曲线。波形短线之间的区域表示水泵高效工作段。将两条特性曲线高效段的首端、末端分别用直线连接起来，得到框图 $ABCD$，框图中的所有点 (Q，H) 相应的效率都比较高。方框 $ABCD$ 称该水泵的高效率方框图。

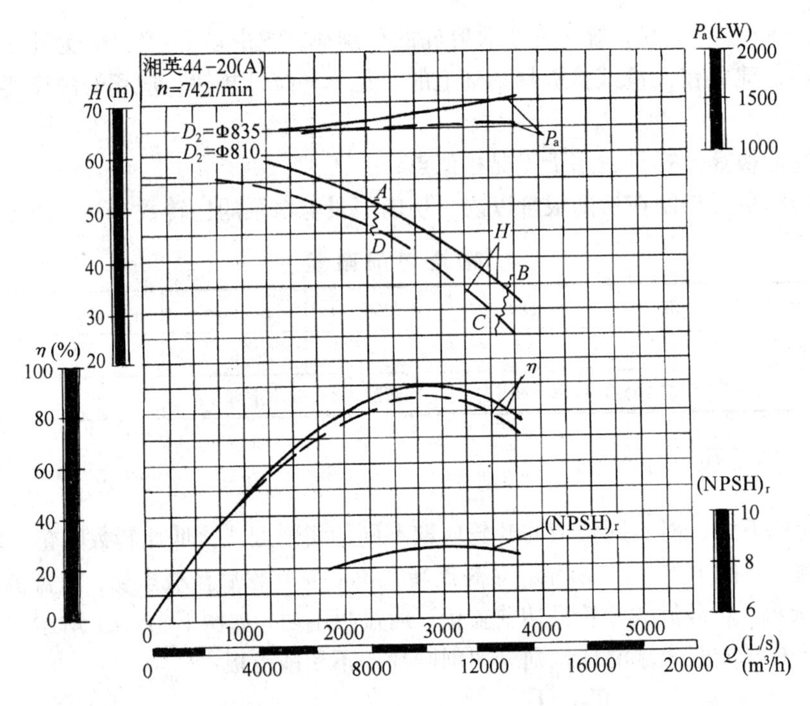

图1-38　离心水泵的特性曲线

目前，水泵厂常把同一系列 (型号) 不同规格的许多泵的高效工作方框绘制在同一张对数坐标图中，称型谱图，如图1-39所示。一般而言，每个系列 (如单级单吸悬臂式离心泵、单级双吸式离心泵、分段式多级离心泵系列) 都有自己的型谱图。型谱图一方面为用户选泵提供了极大的方便，同时也为生产厂家指出了发展新产品的方向。

五、相似准数——比转数 n_s

叶片泵、风机叶轮结构及水力性能是多种多样的，尺寸的大小也不尽相同。按照叶片泵、风机的相似原理，可把它们区分为不同的相似泵 (风机) 群。用叶片泵、风机叶轮相似的几何和运动相似的条件判别它们是否相似，对泵和风机的使用者来说，既不方便也无可能。到底用什么判别两泵是否工况相似呢？这就是相似准 (则) 数即比转数 n_s。所谓比转数是从每一相似泵群中设法给出一台标准模型泵作为代表，用它的主要性能参数 (Q、H、n、η) 综合出来的一个反映该相似泵群的共同特性和叶轮构造的特征数。

1. 比转数计算公式

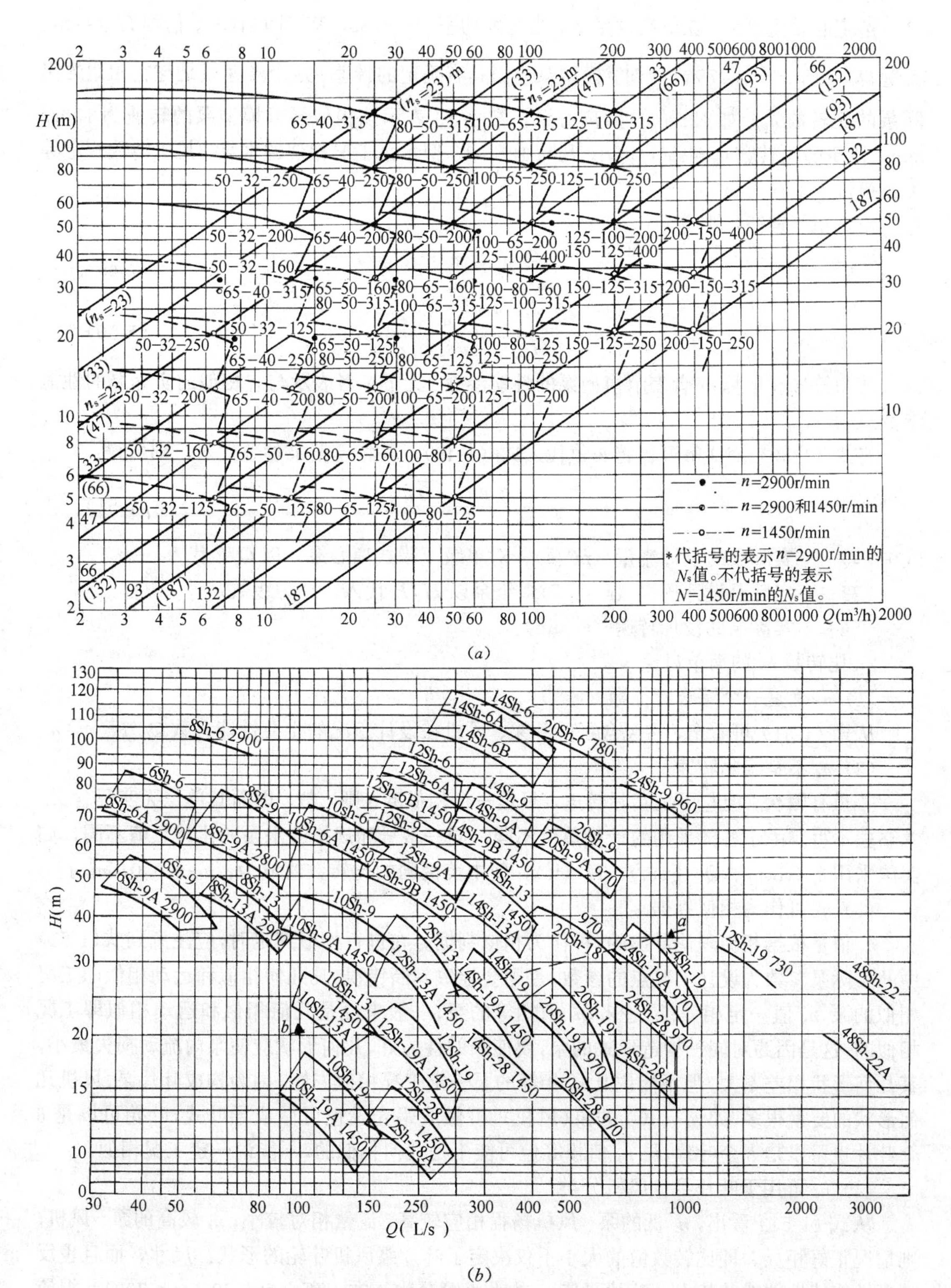

(a)

(b)

图 1-39　离心泵型谱图

(a) 某系列离心泵型谱图；(b) Sh 型离心泵系列型谱图

选定的模型泵为：在最高效率下，当有效功率 $N_u=735.5W$（即 1HP）、扬程 $H_m=1m$、流量 $Q_m=\frac{75N_u}{\gamma H_m}=0.075m^3/s$ 时，模型泵应当具有确定的转速。这个转速就是与它相似的实际泵的比转数 n_s。如 12Sh-13 型离心泵，数字 13 表示该相似泵群模型泵的转速为 130r/min，该泵的比转数 $n_s=130r/min$。凡与 12Sh-13 型水泵工况相似的水泵，其比转数一定等于或接近于 130r/min。

根据相似定律，则有：

$$\frac{Q}{Q_m}=\lambda^3\frac{n}{n_s} \tag{1-49}$$

$$\frac{H}{H_m}=\lambda^2\left(\frac{n}{n_s}\right)^2 \tag{1-50}$$

式中符号有下标 m 者表示模型泵的性能参数，无下标者表示与它相似的实际泵的性能参数。

将式（1-50）对 λ 解开，将 λ 值代入式（1-49），并将模型泵参数代入，则可得：

$$n_s=\frac{3.65\sqrt{Q}n}{H^{3/4}} \tag{1-51}$$

式中 Q——实际泵的设计流量（m^3/s）。对单级双吸式离心泵，以 $Q/2$ 代入；

H——实际泵设计扬程（m）。对多级泵以 H/P 代入，P 为级数；

n——实际泵的设计转速（r/min）。

2. 比转数 n_S 的简单讨论

（1）n_s 确是一个综合特征数

从式（1-51）可看出，它包含了叶片泵、风机在设计工况的主要性能参数 Q、H、η、n。

（2）n_s 不是实际转速

n_s 虽有因次，但它不是实际转速，只是一个相似准（则）数，因而其单位无实际含义，常略去不写。由于各国采用的计量单位不同，同一型号和规格的水泵的比转数值不同，如美国采用 n（rpm）、Q（gpm）、H（ft），使中美两国的比转数值成为：$n_{SC}=0.076n_{SA}$。

（3）n_s 可作为相似判据

n_s 值是根据相似理论导出的，可作为相似判据。在进行相似判定时，应注意到式(1-51)中的实际泵参数为设计工况点的参数，否则会导致判断错误。凡几何相似和运动相似即工况相似的泵，n_s 值一定相等；反过来，n_s 值相等的泵，一般来说是几何相似和运动相似即工况相似的。这是因为对同一构造形式的泵，要使泵的性能好，几何形状应使泵内流动损失最小，其几何形状相差不大。但不能说凡 n_s 相等的泵一定工况相似。这是因为构成叶片泵、风机几何形状的要素很多，如 $n_s=400$ 的泵（风机），可做成蜗壳式也可做成导叶式，叶轮可以是 6 个叶片也可以是 8 个叶片，虽 n_s 值相等但可能不是几何相似的，不能说一定工况相似。

（4）n_s 可用于叶片泵、风机分类

从式（1-51）看出，n_s 低的泵、风机扬程相应较高，流量相对较小；n_s 较高的泵、风机，则情况正好相反。即比转数值的大小不仅决定了叶片泵风机叶轮的形状、尺寸，而且也反映了性能特性曲线的特点。叶片泵依 n_s 的大小可分为 3 类：离心泵（$30<n_s<300$）、混流泵（$300<n_s<500$）轴流泵（$500<n_s<1000$）。表 1-6 列出了 n_S 与叶轮形状和性能曲线形状的关系，可供选泵时作定性参考，也便于管理部门对叶片泵进行分类。

n_s 与叶轮形状和性能曲线的关系　　表 1-6

泵的类型	离心泵			混流泵	轴流泵
	低比转数	中比转数	高比转数		
比转数 n_s	$30<n_s<80$	$80<n_s<150$	$150<n_s<300$	$300<n_s<500$	$500<n_s<1000$
叶轮形状	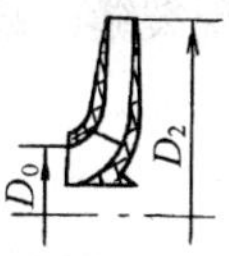 D_0 D_2	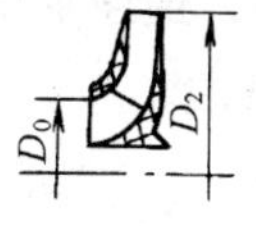 D_0 D_2	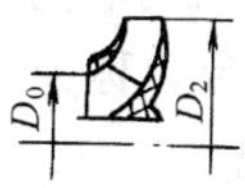 D_0 D_2	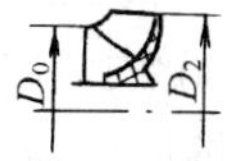 D_0 D_2	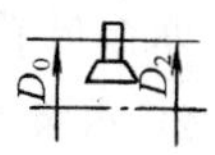 D_0 D_2
尺寸比 $\frac{D_2}{D_j}$	≈3	≈2.3	≈1.8～1.4	≈1.2～1.1	≈1
叶片形状	圆柱形叶片	入口处扭曲 出口处圆柱形	扭曲叶片	扭曲叶片	轴流泵翼型
性能曲线形状	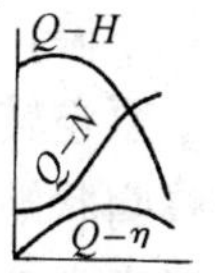 $Q-H$ $Q-N$ $Q-\eta$	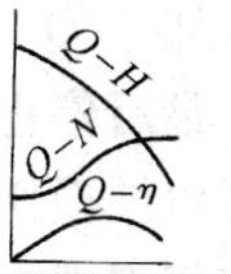 $Q-H$ $Q-N$ $Q-\eta$	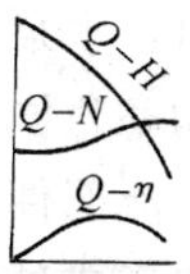 $Q-H$ $Q-N$ $Q-\eta$	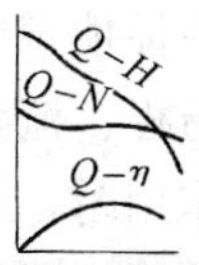 $Q-H$ $Q-N$ $Q-\eta$	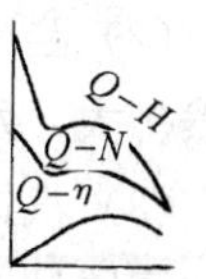 $Q-H$ $Q-N$ $Q-\eta$
流量扬程曲线特点	关死扬程为设计工况的 1.1～1.3 倍，扬程随流量减少而增加，变化比较缓慢			关死扬程为设计工况的 1.5～1.8 倍，扬程随流量减少而增加，变化较急	关死扬程为设计工况的 2 倍左右，在小流量处出现马鞍形
流量功率曲线特点	关死功率较少、轴功率随流量增加而上升			流量变化时轴功率变化较少	关死点功率最大，设计工况附近变化比较少，以后轴功率随流量增大而下降
流量效率曲线特点	比　较　平　坦			比轴流泵平坦	急速上升后又急速下降

第六节　离心泵吸水性能

离心泵的正常工作，是建立在吸水条件选择正确的基础上的。在有些场合下水泵装置的故障，是由于吸水条件选择不当引起的。所谓正确的吸水条件是指水泵运行过程中保证泵内不产生汽蚀条件下的最大吸水高度。为掌握这个高度的计算，要作如下的讨论。

一、汽蚀概述

汽蚀现象是客观存在的，但到 1893 年英国一艘驱逐舰进坞修理时，发现螺旋桨桨面有蜂窝状缺陷并有裂纹，不能使用，才首次认定。水泵在某种条件下工作时，也可能发生汽蚀。一旦发生汽蚀水泵将不能正常工作，长期汽蚀作用时叶轮也会因汽蚀而损坏。

1. 水泵汽蚀现象

水泵运转过程中，如果过流部分的局部区域（通常是叶轮入口的叶背处）的绝对压强小于输送液体相应温度下的饱和蒸汽压力时，液体汽化，同时液体中的溶解气体也会大量逸出。气泡在移动过程中是被液体包围的，必然生成大量气泡。气泡随液流进入叶轮的高压区时，由于压力的升高，气泡产生凝结和受到压缩，急剧缩小以致破裂，形成“空穴”。

液流由于惯性以高速冲向空穴中心，在气泡闭合区产生强烈的局部水击，瞬间压力可达几十兆帕，同时能听到气泡被压裂的炸裂噪声。实验证实，这种水击多发生在叶片进口壁面，甚至在蜗壳表面，其频率可达 20000～30000Hz。高频的冲击压力作用于金属叶面，时间一长就会使金属叶面产生疲劳损伤，表面出现蜂窝状缺陷。蜂窝的出现又导致应力集中，形成应力腐蚀，再加上水和蜂窝表面间歇接触的电化学腐蚀，最终使叶轮出现裂缝，甚至断裂。

水泵叶轮进口端产生的这种现象，称为水泵汽蚀。

2. 水泵发生汽蚀时的典型表现

（1）水泵运行过程中汽蚀轻微时，水泵外壳出现振动和噪声（600～25000Hz）。振动的加剧和爆豆似的劈劈啪啪的响声，可判断汽蚀的初发阶段。这时，可注入少量空气，以缓冲噪声、振动以及它们对金属的破坏。当注入少量空气不能缓解时，不可再注入空气而应采取其他措施。

（2）当外部条件促使汽蚀严重时，水泵性能变坏，（$Q-H$）特性下降，严重时汽蚀区突然扩大，水泵的扬程、流量、轴功率急剧下降，最后停止出水，水泵空转。

（3）汽蚀长期作用时，水泵的过流部件会出现汽蚀损伤，出现蜂窝状缺陷甚至出现裂缝。实践证明，汽蚀破坏不是在气泡形成处而是在气泡消失区，所以常常在叶轮的出口和水泵压水区进口部分出现汽蚀破坏。

二、水泵吸水线的压力降落及计算

水泵吸水线如图 1-40 所示，指从水泵吸水管的吸入端至水泵叶轮的叶片进口的叶背 K 点的吸水管线。水泵运行中，由于叶轮的高速旋转，在叶轮入口处形成真空，吸水井的水在大气压力的作用下从吸水管的吸入端流入叶轮入口。从流动的能量平衡看，吸水井水面的大气压 p_a 与叶轮入口叶背 K 点处的绝对压力 p_k 之差，转化为位置水头、流速水头和克服各种水头损失。具体分析如下。

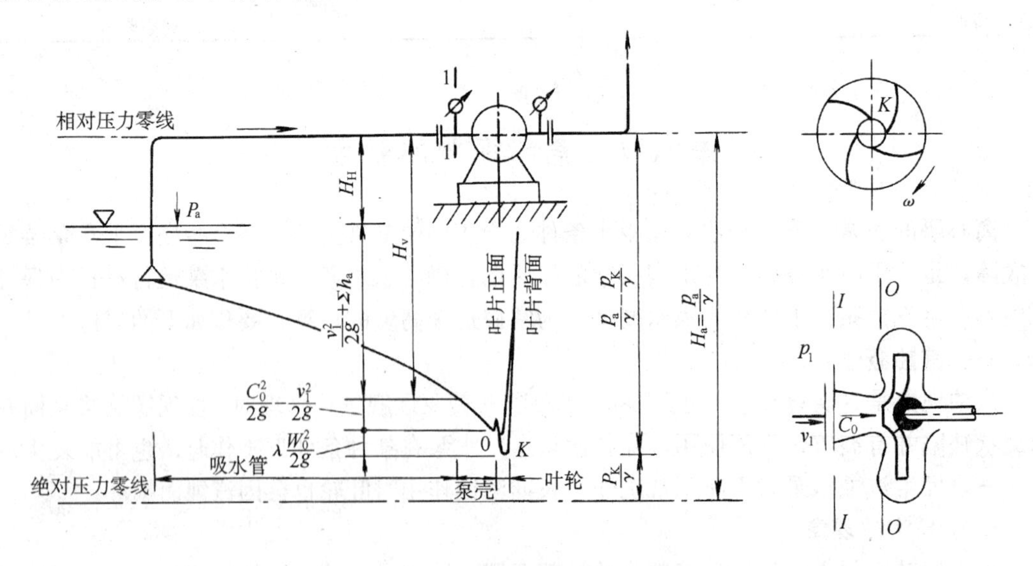

图 1-40　水泵吸水线的压力降落

以吸水井水面为基准面，当忽略行近流速水头时，吸水井水面与 1-1 断面（真空表承接处）的能量方程式可写为：

$$\frac{p_a}{\gamma} = H_{SS} + \frac{p_1}{\gamma} + \frac{v_1^2}{2g} + \Sigma h_S \tag{1-52}$$

式中 $\frac{p_a}{\gamma}$、$\frac{p_1}{\gamma}$——分别为吸水井水面大气压和1-1断面处的绝对压力水头（m）；

H_{SS}——吸水地形高度（即水泵安装高度）（m）；

Σh_S——吸水管段的水头损失（m）；

$v_1^2/2g$——吸水管真空表处的流速水头（m）。

吸水井水面与0-0断面（叶轮吸入口处）的能量方程式可写为：

$$\frac{p_a}{\gamma} = \frac{p_0}{\gamma} + H_{SS} + \Sigma h'_S + \frac{C_0^2}{2g} \tag{1-53}$$

式中 C_0、p_0——分别为0-0断面的绝对流速与绝对压强；

$\Sigma h'_S$——该段吸水线的水头损失（m），可认为 $\Sigma h'_S \doteq \Sigma h_S$。

0-0断面与K-K断面（靠近叶片进口的叶背K点处）的相对运动能量方程，经化简后可写为：

$$\frac{p_0}{\gamma} + \frac{W_0^2}{2g} = \frac{p_K}{\gamma} + \frac{W_K^2}{2g} \tag{1-54}$$

上式可写为：

$$\frac{p_0}{\gamma} + \frac{p_K}{\gamma} + \frac{W_0^2}{2g}\left(\frac{W_K^2}{W_0^2} - 1\right) \tag{1-55}$$

令 $\lambda = \frac{W_K^2}{W_0^2} - 1$，$\lambda$ 称气穴系数，则得：

$$\frac{p_0}{\gamma} + \frac{p_K}{\gamma} + \lambda\frac{W_0^2}{2g} \tag{1-56}$$

将式（1-56）代入式（1-53），可得：

$$\frac{p_a}{\gamma} - \frac{p_K}{\gamma} = H_{SS} + \Sigma h_S + \frac{C_0^2}{2g} + \lambda\frac{W_0^2}{2g}$$

或

$$\frac{p_a}{\gamma} - \frac{p_K}{\gamma} = \left(H_{SS} + \Sigma h_S + \frac{v_1^2}{2g}\right) + \left(\frac{C_0^2 - v_1^2}{2g} + \lambda\frac{W_0^2}{2g}\right) \tag{1-57}$$

式中 $\frac{p_K}{\gamma}$——吸水线中压力最低点的压头（m）；

$\frac{C_0^2 - v_1^2}{2g}$——流速水头差值（m）；

$\lambda\frac{W_0^2}{2g}$——叶片进口叶片迎水面与背水面的压力下降值，即叶片的绕流损失（m）。

由式（1-57）可知：

（1）吸水线中压力最低点的压力 p_k 是一个条件值，即该点的压力至少不得低于输送温度下相应的汽化压力 p_{va}。

（2）吸水线中压力降落为泵外（吸水管吸入端至水泵真空表承接处）压力降落 $\left(H_{SS} + \Sigma h_S + \frac{v_1^2}{2g}\right)$ 与泵内压力降落 $\left(\frac{C_0^2 - v_1^2}{2g} + \lambda\frac{W_0^2}{2g}\right)$ 之和。

$H_{SS} + \Sigma h_S + \frac{v_1^2}{2g}$ 对运行的水泵装置，可由真空表直接读出（H_v），对工艺设计中的水泵装置可通过计算后确定。

$\left(\frac{C_0^2-v_1^2}{2g}+\lambda\frac{W_0^2}{2g}\right)$是很难进行实测和计算的，其中的$\lambda\frac{W_0^2}{2g}$值与水泵的构造及运行工况有关，变化很大，且通常不小于3m。

三、水泵允许吸上真空高度与汽蚀余量

1. 允许吸上真空高度H_S

水泵样本中一般都给出了（$Q-H_S$）曲线，它是生产厂家通过国家规定的试验得到的。现加以说明。

当p_u下降，下降到正好等于所输送液体在相应温度下的汽化压力时，即$p_k=P_{va}$时，式（1-57）为：

$$\frac{p_a}{\gamma}-\frac{p_{va}}{\gamma}=\left(H_{SS}+\Sigma h_S+\frac{v_1^2}{2g}\right)+\frac{C_0^2-v_1^2}{2g}+\lambda\frac{W_0^2}{2g}$$

即：

$$\left(H_{SS}+\Sigma h_S+\frac{v_1^2}{2g}\right)=\left(\frac{p_a}{\gamma}-\frac{p_{va}}{\gamma}\right)-\left(\frac{C_0^2-v_1^2}{2g}+\lambda\frac{W_0^2}{2g}\right) \tag{1-58}$$

式（1-58）是汽蚀试验的理论基础。左边项可认为是在某个流量下已经发生汽蚀的实际吸上真空高度H_S^*，由试验装置直接测读。改变流量点，得到另一个流量下的发生汽蚀的实际吸上真空度H_S^*值，这样可得到（H_S^*-Q）曲线。按JB 1040—67的规定，在（H_S^*-Q）曲线上取H_S^*下降10%的点作为临界吸上真空高度H_{SC}，即得到（$Q-H_{SC}$）曲线，再考虑10%～30%的安全裕量，取定允许吸上真空高度H_S，即得到（$Q-H_S$）曲线。实测的14SA型离心泵（$Q-H_S$）曲线如图1-41所示。

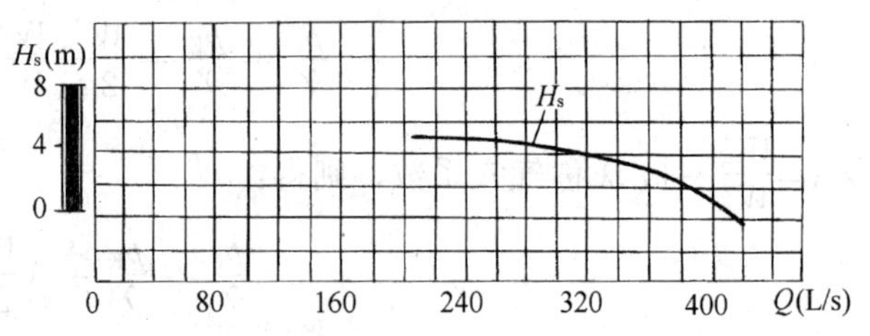

图1-41　14SA型离心泵（$Q-H_S$）曲线

2. 水泵最大安装高度计算

泵站室内地坪的高程与水泵的最大安装高度有关。安装高度的确定既要充分利用水泵的吸水性能，又要考虑水泵的安全运行。

由式（1-52）可得：

$$\frac{p_a}{\gamma}-\frac{p_1}{\gamma}=H_{SS}+\Sigma h_S+\frac{v_1^2}{2g} \tag{1-59}$$

即：

$$H_v=H_{SS}+\Sigma h_S+\frac{v_1^2}{2g} \tag{1-60}$$

H_v为实际吸上真空高度，其极限值为H_S，故水泵的最大安装高度为：

$$H_{SSmax}=H_S-\Sigma h_S-\frac{v_1^2}{2g} \tag{1-61}$$

样本中的（$Q-H_S$）曲线是在标准试验条件下（20℃的清水、1个标准大气压（10.33mH_2O）测得的，当水泵安装地点的大气压力、输送水温与试验条件不符时，应对H_S值进行修正，修正后的H'_S可用下式表示：

$$H'_S=H_S-(10.33-h_a)-(h_{va}-0.24) \tag{1-62}$$

式中　H_S——样本中给出的允许吸上真空高度值（m）；

h_a——当地的大气压力（mH_2O）；

h_{va}——输送水温相应的汽化压力（mH_2O）。

【例 1-3】 一台水泵的吸入口径为 200mm，$Q=77.8\text{L/s}$ 时，样本给出的 $H_S=3.6\text{m}$，估计吸水管路的水头损失为 0.5m。分别求在标准状态下和在拉萨地区从开口容器中抽送 40℃清水时，水泵的最大安装高度。

【解】
$$v_1=\frac{Q}{\pi/4D^2}=\frac{77.8\times10^{-3}}{\pi/4\times0.2^2}=2.48(\text{m/s})$$

$$\frac{v_1^2}{2g}=\frac{2.48^2}{2\times9.8}=0.31\text{m}$$

标准状态下使用时：

$$H_{SSmax}=H_S-\Sigma h_S-\frac{v_1^2}{2g}=3.6-0.5-0.31$$
$$=2.79\text{m}\quad\text{（表示水泵抽吸式工作）}$$

在拉萨抽送 40℃清水时：

查表，$h_{va40}=0.75\text{mH}_2\text{O}$，$h_{a拉萨}=6.82\text{mH}_2\text{O}$

$$H'_S=H_S-(10.33-6.82)-(0.75-0.24)$$
$$=-0.42\text{m}$$

$$H_{SSmax}=H'_S-\Sigma h_S-\frac{v_1^2}{2g}=-0.42-0.5-0.31$$
$$=-1.23\text{m}\text{（负值表示水泵泵轴低于吸水井水面 1.23m，为自灌式）}$$

3. 汽蚀余量 H_{SV}（即 $NPSH_r$）

对于轴流泵、热水泵、锅炉给水泵等，其安装高度通常为负值，即叶轮必须浸在吸水井水面以下一定的深度，以免泵运行时发生汽蚀。如果仍用允许吸上真空高度 H_S 值来衡量这类水泵的抗汽蚀性能，显得不太合适，一般用汽蚀余量衡量水泵的抗汽蚀性能。

在分析吸水线压力降落时，曾得到式（1-52）、（1-57），由两式可得到：

$$\left(\frac{p_1}{\gamma}-\frac{p_K}{\gamma}+\frac{v_1^2}{2g}\right)=\frac{C_0^2}{2g}+\lambda\frac{W_0^2}{2g}\tag{1-63}$$

当 p_K 下降到正好发生汽蚀时，则上式可写为：

$$\left(\frac{p_1}{\gamma}-\frac{p_{va}}{\gamma}+\frac{v_0^2}{2g}\right)=\frac{C_0^2}{2g}+\lambda\frac{W_0^2}{2g}\tag{1-64}$$

式（1-64）右边两项之和定义为水泵汽蚀余量 $NPSH_r$，左边三项的代数和定义为水泵吸入装置提供的汽蚀余量 $NPSH_a$。对（1-64）式可作这样的理解：它表征了一种临界状态，即当吸入装置提供的汽蚀余量正好等于水泵所必须具有的汽蚀余量时，水泵刚好发生汽蚀。

装置汽蚀余量 $NPSH_a$ 可用下式计算：

$$NPSH_a=\frac{p_1}{\gamma}-\frac{p_{va}}{\gamma}+\frac{v_1^2}{2g}$$
$$=\frac{p_a}{\gamma}-\left(H_{SS}+\Sigma h_S+\frac{v_1^2}{2g}\right)-\frac{p_{va}}{\gamma}+\frac{v_1^2}{2g}$$
$$=h_a-h_{va}-\Sigma h_S\pm|H_{SS}|\tag{1-65}$$

式中 h_a——吸水井水面的大气压力，也可理解为吸水井水面的绝对压力（m）；

h_{va}——抽送水温相应的汽化压力（m）；

Σh_S——吸水管路的总水头损失（m）；

H_{SS}——吸水地形高度(m)。当吸水井水位的测压管水面低于泵轴时，水泵为抽吸式工作。$|H_{SS}|$前取"—"。当水泵为自灌式工作时，$|H_{SS}|$前取"+"。

水泵汽蚀余量 $NPSH_r$，是指水泵入口处单位重量的液体必须具有的超过饱和蒸汽压力的富余能量，是水泵的固有特性。由式（1-64）可知，$NPSH_r$ 无法用理论精确计算，只能通过汽蚀试验得到，测量原理如下：

以抽吸式工作水泵装置为例加以说明。

$$NPSH_a = h_a - h_{va} - \left(|H_{SS}| + \Sigma h_S + \frac{v_1^2}{2g}\right) + \frac{v_1^2}{2g}$$

$$= (h_a - h_{va}) - H_v + \frac{v_1^2}{2g}$$

或：

$$NPSH_a + H_v = h_a - h_{va} + \frac{v_1^2}{2g} \tag{1-66}$$

一般情况下，

$$\frac{v_1^2}{2g} \approx h_{va}$$

故：

$$NPSH_a + H_v = h_a \tag{1-67}$$

式(1-66)既说明了离心泵装置汽蚀余量与吸上真空高度的关系，也是水泵汽蚀余量测算的基础。当水泵正好发生汽蚀时，H_v、h_a 值可直接测读。用 H_S 测定的同样处理方法，可得到（$Q-NPSH_r$）曲线。

通过上面的分析，可以了解水泵的允许吸上真空高度 H_S 与汽蚀余量 $NPSH_r$ 是衡量水泵抗汽蚀性能的参数，是水泵固有的特性。对水泵的使用者来说，要充分理解水泵的吸水性能以防止水泵发生汽蚀。工艺设计中，要切实注意到：水泵吸入装置的实际真空值必须小于允许的吸上真空高度值，即 $H_v < H_S$；水泵吸入装置的汽蚀余量 $NPSH_a$ 必须大于水泵必须的汽蚀余量 $NPSH_r$，即 $NPSH_a > NPSH_r +$（0.4～0.6）m。

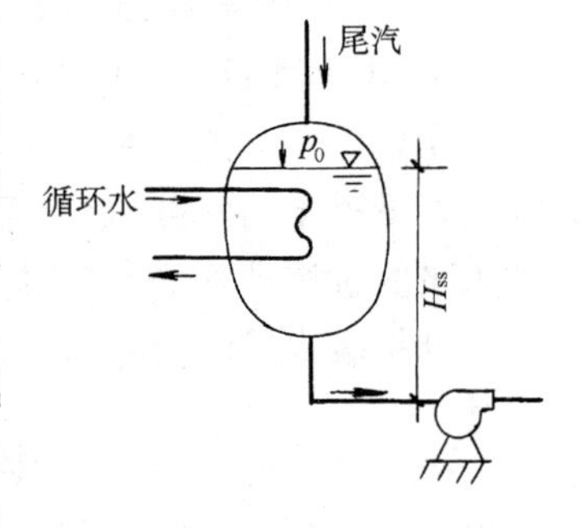

图 1-42　凝水泵吸入装置

【例 1-4】　有一离心泵装置从冷凝器中抽送 60℃的清水，如图 1-42 所示。

已知 $p_0 = 2.02 mH_2O$（绝对压力），在设计流量下，$\Sigma h_S = 0.5m$，$NPSH_r = 3m$。求水泵的安装高度。

【解】　查表得：$h_{va} = 2.02m$

$$NPSH_a = h_a - h_{va} - \Sigma h_S \pm |H_{SS}|$$

即：

$$H_{SS} = NPSH_a - h_a + h_{va} + \Sigma h_S$$

$$= (NPSH_r + 0.6) - h_a - h_{va} + \Sigma h_S$$

$$= (3 + 0.6) - 2.02 + 2.02 + 0.5$$

$$= 4.1m$$

水泵应安装在冷凝器水面下 4.1m。

第七节　其　它　水　泵

在给水排水工程中，除了使用离心泵、轴流泵等叶片泵外，还在净水厂投药、泵站引水灌泵、排污等方面使用其它类型的泵，现简介如下：

一、潜水泵

潜水泵是一种水泵与电机一体、可浸没在水中运行的泵。由于结构的改进、性能的完善（如中低扬程、大流量、高效率泵的出现），城市给水排水工程中潜水泵应用越来越广泛。根据叶轮的构造潜水泵可分为潜水离心泵、潜水轴流泵和潜水混流泵；按用途可分为潜水给水泵、潜水排水泵和潜水深井泵。潜水轴流泵结构示意图如图 1-43 所示。

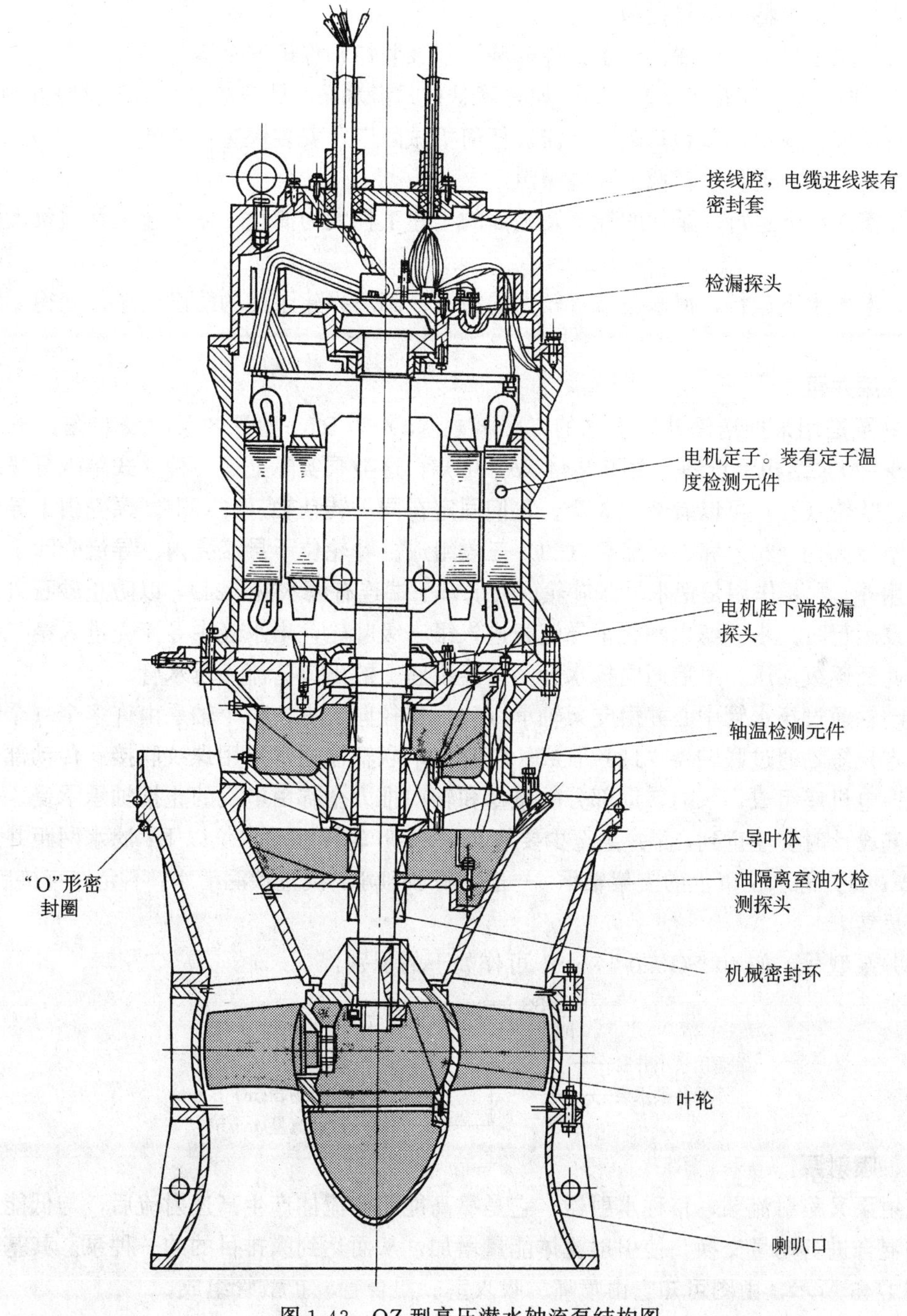

图 1-43　QZ 型高压潜水轴流泵结构图

由于潜水泵在水中工作，因此结构上必须要有很好的密封装置，防电机的定子、转子腔进入非绝缘介质，以保证电机的绝缘强度。按定转子腔充入绝缘介质的不同，潜水电动机分为干式、湿式两类。干式潜水电动机定转子腔内充入纯净气体，如空气、氮气。湿式潜水电动机定转子腔内充入高纯水或油，如去离子水、蒸馏水、变压器油。

潜水泵有多种安装方式，可供用户选择。如潜水轴流泵的安装方式有：悬吊式、落地式、井筒挂式（如图 1-43 所示）、卧式（斜式）。

潜水泵的主要特点可概括为：

(1) 设置了足够的检漏、测温元件，利于水泵监控和保证安全运行。

(2) 机电一体，简化了安装工序。如井筒悬挂式潜水泵，只需把水泵吊入钢竖井中，水泵会自行就位、找中，泵和基础间不需作任何机械固定，安装快速、方便。

(3) 潜入水下运行，降低了环境噪声。

(4) 潜入水下运行，泵站的地下及地面的土建工程大为简化，使土建工程造价大幅度降低。

(5) 潜入水下运行，使水位涨落较大的沿江、湖泊兴建泵站的防洪问题，变得非常简单。

二、深井泵

深井泵是用来抽送深井地下水的。图 1-44 (*a*) 为 RJC 型深井泵的安装图，图 1-44 (*b*) 为 SG 型泵结构示意图。由图 1-44 (*b*) 可知，这类泵实际上是一种立式单吸分段多级离心泵。叶轮 (21) 可以有 2～26 个，它们固定在同一转动轴 (17) 上。泵壳由上导流壳 (19)、中导流壳 (20) 和下导流壳 (23) 三段组成。叶轮位于导流壳内。导流壳除了起连接件作用外，主要作用是把水导入叶轮。吸水口下端连有滤水网 (24)，以防止砂石进入水泵。水泵运行时，水经滤水网、下导流壳进入第一级叶轮，出水经中导流壳进入第二级叶轮，如此经逐级加压，最后通向扬水管，并经泵座上的出口管流入压水管。

传动轴通过扬水管中心并由支架轴承 (14) 作径向支承。整个轴系由许多个（个数按需要确定）短轴通过联轴器 (12) 联成一个整体，联轴器通常采用螺纹联接。传动部分由电动机、电机座组成，泵的转动部分的重量和轴向推力全部由电机的止推轴承承受。

工艺设计时要注意到，深井泵至少要有 2～3 个叶轮浸在动水位以下；滤水网距井底不小于 2m；要为静水位以上的支架轴承（一般为橡胶轴承）设置预润滑水；不允许直接启动；不允许反转。

深井泵型号，如 400SG550-17×11 可作如下的识别：

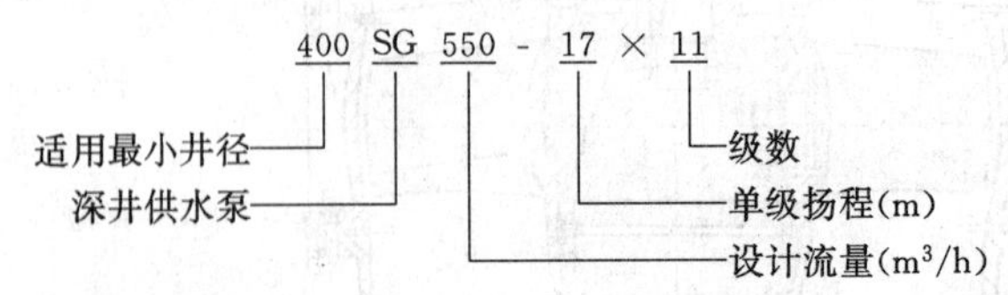

三、喷射泵

喷射泵又称射流泵，俗称水射器。它是靠高能工作流体产生高速射流后，与低能引射流体相混合进行动量交换，使引射流体能量增加，从而达到吸排目的的一种泵。其基本结构如图 1-45 所示，由图可知它由喷嘴、吸入室、混合管、扩散管组成。

1. 工作原理

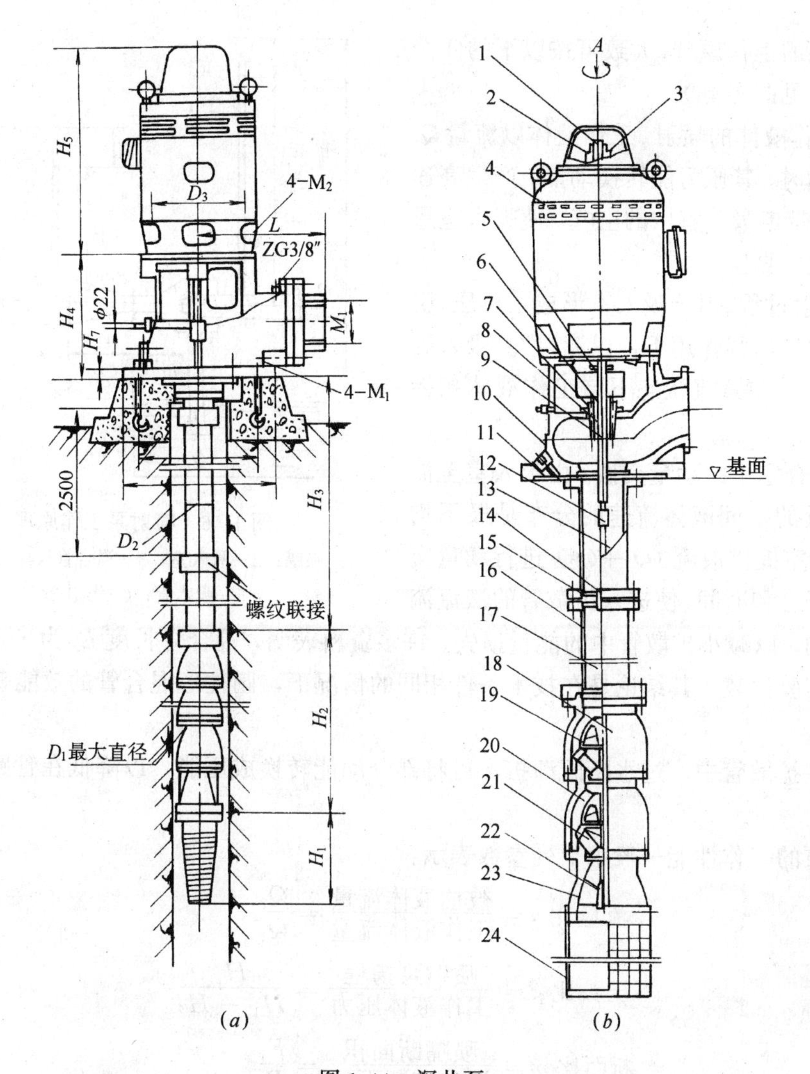

图 1-44 深井泵

(*a*) 深井泵安装图；(*b*) 深井泵结构图

1—电机轴；2—调整螺母；3—键；4—电机；5—挡水圈；6—压盖；7—填料盒；8—填料；9—轴承；10—预润丝堵；11—泵座；12—联轴器；13—传动轴；14—支架轴承；15—泵座；16—短法兰管；17—叶轮轴；18—上轴承；19—上导流壳；20—中导流壳；21—叶轮；22—下轴承；23—下导流壳；24—滤水网

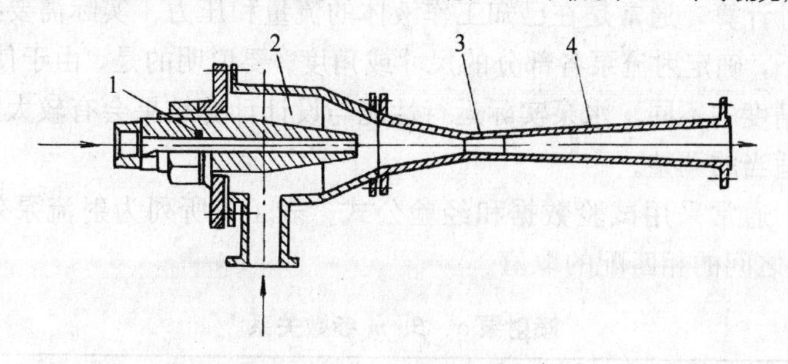

图 1-45 喷射泵的构造

1—喷嘴；2—吸入室；3—混合管；4—扩散管

射流泵的工作原理，大致可按以下的四个过程说明（见图 1-46）。

(1) 工作液体的喷射。工作液体以流量 Q_1 经收敛喷嘴时，其压力能转换动能，产生高速射流，不断带走吸入室中的空气，使吸入室形成一定程度的真空。

(2) 引射过程。由于吸入室形成了负压，引射液体在大气压强作用下，以流量 Q_2 吸入到吸入室中，并在紊流状态下与工作液体相掺合。

(3) 混合室中的动量交换。由吸入室至混合室入口处的空间液体流速的分布是极不均匀的，混合室提供液流 (Q_1+Q_2) 进行动量交换所需的场合和时间，使进入扩散管的液流流速趋于均匀，以减小扩散管中的能量损失。许多资料表明，混合管长度 L_2 为 (6～7) d_2 较佳。经过实验比较，其结论是在技术条件相同的情况下，圆柱形混合管的效能普遍优于圆锥管。

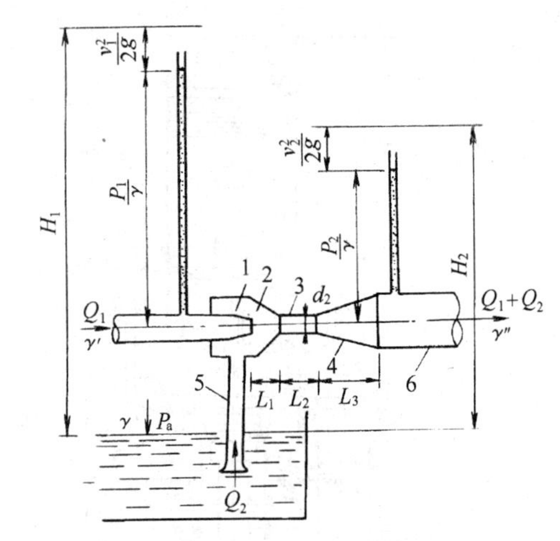

图 1-46　喷射泵工作原理

1—喷嘴；2—吸入室；3—混合管；4—扩散管；5—吸水管；6—压出管

(4) 在扩散管中，过水断面渐扩，可将部分动能转换成压能，以降低在管路中的水头损失。

喷射泵的工作性能一般用下列参数表示：

$$流量比\ \alpha=\frac{被抽液体流量}{工作液体流量}=\frac{Q_2}{Q_1}$$

$$压头比\ \beta=\frac{喷射泵扬程}{工作液体压力}=\frac{H_2}{H_1-H_2}$$

$$断面比\ m=\frac{喷嘴断面积}{混合室断面积}=\frac{F_1}{F_2}$$

$$效率\ \eta=\frac{\gamma Q_2 H_2}{\gamma' Q_1(H_1-H_2)}$$

2. 喷射泵的设计计算

喷射泵的设计计算，通常是在已知工作液体的流量和压力、实际需要抽送的液体的流量和扬程的条件下，确定射流泵各部分的尺寸或角度。要说明的是，由于使用条件的差异，加工精度和安装精度的不同，水泵实际运行性能与设计计算结果会有较大的出入，这时应根据试验情况作适当的调整。

具体计算时，通常采用试验数据和经验公式。表 1-7 所列为射流泵效率较高时（达 30%），α、β、m 之间的相匹配的取值。

喷射泵 α、β、m 参数关系　　**表 1-7**

m	0.15	0.20	0.25	0.30	0.40	0.50	0.60	0.70	0.80	0.90	1.00
α	2.00	1.30	0.95	0.78	0.65	0.38	0.30	0.24	0.20	0.17	0.15
β	0.15	0.22	0.30	0.38	0.60	0.80	1.00	1.20	1.45	1.70	2.00

下面举例说明利用表中参数设计喷射泵尺寸的方法：

【例1-5】 如图1-46所示，已知抽吸流量Q_2=5L/s，射流泵扬程H_2=7mH_2O，喷嘴前工作液体所具有的比能H_1=33mH_2O。求射流泵各部分尺寸。

【解】 (1) 工作液体流量Q_1

$$\beta = \frac{H_2}{H_1 - H_2} = \frac{7}{33-7} = \frac{7}{26} = 0.27$$

查表1-7得：流量比α=1.12；断面比m=0.23，因此：

$$Q_1 = \frac{Q_2}{\alpha} = \frac{0.005}{1.12} = 0.0045 m^3/s$$

(2) 喷嘴及混合室断面积

由水力学中管嘴计算公式得知：

$$Q_1 = F_1 \phi \sqrt{2gH_1}$$

式中 ϕ——喷嘴的流量系数，取ϕ=0.95；

F_1——喷嘴断面积（m^2）。

所以：

$$F_1 = \frac{Q_1}{\phi\sqrt{2gH_1}}$$

$$F_1 = \frac{0.0045}{0.95\sqrt{2\times 9.8\times 33}} = 0.000186 m^2$$

亦即： $F_1 = 186 mm^2$

喷嘴直径 $d_1 = 1.13\sqrt{F_1} = 1.13\sqrt{186} = 15.4mm$

混合管断面积 $F_2 = \frac{F_1}{m}$

所以 $F_2 = \frac{186}{0.23} = 807 mm^2$

混合管直径 $d_2 = 1.13\sqrt{F_2} = 1.13\sqrt{807} = 32mm$

(3) 喷嘴与混合管的间距L_1：

一般资料提出：L_1=（1～2）d_1较为合适，这里可取L_1=16～30mm

(4) 混合管型式及长度L_2

混合管有圆柱形和圆锥形两种，经过试验对比，在技术条件相同条件下圆柱形混合管射流泵的效能普遍优于圆锥形混合管，这是因为前者混合管较长，工作液与被抽吸液在其中能充分混合，能量传递也很充分，因而效能较高，本例题采用圆柱形混合管。长度L_2根据许多试验资料表明按L_2=（6～7）d_2较佳。本例题采用$L_2 = 6d_2 = 6\times 32 = 192$mm。

(5) 扩散管长度L_3及扩散管圆锥角θ

按实验推荐扩散管圆锥角θ以不超过8°～10°为佳，扩散管长度$L_3 = \frac{d_3 - d_2}{2tg\frac{\theta}{2}}$

如取θ=8°，d_3取67mm（公称管径为70mm），则：

$$L_3 = \frac{67 - 32}{2\mathrm{tg}4^\circ} = \frac{17.5}{0.0699} = 250\mathrm{mm}$$

（6）喷嘴长度 L

收缩圆锥角一般不大于40°，喷嘴的另一端与压力水管相连接。这里 $Q_1 = 4.5\mathrm{L/s}$，压力水管管径取50mm，则：

$$L = \frac{50 - 15}{2\mathrm{tg}20^\circ} = \frac{17.5}{0.369} = 45\mathrm{mm}$$

（7）射流泵效率 η

$$\eta = \frac{\gamma Q_2 H_2}{\gamma Q_1 (H_1 - H_2)} = \alpha\beta = 1.12 \times 0.27 = 0.3$$

(8)关于吸入室的构造，应保证实现 L_1 值的调整范围，同时使吸水口位于喷口的后方，吸水口处被吸水的流速不能太大，务心使吸入室内的真空值 $H_S < 7\mathrm{mH_2O}$。

3. 喷射泵的应用

喷射泵的特点有：（1）构造简单、尺寸小、重量轻、价格便宜；（2）便于就地加工制作，安装方便，维护简单；（3）无运动部件，启闭方便，只要工作地点有高压力水，喷射泵就能投入工作，并且当吸水口完全露出水面后，断流对水泵无任何危害；（4）喷射泵的抽升介质十分广泛，如污泥或其他含颗粒的液体，以及气体等。但是喷射泵的工作效率还相当低。

在给排水工程中，喷射泵一般用于以下场合：

（1）在泵站中可用于离心泵的引水装置，在离心泵的顶部接一喷射泵，在水泵启动前，可从给水管引入高压水，以它作为喷射泵的工作液体。通过喷射泵来抽吸泵体内的空气，达到离心泵启动前的抽气引水灌泵的目的。

（2）在小型水厂中，利用喷射泵来抽升液氯和矾液。

（3）在地下水除铁除锰曝气的充氧工艺中，可用喷射泵作为带气、充气装置，喷射泵抽吸的是空气，通过混合管与地下水混合，以达到充氧的目的，在此处一般称为加气阀。

(4)在污水处理中，作为污泥消化池中搅拌和混合用泵。近年来，用喷射泵作为生物处理的曝气设备及气浮净化法加气设备发展十分迅速。

（5）与离心泵联合工作以增加离心泵装置的吸水高度，常用于地下水位较低地区的取水。

四、气升泵

气升泵又名空气扬水机，它是以压缩空气为动力来提升液体或矿浆的气举装置。气升泵构造简单，在现场可以利用管材就地加工、装配。

1. 工作原理

图1-47所示为一安装了气升泵的钻井示意图。地下水的静水位为0-0，来自空气压缩机的压缩空气由输气管2经喷嘴

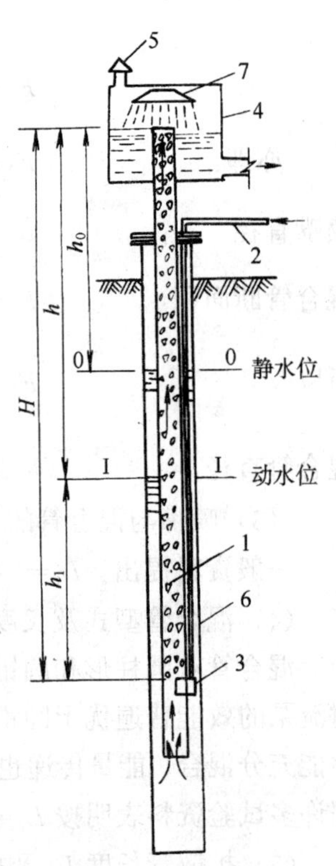

图1-47　气升泵构造

1—扬水管；2—输气管；3—喷嘴；4—气水分离箱；5—排气孔；6—井管；7—伞形钟罩

3 输入扬水管1，于是在扬水管中形成空气与水的水气乳状液，水气乳状液由于重力密度小而沿扬水管上升，流入气水分离箱中，水气乳状液以一定的速度撞击在伞形钟罩7上，由于冲击而达到水气分离的目的。分离出来的空气经水气分离箱顶部的排气孔5逸出，水落入箱中，经管道引入清水池。

在扬水管中，水能上升的原因可用连通器原理来解释。假设液体处于静平衡状态，以喷嘴所在水平面为等压面，得压力平衡方程：

$$\gamma_w h_1 = \gamma_m \cdot H = \gamma_m (h_1 + h) \tag{1-68}$$

或

$$h = \left(\frac{\gamma_w}{\gamma_m} - 1\right) h_1 \tag{1-69}$$

式中 γ_w——水的重力密度（kN/m^3）

γ_m——扬水管内水气乳状物的重力密度，一般为（0.15～0.25）γ_w；

h_1——井内动水位至喷嘴的距离，称为喷嘴的淹没深度（m）；

h——水气乳状液的上升高度（提升高度）。

实际装置中，水气乳状液流动要克服流动阻力。还要具有一定的出流水头。因此必须使

$$\left(\frac{\gamma_w}{\gamma_m} - 1\right) h_1 > h \tag{1-70}$$

由式（1-70）可知，气升泵要能工作，喷嘴必须要在动水位以下有一定的淹没深度，并需要供应足量的压缩空气。气升泵的提升高度h不仅与h_1和γ_m有关，而且与气水混合物上升时的其它情况，如能量损耗有直接关系。由于气水混合物运动情况十分复杂，故提升高度h通常凭借实验数据来解决。

大量的实验结果表明：当h_1为常数时，并非γ_m越小，升水高度越大。如果γ_m小于某一临界值时，再减小γ_m就会因为水力损失很快增长和空气泡过大使水流发生断裂，导致升水高度减小。同时，要使气升泵具有较高的效率，必须注意h、h_1和H之间必须有一个合理的比例关系。

2. 气升泵装置的组成

图1-48所示为气升泵装置的总图。现以空气流程为序，对各组成部件作一简要介绍（详见第五章第三节压缩空气站）：

（1）空气过滤器：它是空气压缩机的吸气口，其作用是防止灰尘等进入空气压缩机内。安装位置一般在户外离地2～3m高的背阳处。

（2）风罐：风罐的功用是使空气在罐内消除脉动，能均匀地输送到扬水管中去，同时还能分离压缩空气中挟带的机油和潮气。

（3）输气管：输气管的流速一般采用7～14m/s，最大不超过20m/s。管内实际工作压力通常为294～784kPa。为了能排出管中的凝结水，管路应向井倾斜，坡度为0.005～0.01。

（4）喷嘴：喷嘴的作用是在扬水管中造成水气乳液。为了使空气与水充分混合，气泡的直径不宜大于6mm，由于空气不应集中在一处喷出，需设置布气管，增大空气与水的接触面积。一般喷嘴上小孔眼的直径在3～6mm，小孔是向上倾斜的，这样能使压缩空气向上喷射，使升水效果更好。

（5）扬水管：扬水管的管径选取要合适。扬水管的直径过小，则井内水位降落大，抽

水量受到限制。而扬水管的管径过大时，升水产生间断，甚至不能升水。扬水管管径的决定与水气乳液的流量、流速和升水高度以及布气管的布置形式等因素有关。一般可按水气乳液流出管口前的流速 6～8m/s 来计算管径。扬水管长度应比喷嘴以下管段长 3～5m，以免气泡逸出管外。为防止锈蚀，管壁内外应作防腐处理。

（6）气水分离箱：气水分离箱的作用是使水气乳液产生水、气分离。气水分离箱的形式很多，常用的是带伞形的反射罩分离箱，如图 1-47 中的 7。

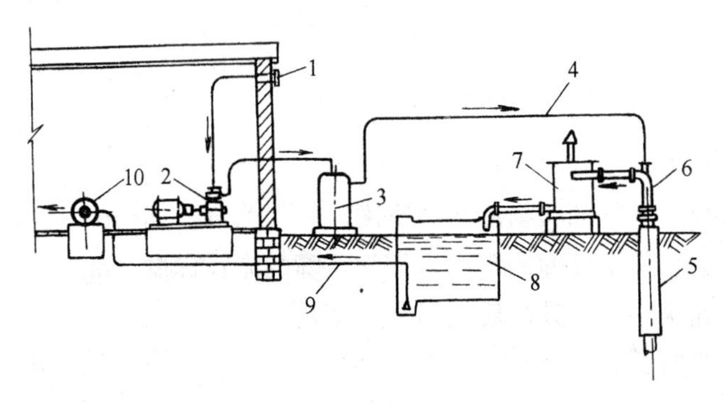

图 1-48　气升泵装置总图

1—空气过滤器；2—空气压缩机；3—风罐；4—输气管；5—井管；6—扬水管；7—空气分离箱；8—清水池；9—吸水管；10—水泵

五、活塞泵

活塞泵是最早应用于实际工程中的一种液体输送机械。目前，活塞泵虽然在很多场合已被结构简单和流量范围更广的离心泵所代替，但在小流量高扬程，特别是要精确控制和计量流量的地方，活塞泵仍具有无可争议的优越性。活塞泵属于容积式泵，大致可以分成三种类型：单作用式柱塞泵、双作用式活塞泵和差动式活塞泵。

1. 工作原理

图 1-49 所示为单缸单作用活塞泵简图。主要由泵缸 11、柱塞 7、吸入阀 4 和排出阀 3 以及吸水管 6、压水管 1 组成。

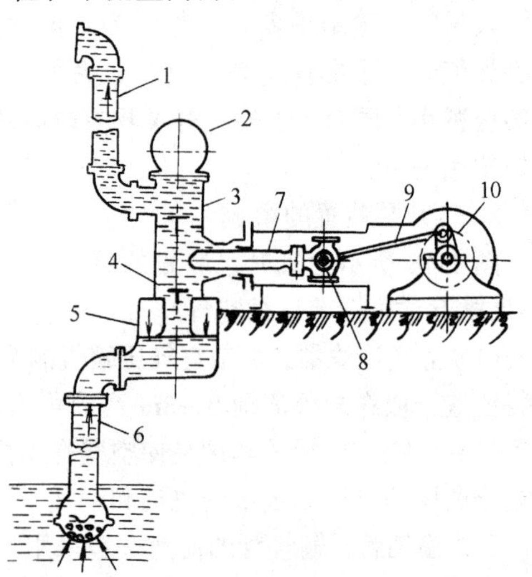

图 1-49　单作用活塞泵

1—压水管路；2—压水空气室；3—压水阀；4—吸水阀；5—吸水空气室；6—吸水管路；7—柱塞；8—滑块；9—连杆；10—曲柄

柱塞 7 由原动机通过曲柄连杆机构带动。当曲柄、连杆在左边位置成一直线时，称左死点。柱塞向右移动时，泵缸容积逐渐增大，压力逐渐降低，上端的排出阀 3 被压而关闭，下端的吸入阀 4 便在吸入液面上的大气压力作用下而顶开，水经吸入管进入泵缸，直到活塞到达右死点止，完成吸水过程。相反，柱塞从右死点向左移动时，泵缸容积逐渐变小，压力逐渐增高，排出阀被顶开，吸水阀被关闭，直到左死点为止，完成压水过程。如此往复，形成水不断由吸水井吸入经泵缸间歇排出。柱塞（或活塞）左、右死点的间距 S 称活塞的行程长度（也叫冲程）。活塞往复一次（即两冲程），泵缸内只吸入一次和排出一次水，这种泵称为单作用柱塞泵。

2. 活塞泵的性能特点

（1）流量

单作用柱塞泵的理论流量（不考虑容积损失）Q_T 可写为：

$$Q_t = F \cdot S \cdot n = \frac{\pi D^2}{4} Sn(\text{m}^3/\text{min}) \tag{1-71}$$

式中 F——柱塞（或活塞）断面面积（m^2）；

n——柱塞每分钟的往复次数（次/min）；

S——柱塞泵的行程长度（即冲程）（m）。

实际上，由于有回流泄漏及吸气等因素的影响，泵的实际流量 Q 总是小于理论流量 Q_T。当引入一个容积系数 η_v 时（其值小于 1），活塞泵的实际流量为：

$$Q = \eta_v \cdot Q_T \tag{1-72}$$

柱塞泵的流量调节与计量：

由式（1～71）可知，柱塞泵的流量与柱塞的冲程成正比。如果恒定柱塞单位时间的往复次数，就可以通过调节柱塞的行程长度来改变泵的流量，同时也可以通过计量柱塞行程来计量泵的流量。有一种柱塞泵，泵上有调节冲程的调节器并刻有标度显示流量，这种柱塞泵叫计量泵。计量泵在水厂的自动投药系统中，常常用作矾液的投加设备，它可较为精确地控制投药量，使混凝效果达到最佳。

对于活塞往复一次完成两次吸水和排水的双作用（动）活塞泵，在计算测量时，要考虑活塞杆的截面积 f 对流量的影响，故双动活塞泵的流量为：

$$Q_T = (2F - f) \cdot S \cdot n \quad (\text{m}^3/\text{min}) \tag{1-73}$$

式中 f——活塞杆的截面积（m^2）；

其它符号，意义同前。

活塞泵多采用曲柄连杆传动机构，由理论力学可知当曲柄作等角速度旋转时，活塞或柱塞的速度变化为正弦曲线。由于柱塞面积 F 为一常数，因此，水泵供水量与柱塞速度变化的规律一样，也按正弦曲线规律变化。如图 1-50（*a*）所示。由图可知：单作用活塞泵的出水量是极度不稳定的。为了改善这种不均匀性，可采用差动式活塞泵，即可将三个单作用活塞泵互成 120°，用一根曲轴连接起来，当曲轴每转一圈水泵可按一定顺序进行吸、排三次，其流量变化如图 1-50（*c*）所示，出水比较均匀。

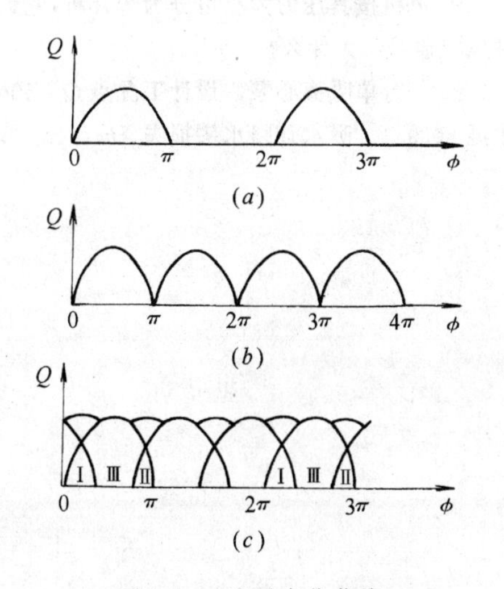

图 1-50　流量变化曲线

（*a*）为单动泵流量曲线；（*b*）为双动泵流量曲线；（*c*）为三动泵流量曲线

（2）扬程

往复泵的扬程是依靠往复运动的活塞，将机械能以静压的形式传给液体，因此与流量无关，理论上可达到无穷大值，往复泵总是应用于一个具体的系统的，因此它的实际扬程仅取决于管路系统所需要的压力和流动损失以及泵本身的设计强度，即实际扬程为：

$$H = H_{ST} + \Sigma h \quad (m) \tag{1-74}$$

在应用往复泵时，要注意如下几点：

(1) 它是一种小流量高扬程泵，可用于系统试压、计量等场合。

(2) 必须开阀启动，否则有损坏水泵、原动机和传动机构的可能。

(3) 不能用阀门调节流量，否则不但不能减小流量，反而增加原动机功率消耗。

(4) 在系统的适当位置应设置安全阀，或其他调节流量的设施。

习题与思考题

1. 为了减少水泵的容积损失，水泵在设计时采取了哪些措施？

2. 离心水泵常用哪些参数来表示其性能，要提高其效率可能采用哪些措施？

3. 现有离心泵一台，量测其叶轮的外径 $D_1=280$mm，宽度 $b_1=40$mm，出水角 $\beta_2=30°$，假设此水泵的转速 $n=1450$r/min，试绘制其 Q_T-H_T 理论特性曲线。

4. 一台输送清水的离心泵，现用来输送重力密度为水的1.3倍的液体，该液体的其他物理性质可视为与水相同，水泵装置均同，试问：

(1) 该泵在工作时，其流量 Q 与扬程 H 的关系曲线有无改变？在相同的工作情况下，水泵所需功率有无改变？

(2) 水泵出口处的压力表读数（kPa）有无改变？如果输送清水时，水泵的压力扬程 H_d 为 50m，此时压力表读数应为多少 kPa？

5. 同一台水泵，在运行中转速由 n_1 变为 n_2，试问其比转数 n_s 值是否发生相应的变化？为什么？

6. 在产品试制中，一台模型离心泵的尺寸为实际泵的$\frac{1}{4}$倍，在转速 $n=750$r/min 时进行试验。此时量出模型泵的设计工况出水量 $Q_m=11$L/s，扬程 $H_m=0.8$m。如果模型泵与实际泵的效率相等，试求：

实际水泵在 $n=960$r/min 时的设计工况流量和扬程。

7. 离心水泵和轴流水泵在性能上有些什么差异，它们分别应用于什么场合。

8. 风机按其压力大小可分为哪几种，它们分别用于哪些地方？在临界江河湖泊的取水泵站中常用哪一种风机通风？为什么？

9. 一台单吸离心泵，设计工况点 $Q=60\text{m}^3/\text{h}$、$NPSH_r=1.3$m。已知吸水井水面压力 $p=101.3$kPa、水温 80.9℃、吸水管路水头损失 $\Sigma h_S=1$m。求该泵的安装高度。

第二章　叶片泵 风机装置运行原理

第一章讨论了叶片泵和风机的性能，已知每台水泵、风机在一定的转速下，都有它自己固有的特性曲线。该曲线反映了水泵、风机的潜在工作能力。水泵、风机装置在运行中，水泵、风机的潜在工作能力才表现为实际工作能力。要确知水泵、风机的实际工作状态，先要熟悉装置的运行原理。

第一节　叶片泵 风机装置的总扬程

叶片泵与风机的基本方程式揭示了决定水泵、风机扬程的内在因素之间的关系。这对水泵、风机在设计、选型时，深入分析各个因素对水泵、风机性能的影响是非常有用的。在给水排水工程中应用的水泵、风机，必然要与管道系统及外界条件联系在一起。水泵（风机）、拖动机械、管路、管件、外部条件组成的系统称为水泵（风机）装置。

本节介绍装置总扬程计算图式、装置运行总扬程及装置工艺设计总扬程的计算方法。

一、水泵（风机）装置运行总扬程

现以离心泵装置为例加以说明。计算模型如图 2-1 所示。

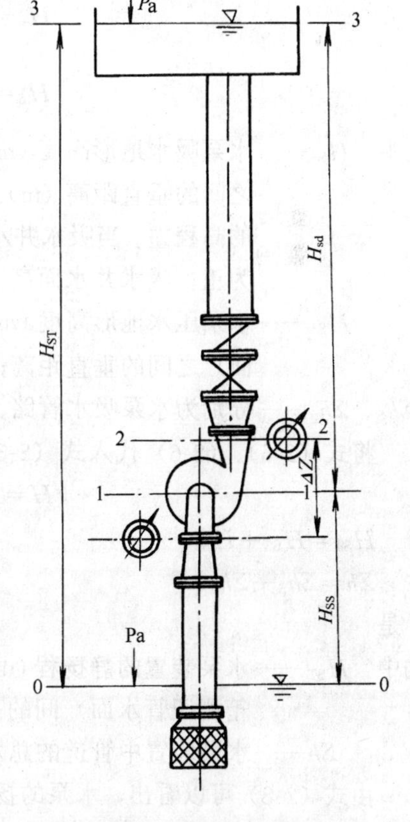

图 2-1　离心泵装置

根据扬程的定义，比能增值可表达为 $E=E_2-E_1$。选定吸水井水面 0—0 为基准面，列出 1—1、2—2 断面的能量方程，则扬程为：

$$
\begin{aligned}
H&=E_2-E_1\\
&=Z_2+\frac{p_2}{\gamma}+\frac{v_2^2}{2g}-\left(Z_1+\frac{p_1}{\gamma}+\frac{v_1^2}{2g}\right)\\
&=(Z_2-Z_1)+\frac{p_2-p_1}{\gamma}+\frac{v_2^2-v_1^2}{2g}
\end{aligned}
\tag{2-1}
$$

式中　Z_1、$\frac{p_1}{\gamma}$、$\frac{v_1^2}{2g}$——断面 1—1 处的位置水头绝对压头、动能水头；

Z_2、$\frac{p_2}{\gamma}$、$\frac{v_2^2}{2g}$——断面 2—2 处的位置水头绝对压头、动能水头。

为监视水泵装置的运行情况，按测试要求在水泵的吸入口、压出口（即断面 1—1、2—2 处）分别装有真空表、压力表，表读数为相对压力，即

$$p_d=p_2-p_a$$

$$p_v = p_a - p_1 \tag{2-2}$$

式中 p_a——水泵安装地点大气压力（kPa）；

p_v——真空表读数（kPa）。习惯上以水柱高度 H_v 表示（m）；

p_d——压力表读数（MPa）。习惯上以水柱高度 H_d 表示（m）；

于是，式（2-1）可写为：

$$H = H_v + H_d + \frac{v_2^2 - v_1^2}{2g} + \Delta Z \text{（mH}_2\text{O）} \tag{2-3}$$

给水工程中，取水泵站（或送水泵站）运行时，$\Delta Z +（v_2^2 - v_1^2）/2g$ 的值较小，与（$H_v + H_d$）的值相比可略去，于是式（2-3）可简化为：

$$H = H_v + H_d \text{（m）} \tag{2-4}$$

由式（2-4）可知，水泵装置运行时水泵的工作扬程为真空表和压力表读数之和（以 mH_2O 表示）

二、水泵装置设计总扬程

进行泵站工艺设计时，只存在设计中的泵站，还不能利用式（2-4）计算水泵扬程，只能根据原始资料和计算模型，确定泵站设计扬程。

列出断面 0—0、1—1 和断面 2—2、3—3 的能量平衡方程式，当忽略行近流速 v_0、出流流速 v_3 的影响时，整理后可得：

$$H_v = H_{SS} + \Sigma h_S + \frac{v_1^2}{2g} - \frac{\Delta Z}{2} \tag{2-5}$$

$$H_d = H_{Sd} + \Sigma h_d - \frac{v_2^2}{2g} - \frac{\Delta Z}{2} \tag{2-6}$$

式中 H_{SS}——水泵吸水地形高度（m）。即水泵吸水井（池）水面的测压管水面至水泵轴线之间的垂直距离（m）。如果吸水井是敞开的，H_{SS}为吸水井水面至泵轴线间的高程差。当吸水井水位低于泵轴线时，称水泵为抽吸式工作，规定 H_{SS}值为正；吸水井水面高于泵轴线时，称水泵为自灌式工作，规定 H_{SS}值为负；

H_{Sd}——水泵压水地形高度（m）。即泵轴线与水塔中最高水位（密封水箱的测压管水面）之间的垂直距离；

Σh_S、Σh_d——分别为水泵吸水管路、压水管道的水头损失（m）。

将式（2-5）、（2-6）代入式（2-3）并整理，可得：

$$H = H_{SS} + H_{Sd} + \Sigma h_S + \Sigma h_d \tag{2-7}$$

令 $H_{ST} = H_{SS} + H_{Sd}$

$\Sigma h = \Sigma h_S + \Sigma h_d$

于是

$$H = H_{ST} + \Sigma h \tag{2-8}$$

式中 H_{ST}——水泵装置的静扬程（m）。即水泵吸水井的设计水位至水塔最高水位（密闭水箱测压管水面）间的高程差；

Σh——水泵装置中管道的总水头损失（m）。

由式（2-8）可以看出，水泵的扬程（单位重量流体获得的能量）用于两个方面：一是将水提升一个静扬程（H_{ST}）高度；一是克服输送相应流量时管道的水头损失（Σh）。该式可用于泵站工艺设计时所需扬程的计算。

式（2-8）是按离心泵抽吸式（非自灌式）工作推导的，但适用于各种布置形式的所有叶片泵装置及风机装置的扬程计算。

第二节 叶片泵 风机装置工况的确定

叶片泵、风机装置工况是指水泵、风机的实际运行状态。工况点确定是确定已知装置中运行水泵、风机某个瞬时的扬程 H、流量 Q、轴功率 N、效率 η 等工作参数。要确定装置的运行工况点，必须确知：(1) 水泵、风机的固有特性。当给定水泵、风机的型号与规格时，定速特性曲线就为已知，如扬程特性曲线 $H=f(Q)$；(2) 管道系统特性。当给定管径、管长、管件及布置、外部边界条件（如吸水井、水塔水位控制点要求的服务水头等）时，管道系统特性 $H=F(Q)$ 就为已知。

在已知两种特性的前提下，有两种方法（图解法、数解法）确定装置工况点。不论用哪种方法，都可以作这样的理解：水泵、风机提供的能量（扬程）正好是管道系统输送相应流量所需要的能量（$H_{ST}+\Sigma h$）时，它们取得了一个共同点，这个点就是寻求的装置工况点。这种理解用于图解法时，就是寻求水泵、风机扬程特性曲线与管道系统特性的交点；用于数解法时，就是寻求水泵（风机）扬程特性曲线的回归方程式与管道系统特性方程式的联解。

一、管道系统特性

对已知管道系统，管径 D_i、管道长 l_i、管件与布置 ζ_i、管材、外部条件（H_{SS}、H_{Sd}）均为已知，则管道系统特性 $H=H_{ST}+\Sigma h$ 可通过计算得到。

当装置布置一旦定下来，H_{ST}很容易确定。水头损失 Σh 计算一般利用水力计算用表，风阻计算一般利用风阻计算用表。沿程水头损失计算可利用水力坡度表或比阻值表；局部水头损失对短管应采用 $h_j=\Sigma\zeta_i \dfrac{Q_i^2}{\pi^2 g d_i^4}$计算，对长管 h_j 可按沿程水头损失一定比例计算。现将沿程水头损失计算公式罗列如下：

1. 水力坡度公式

对钢管、铸铁管：

$$\Sigma h_f = \sum_{i=1}^{n} J_i l_i \quad (m)$$

式中 J_i——i 段管的水力坡度。按管材、管径 DN_i、管流量 Q（或平均流程 v）查表；

l_i——相应于 DN_i 管段的管长（m）。

对钢筋混凝土管：

$$\Sigma h_f = \sum_{i=1}^{n} J_i l_i \quad (m)$$

式中 J_i——i 段管的水力坡度，亦有表可查。表是按 $J=\dfrac{v^2}{C^2R}$、$C=\dfrac{1}{n}R^{1/6}$计算的；

l_i——相应于 DN_i 管段的管长（m）。

2. 比阻公式

对旧钢管、铸铁管：

$$\Sigma h_f = \sum_{i=1}^{n} k_i A_i l_i Q_i^2 \quad (m)$$

式中　k_i——管流平均流速 $v<1.2\text{m/s}$ 引入的修正系数。表是按 $k_i=0.852\left(1+\frac{0.867}{v}\right)^{0.3}$ 计算的。$v\geqslant 1.2\text{m/s}$ 时，$k_i=1.0$；

A_i——i 段管道的比阻，表是按 $A_i=\frac{0.001736}{d^{5.3}}$ 计算的；

l_i——i 段管长（m）。

对其它管材：

$$A=\frac{10.3n^2}{d^{5.33}}$$

式中　n——相应管材的粗糙系数；

d——管内径（m）。

当采用比阻公式计算时，总水头损失为：

$$\Sigma h=\Sigma h_f+\Sigma h_j$$

$$=\left(\Sigma k_iA_il_i+\Sigma\zeta_i\frac{8}{\pi^2gD_i^4}\right)Q^2 \tag{2-9}$$

对于已定的管道，$\left(\Sigma k_iA_il_i+\Sigma\zeta_i\frac{8}{\pi^2gD_i^4}\right)$ 是一个常数，令 $S=\left(\Sigma k_iA_il_i+\Sigma\zeta_i\frac{8}{\pi^2gD_i^4}\right)$ (s^2/m^5)，称管道阻力系数，于是，(2-9) 式可写为：

$$\Sigma h=SQ^2 \tag{2-10}$$

这时，管道系统特性可写成：

$$H=H_{ST}+SQ^2 \tag{2-11}$$

对于风机装置，因气体重力密度（γ）很小，当风机吸入口与风管出口高程差不是很大时，气柱重量形成的压强可忽略，其静扬程可认为等于零，管道特性（$Q-\Sigma h$）和管道系统特性（$Q-H_{管}$）为同一条曲线，如图 2-2 所示。对于水泵装置，其管道特性与管道系统特性如图 2-2、图 2-3 所示。

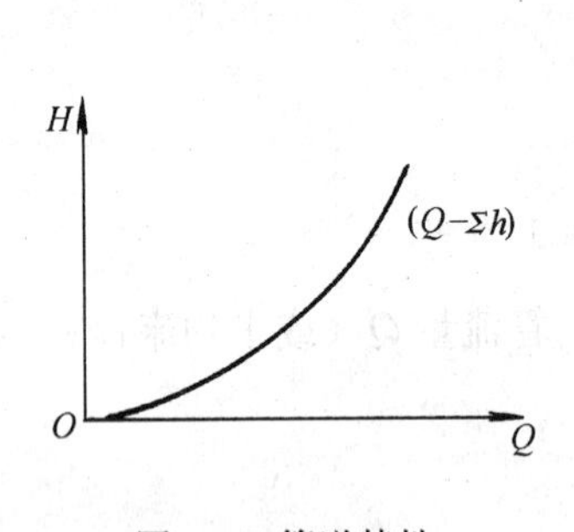

图 2-2　管道特性

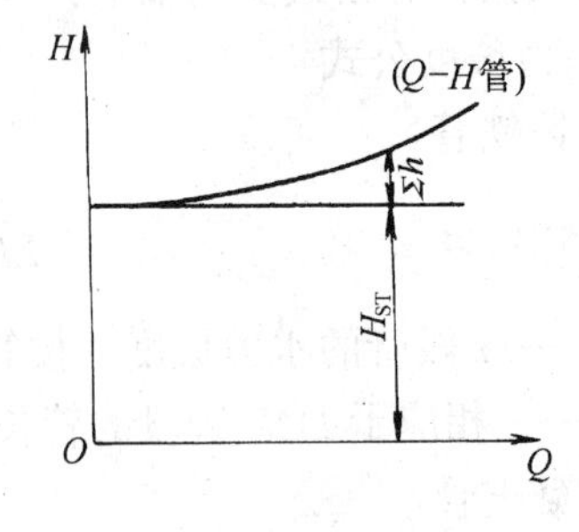

图 2-3　管道系统特性

二、图解法确定叶片泵装置工况点

1. 求解步骤

(1) 绘制水泵特性曲线

从水泵样本或有关设计手册中查到水泵的特性曲线 $Q-H$、$Q-N$、$Q-\eta$，并绘制。

(2) 计算并绘制管道系统特性曲线

由已知管道系统，计算出 $H=H_{ST}+SQ^2$。按计算数据立点、联线，如图 2-4 所示。

(3) 确定两线的交点

如图 2-4 中两线的交点 M，即为装置工况点。

2. 交点分析

(1) 表明水泵的实际出水量为 Q_M、扬程为 H_M、轴功率为 N_M、效率为 η_M。

(2) 极限工况点。如果水泵工作在 M 点时，管路上的所有阀门已全开，管道通过的流量 Q_M 为最大，M 点称为极限工况点。

(3) 工况点的期望位置。人们希望水泵工作时效率高，自然希望工况点落在设计工况点。事实上，使工况点发生移动的因素很多，因而期望工况点落在水泵的高效工作区内，以使水泵有较高的运行效率。

(4) M 点是一个稳定平衡工况点。在第一章叶片式泵、风机的性能一节中，详细叙述过，这里不再重复。

3. 等值特性法确定水泵装置工况点

所谓等值特性法是从系统能量平衡出发，对水泵与管道系统特性曲线进行等值折算，从而求得工况点的一种方法，其操作程序如下：

(1) 在 Q 轴下绘制管道特性 $Q-\Sigma h$，见图 2-5。

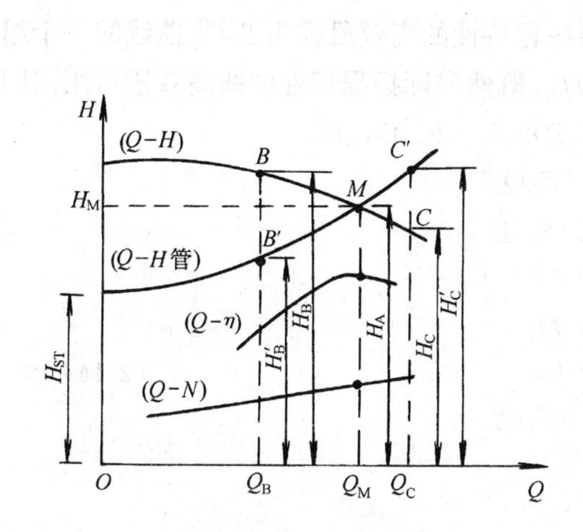

图 2-4 水泵装置工况点

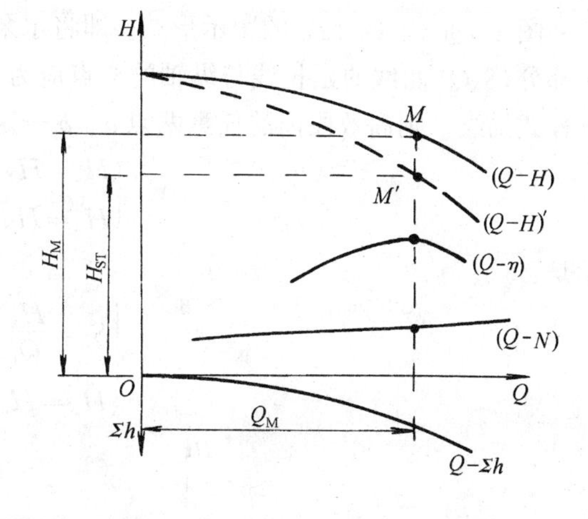

图 2-5 等值特性法求装置工况点

(2) 在水泵扬程特性 $(Q-H)$ 上减去相应流量下的水头损失（可称为曲线的叠加），从而得到等值泵的扬程特性 $(Q-H)'$。等值折算的结果：原泵、$(Q-H)$ 等值成一台新泵、$(Q-H)'$，原管道系统、$H_{ST}+\Sigma h$ 等值成一条理想没有水头损失的管道、系统特性为 H_{ST}。

(3) 绘制 $Q-H_{ST}$ 曲线。H_{ST} 与 $(Q-H)'$ 的交点为 M'，过 M' 作垂线交 $(Q-H)$ 于 M。M 点即为水泵工况点：Q_M、H_M、N_M、η_M。

三、数解法确定叶片泵装置工况点

数解法确定叶片泵装置工况点，主要做三件事：(1) 求得水泵扬程特性曲线的回归方程式；(2) 按比阻法计算出管道系统特性的方程式；(3) 求两方程式的联解，即：

$$\begin{cases} H=f\ (Q) \\ H=H_{ST}+SQ^2 \end{cases} \tag{2-12}$$

管道系统特性方程式的计算已在图解法中解决，现在着重介绍水泵扬程曲线的回归方程。

1. 抛物线法求扬程特性曲线的回归方程式

对于双（多）因素的曲线或实验点群，若能找到一个方程式真实反映它们之间的函数关系或与点群非常吻合，则这个方程式就称为该曲线或实验点群的回归方程式。找的方法称回归分析。这种方法寻求回归方程式的一般步骤是：

（1）根据曲线的形状或实验点据的分布（称散点图）拟合方程式的形式，如直线式，曲线式（抛物线、指数曲线、双曲线、三次曲线等）。

（2）利用最小二乘法确定方程式中的待定参数。最小二乘法认为，若要拟合的方程式所描绘的曲线与真实曲线（或散点）吻合得最好，则应使离差的平方和取得极小值。根据这个原理，进行必要的数学处理后，就可得到待定参数的方程组，然后确定这些参数。

（3）进行必要的误差分析。

经过许多实际工作者的分析研究，对大多数离心泵扬程特性曲线的高效段而言，可认为是一条抛物线，且抛物线方程具有如下形式：

$$H=H_X-S_XQ^2 \tag{2-13}$$

式中 H_X——水泵在 $Q=0$ 时所产生的虚总扬程（m）；

S_X——水泵内虚阻耗系数（s^2/m^5）；

H——水泵的实际扬程（m）。

图 2-6 是式（2-13）的图示形式。即将水泵扬程特性的高效段视为 S_XQ^2 曲线的一个组成部分，S_XQ^2 曲线的延长线与纵轴的交点应为 H_X。既然实际扬程特性曲线高效段可用回归方程式描绘，则高效段内的任意两点 a、b 一定满足式（2-13），即：

$$\begin{cases}H_a=H_X-S_XQ_a^2\\H_b=H_X-S_XQ_b^2\end{cases}$$

于是：

$$\begin{cases}S_X=\dfrac{H_a-H_b}{Q_b^2-Q_a^2}\\H_X=H_a+S_XQ_a^2\end{cases} \tag{2-14}$$

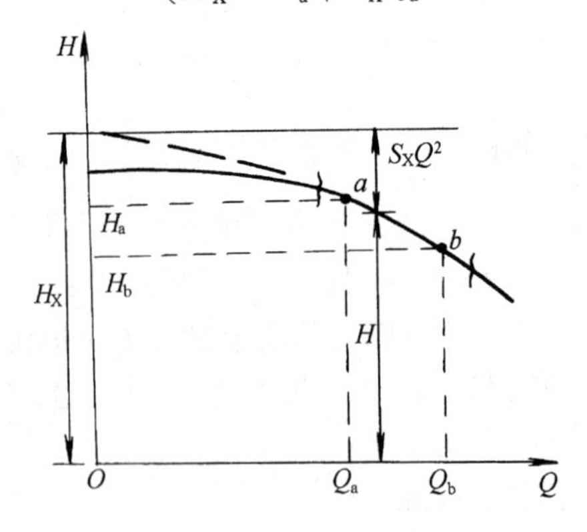

图 2-6 离心泵虚扬程

2．最小二乘法求水泵扬程特性曲线的回归方程式

（1）拟合回归方程式形式

$$H=H_0+A_1Q+A_2Q^2+\cdots\cdots+A_nQ^n \tag{2-15}$$

（2）应用最小二乘法确定拟合方程式的待定参数方程组

当在曲线上取定 m 个点时，则有：

$$\sum_{i=1}^{m}(H_i - H)^2 = \sum_{i=1}^{m}[H_i - (H_0 + A_1Q_i + A_2Q_i^2 + \cdots\cdots + A_nQ_i^n)]^2$$
$$= \text{极小值}$$

对上式中的各参数分别求偏导，则可得到参数代数方程组：

$$\begin{cases} mH_0 + A_1\sum_{i=1}^{m}Q_i + A_2\sum_{i=1}^{m}Q_i^2 + \cdots\cdots + A_n\sum_{i=1}^{m}Q_i^n = \sum_{i=1}^{m}H_i \\ H_0\sum_{i=1}^{m}Q_i + A_1\sum_{i=1}^{m}Q_i^2 + A_2\sum_{i=1}^{m}Q_i^3 + \cdots\cdots + A_n\sum_{i=1}^{m}Q_i^{n+1} = \sum_{i=1}^{m}H_iQ_i \\ \cdots\cdots \\ H_0\sum_{i=1}^{m}Q_i^n + A_1\sum_{i=1}^{m}Q^{n+1} + A_2\sum Q_i^{n+2} + \cdots\cdots + A_n\sum_{i=1}^{m}Q_i^{2n} = \sum_{i=1}^{m}H_iQ_i^n \end{cases} \tag{2-16}$$

式中 n——拟合方程式中系数的下标值；

m——在特性曲线上取点的个数。

在实际应用中，常忽略拟合方程中的高阶微量，取较为简单的回归方程式：

$$H=H_0+A_1Q+A_2Q^2$$

或

$$H=H_0+A_1Q+A_2Q^2+A_3Q^3 \tag{2-17}$$

（3）计算待定参数

在扬程特性曲线上任取 m 个点（不宜少于 4 个点），取好相应的 H_i、Q_i 值；选择回归方程式的形式，如 $H=H_0+A_1Q+A_2Q^2$，这时，待定参数方程组为：

$$\begin{cases} mH_0 + A_1\sum_{i=1}^{m}Q_i + A_2\sum_{i=1}^{m}Q_i^2 = \sum_{i=1}^{m}H_i \\ H_0\sum_{i=1}^{m}Q_i + A_1\sum_{i=1}^{m}Q_i^2 + A_2\sum_{i=1}^{m}Q_i^3 = \sum_{i=1}^{m}H_iQ_i \end{cases}$$

【例 2-1】 14SA-10 型泵，求扬程特性曲线回归方程式。

【解】 取回归方程式为 $H=H_0+A_1Q+A_2Q^2$；在 14SA-10 型泵的扬程特性曲线上取 4 个点。取值与有关计算值见表 2-1。

14SA-10 泵扬程特性回归方程式取值及有关值表 **表 2-1**

序号	Q_i (L/s)		H_i (m)		Q_i^2	Q_i^3	H_iQ_i	A_1、A_2
1	Q_0	0	H_0	72	0	0	0	
2	Q_1	240	H_1	70	57600	1.3824×10^7	16800	$A_1=0.0168$
3	Q_2	340	H_2	65	115600	3.9304×10^7	22100	
4	Q_3	380	H_3	60	144400	5.4872×10^7	22800	$A_2=-0.000117$
ΣQ_i		960	ΣH_i	267	$\Sigma Q_i^2=317600$	$\Sigma Q_i^3=1.08\times10^8$	$\Sigma H_iQ_i=61700$	

将有关值代入参数方程组，得：

$$\begin{cases} 288+960A_1+317600A_2=267 \\ 69120+317600A_1+1.08\times10^8A_2=61700 \end{cases}$$

联解，得：

$A_1=0.0168$，$A_2=-0.000117$

3．数解结果

当扬程特性曲线回归方程式采用抛物线时：

$$Q=\sqrt{\frac{H_X-H_{ST}}{S_X+S}}\ (m^3/s) \tag{2-18}$$

$$H=H_X-S_XQ^2\quad (m)$$

当扬程特性曲线回归方程式采用 $H=H_0+A_1Q+A_2Q^2$ 时：

$$\begin{cases} Q=\dfrac{-A_1\pm\sqrt{A_1^2-4(A_2-S)(H_0-H_{ST})}}{2(A_2-S)} \\ H=H_0+A_1Q+A_2Q^2 \end{cases} \tag{2-19}$$

风机装置中，风机的静压克服管道的风阻，因此装置工况点是由风机静压特性曲线与管道特性曲线的交点决定的，如图 2-7 所示。

风机运行时，若出口直接排入大气，则出口动压$\left(\dfrac{\gamma v^2}{2g}\right)$全部散失于大气中。如果在出口管路上装设扩散器，可一部分风机出口动压转换为静压，转换而来的这部分静压可用来克服管道风阻，从而提高风机使用的经济性。

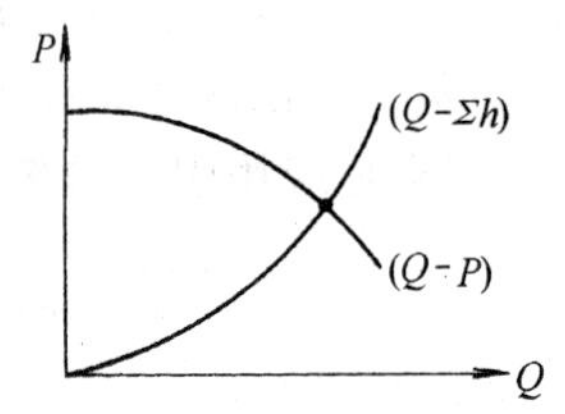

图 2-7　风机装置工况点

从装置工况点求解过程可知，水泵扬程特性曲线若低于管道系统特性曲线，则两特性曲线无交点，说明该水泵不能用于这个系统；扬程特性曲线若高过管道系统特性曲线很多，两特性曲线可能也没有交点，但该水泵仍可用于这个系统，只是扬程利用率（在第二章第三节中介绍）很低，水泵运行效率也很低，造成大量能量浪费，很不经济。风机装置也存在同样的问题。

第三节　叶片泵 风机装置工况调节

装置运行过程中，工况点可能移动。这种移动可以是自行变化的，即已定装置所固有的；也可以是人为的，即工况点移出高效段后人为地干预使工况点落在期望的位置。前者称为工况的自行变化，后者称为工况调节，工况自行变化的典型例子是带有网前水塔的送水泵站，示意见图 2-8。假定白天水泵工作在 A 点，出水量为 Q_A。当晚上用水量减小时，有一部分水量送入水塔，使水塔水位提高，管道系统特性上移，工况点自 A 点向左移至 B 点，系统流量自 Q_A 下降至 Q_B。到了白天，情况与夜间相反，用水量加大，水塔水位降低，管道系统特性下移，使工况点向右移动。工况调节要复杂一些。由上一节可知，工况点是由两条特性曲线的交点决定的，其中的一条变化时，工况点就会移动。所以工况调节的基本途径是：(1) 改变管道系统特性，如变水位、节流等；(2) 改变水泵（风机）的扬程（压头）特性曲线，如变速、变径、变角、摘叶等。

一、节流调节

节流调节是改变水泵（风机）出口闸阀开度以改变管道特性的一种调节方法。调节原理如图 2-9 所示。

设闸门全开时水泵工况点为 A。逐步关小闸阀时，管道系统局部阻力增大，特性曲线变陡，工况点左移，如移至 B 点，水泵（风机）出水量（风量）减小。当阀门全关时，管道阻力无穷大，流量为零。说明改变出口阀门的开度，可改变排出流量。

节流调节的调节原理和调节设备简单，对电机又无过载的危险，是一种常用的调节方法。但从下面的分析中可以看出，这样调节能量浪费很大，在给水排水工程中不宜采用。

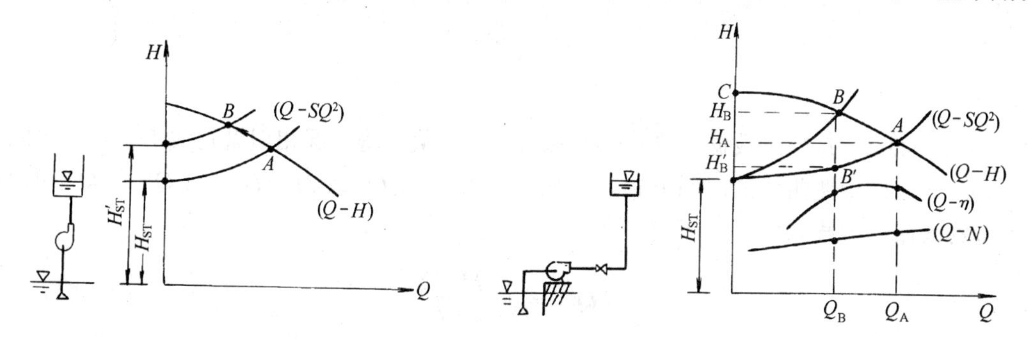

图 2-8　工况点自行变化　　　　图 2-9　节流调节原理

设调节过程中的工况点为 i，则调节装置的总效率为：

$$\eta_{i总}=\frac{\gamma Q_i H'_i}{N_i}=\frac{\gamma Q_i H_i H'_i/H_i}{N_i}=\eta_{pi}\eta_{hi} \tag{2-20}$$

式中　$\eta_{i总}$——调节装置工作在 i 点的总效率；

η_{pi}——水泵（风机）工作在 i 点的效率；

η_{hi}——水泵（风机）工作在 i 点的扬程利用率。

调节过程中在任意工作点的额外功率损耗为：

$$\Delta N_i=\frac{\gamma Q_i\ (H_i-H'_i)}{\eta_{pi}\eta_{mi}\eta_{ni}}\ (\text{kW}) \tag{2-21}$$

式中　H_i——水泵出口扬程（m）；

H'_i——管道输送流量 Q_i 时所需的扬程（m）；

η_{pi}、η_{mi}、η_{ni}——分别为此工况点时水泵、电动机、电网的效率。

上面分析对我们的启示是，在为泵站（风机站）选泵（风机）时，除了注意水泵的效率外，还要注意尽量减小扬程浪费。

二、变速调节

由比例律可知，当水泵、风机的转速变化时，水泵、风机的流量 Q、扬程 H（压头）、轴功率 N 随转速发生规律变化，且在一定的转速变化范围内，其相似点的效率 η 可认为不变。

下面以离心泵为例介绍变速调节的有关计算。

1. 水泵调速特性计算

(1) 根据所要求的工况点确定水泵转速

已知转速 n_1 下的扬程特性 $(Q-H)_1$，所需的工况点 A $(Q_A$、$H_A)$ 不在 $(Q-H)_1$ 上，求水泵工作在 A 点时的转速。如图 2-10 所示。

1) 图解

在工况相似点，存在 $Q'_A/Q_A=n_1/n_2$，$H'_A/H_A=(n_1/n_2)^2$。变换后，有：

$$\frac{H'_A}{(Q'_A)^2}=\frac{H_A}{Q_A^2}=k$$

即：

$$H=kQ^2 \tag{2-22}$$

凡与 A 点工况相似的点，均落在 $H=kQ^2$ 线上。此线称工况相似抛物线。

计算并绘制 $H=kQ^2$ 曲线，它与 n_1 下的（$Q-H$）$_1$ 曲线交于 A'（Q'_A、H'_A）。A' 点为 A 点的工况相似点。据比例律，可得：

$$n_2=\frac{Q_A}{Q'_A}n_1 \tag{2-23}$$

2）数解

由 A（Q_A、H_A）点数据，按 $k=H_A/Q_A^2$ 计算 k 值，得工况相似抛物线 $H=kQ^2$。求出转速 n_1 下扬程特性曲线的回归方程式，如 $H=H_X-S_XQ^2$ 或 $H=H_0+A_1Q+A_2Q^2$。联解（以抛物线回归方程式为例）可得：

$$Q'_A=\sqrt{\frac{H_X}{S_X+k}} \tag{2-24}$$

由比例律可得：

$$n_2=\frac{Q_A}{Q'_A}n_1=\sqrt{\frac{S_X+k}{H_X}}Q_An_1 \tag{2-25}$$

（2）绘制变速后的水泵特性曲线

以翻画变速后的扬程特性为例。已知 n_1 下的（$Q-H$）$_1$，求 n_2 下的（$Q-H$）$_2$。

1）图解

在（$Q-H$）$_1$ 曲线上任取 5～7 个点，查到相应的坐标值 1（Q_1，H_1）、2（Q_2，H_2）……；按比例律求它们的相似工况点 1′（Q'_1，H'_1）、2′（Q'_2，H'_2）……，即：

$$\begin{cases}Q'_1=n_2/n_1Q_1\\H'_1=(n_2/n_1)^2H_1\end{cases},\quad\begin{cases}Q'_2=n_2/n_1Q_2\\H'_2=(n_2/n_1)^2H_2\end{cases}\cdots\cdots$$

根据计算值点点，联线，即得 n_2 下的（$Q-H$）$_2$ 曲线，如图 2-11 所示。

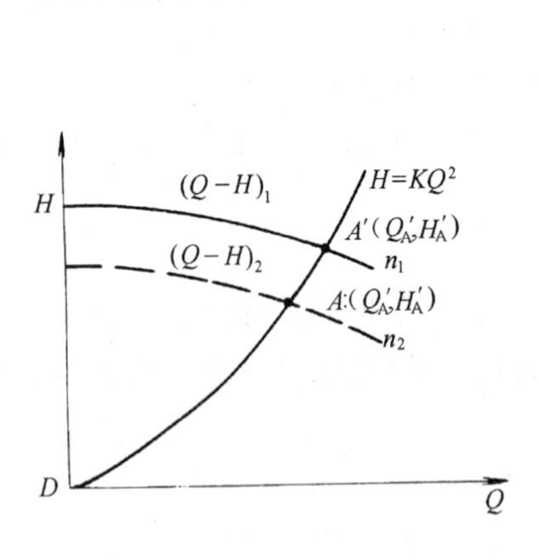

图 2-10　确定转速

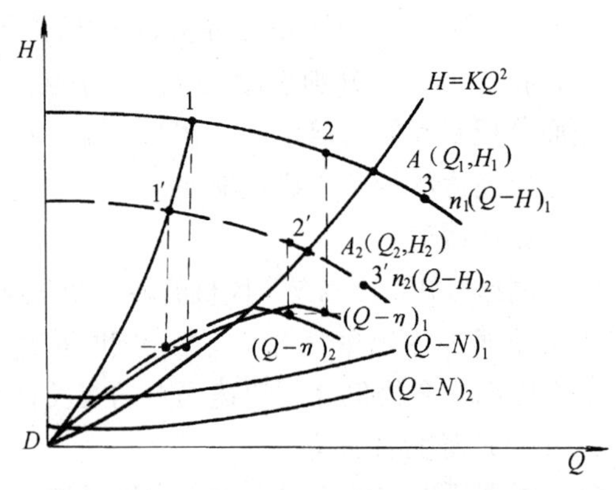

图 2-11　转速变化时的特性曲线

轴功率特性按 $N'_i/N_i=(n_2/n_1)^3$ 转换，同样可以得到（$Q-N$）$_2$ 曲线。

在应用比例时，认为工况相似点的效率相等。因此，n_2 下的效率特性可采用“平移”的方法得到。要说明的是：经实测表明，当水泵调速范围超过一定值时，实测得到的效率特性曲线与理论认定的等效率特性曲线是有差异的，只有在高效段内调速前后工况相似点的效率才相等。

2）数解

已知 n_1 下的扬程特性曲线（$Q-H$）$_1$ 的回归方程式，如 $H=H_X-S_XQ^2$，求 n_2 下扬程特性曲线（$Q-H$）$_2$ 的回归方程式。

假定 n_2 下扬程特性曲线$(Q-H)_2$的回归方程式为 $H=H'_X-S'_XQ^2$。在$(Q-H)_2$上取两点 $A'(Q'_A、H'_A)$、$B'(Q'_B、H'_A)$，与 A'、B'相似位于$(Q-H)_1$上的两点为 $A(Q_A、H_A)$、$B(Q_B、H_B)$。依比例律则有：

$$\begin{cases} Q'_A/Q_A=\dfrac{n_2}{n_1} & H'_A/H_A=(n_2/n_1)^2 \\ Q'_B/Q_B=n_2/n_1 & H'_B/H_B=(n_2/n_1)^2 \end{cases} \tag{2-26}$$

在 n_1 下，对（$Q-H$）$_1$ 曲线有：

$$\begin{cases} S_X=\dfrac{H_A-H_B}{Q_B^2-Q_A^2} \\ H_X=H_A+S_xQ_A^2 \end{cases} \tag{2-27}$$

在 n_2 下，对（$Q-H$）$_2$ 曲线有：

$$\begin{cases} S'_X=\dfrac{H'_A-H'_B}{Q'^2_B-Q'^2_A} \\ H'_X=H'_A+S'_XQ'^2_A \end{cases} \tag{2-28}$$

将式（2-26）代入式（2-28），可得：

$$\begin{cases} S'_X=\dfrac{H_A-H_B}{Q_B^2-Q_A^2} \\ H'_X=H'_A+S'_XQ'^2_A=\left(\dfrac{n_2}{n_1}\right)^2(H_A+S_XQ_A^2) \end{cases} \tag{2-29}$$

比较式（2-27）、（2-29），可得出：

$$\begin{cases} S'_X=S_X \\ H'_X=\left(\dfrac{n_2}{n_1}\right)^2H_X \end{cases} \tag{2-30}$$

于是，n_2 下的扬程特性曲线回归方程式为：

$$H_2=(n_2/n_1)^2H_X-S_XQ^2 \tag{2-31}$$

【例 2-2】 某工厂循环泵站装有 2 台 12Sh-9 型离心泵（1 用 1 备），管道阻力系数为 $S=161.5s^2/m^5$，静扬程为 $H_{ST}=49.0m$。试求：

（1）水泵装置的工况点；

（2）当供水量减小 10%时，为节电水泵转速应降为多少？

（3）当转速降至 1350r/min 时，水泵的出水量为多少？

12Sh-9 性能参数表 **表 2-2**

Q (L/s)	H (m)	n (r/min)	N (kW)	η (%)	H_S (m)
160	65	1470	127.5	80.0	4.5
220	58		150.0	83.5	
270	50		167.5	79.0	

【解】

(1) 装置工况点

管道系统特性方程式为：

$$H=H_{ST}+SQ^2=49+161.5Q^2$$

水泵扬程特性回归方程式：

$$S_X=\frac{H_A-H_B}{Q_B^2-Q_A^2}=\frac{65-58}{0.22^2-0.16^2}=307.02s^2/m^5$$

$$H_X=H_A+S_XQ^2=65+307.02\times0.16^2=72.86m$$

$$H=H_X-S_XQ^2=72.86-307.02Q^2$$

工况点：

$$Q=\sqrt{\frac{H_X-H_{ST}}{S_X+S}}=\sqrt{\frac{72.86-49}{307.02+161.5}}=0.2257m^3/s$$

$$H=H_{ST}+SQ^2=49+161.5\times0.2257^2=57.23m$$

(2) 供水减少10%时，水泵转速 n_2

新工况点：

$$Q_2=(1-10\%)Q=0.9\times0.2257=0.2031m^3/s$$

$$H_2=H_{ST}+SQ^2=49+161.5\times0.2031^2=55.66m$$

工况相似抛物线：

$$k=\frac{H_2}{Q_2^2}=\frac{55.66}{0.2031^2}=1349.35s^2/m^5$$

转速 n_2：

$$n_2=\sqrt{\frac{S_X+k}{H_X}}Q_2n_1=\sqrt{\frac{307.02+1349.35}{72.86}}\times0.2031\times1470=1424r/min$$

(3) 水泵 $n=1350r/min$ 时，水泵出水量

$n=1350r/min$ 的扬程特性回归程方程式：

$$S'_X=S_X=307.02s^2/m^5$$

$$H'_X=(n_2/n_1)^2H_X=\left(\frac{1350}{1470}\right)^2\times72.86=61.45m$$

$$H=H'_X-S'_XQ^2=61.45-307.02Q^2$$

$n=1350r/min$ 时，出水量：

$$Q=\sqrt{\frac{H'_XH_{ST}}{S'_X+S}}=\sqrt{\frac{61.45-49}{307.02+161.5}}=0.163m^3/s$$

2. 调速概述

机组变速调节，其目的在于：在满足用户对水量与水压要求和安全运行的前提下，节省电能，提高经济效益。

(1) 调速的方法（设施）

在给水排水工程中水泵常用电动机拖动，因而机组的调速方法大体上可分为电气调速、机械调速、机电联合调速三类。水泵机常用的调速方法有：

1) 变频调速

从电机运行原理可知，电动机的转速由下式决定：

$$n=n_0\ (1-S)\ =\frac{60f_1}{p}\ (1-S)\ (\text{r/min}) \tag{2-32}$$

式中 n_0——电动机的同步转数；

f_1——电动机定子绕组上的电源频率；

p——电动机的极时数；

S——异步电动机的转差率$\left(S=\frac{n_0-n}{n_0}\right)$。

变频调速是通过改变加在电动机定子绕组上的电源频率实现的。它的优点：从电动机本身看，可实现无级调速，降低了转差功率损耗（SP），调速操作非常简便；从水泵运行看，能将水泵调至最佳工况，提高了水泵运行效率和扬程利用率。缺点是调速系统（包括变频电源、参数测试设备、参数发送与接收设备、数据处理设备等）价格较贵、检修和运行技术要求高、对电网产生某种程度的高频干扰、频率 f_1 降低时将加大电动机的空载（或轻载）损耗。

关于转差功率可作如下粗略的理解：电动机定子边输入的电磁功率 $P_0=M\omega_0$，其中 M 为电磁转矩，ω_0 为相应于同步转速 n_0 的角速度。转子边输出的功率为 $P=M\omega$，其中 M 为电磁转矩，ω 为相应于转子转速 n 的角速度。两者的差值称为转差功率，即：

$$\Delta P=P_0-P=M\ (\omega_0-\omega)\ =M\omega_0\left(1-\frac{\omega}{\omega_0}\right)$$

$$=M\omega_0\frac{\omega_0-\omega}{\omega_0}=SP_0 \tag{2-33}$$

对电动机而言，转差功率显然是一种功率损耗，应愈小愈好。电动机调速过程中，当转速 n 降低、维持原同步转速 n_0 不变时，势必增大了转差率 S，转差功率增加。

2）串级调速

串级调速适用于绕线型异步电动机。是在电动机转子电路内串接一个电势，改变转差率 S［见式（2-32）］实现调速的。它的节电原理与变频调速不同，变频调速是直接降低转差功率（SP），串级调速是回收转差功率（SP），即在调速系统中设置专门的逆变电路与逆变变压器回收转差功率，反馈电网。它的优点是：可实现无级调速，降低了转差功率损耗，调速操作很简便，提高了水泵的运行效率与装置的扬程利用率。缺点是调速系统价格较贵，对运行和检修的技术要求高，对电网产生一定的高频干扰。

3）液力偶合器调速

它属于机械调速。液力偶合器的基本结构示意与调速原理如图 2-12 所示。基本结构：转动外壳、泵轮、蜗轮。转动外壳与电动机轴联接，壳内容纳油泵轮、蜗轮与偶合介质（油）；油泵轮与外壳固连，从壳内贮油室吸油，通过泵轮增压，以高速油流喷出；蜗轮与水泵轴连接，其蜗轮叶片接受泵轮喷出的高速油流，使之转动，因而拖动水泵，实现功率的传递。

由图 2-12 可知，油泵轮与蜗轮之间没有任何机械连接，也即电动机轴与水泵轴没有任何机械连接，两者的连接是通过偶合介质油来实现的。这种调速系统中，电动机转速 n 不变（不进行人为改变）。当贮油室贮油量为零时，传动力矩 $M=0$，电动机空载转动水泵转速为零；当贮油室的贮油量为最高时，传动力矩最大（M_{max}），电动机水泵同转速转动；改变贮油量时，传动力矩在 $0\sim M_{max}$之间变化，而水泵运行时形成的负载转短 $M_Z=kn_Z^2$，n_Z 为水泵的转速。稳定时$M=M_Z$，水泵稳定在与某一贮油量相应的转速运行，即水泵转速n_Z随贮油量变化在0～n_e之间变化。

这种调速系统的优点是：调速连续，很容易实现空载或轻载启动，与节流调节相比节能，调速操作简便。缺点是调节装置复杂，维修运行技术要求高，与变频、串级调速相比电能浪费大。

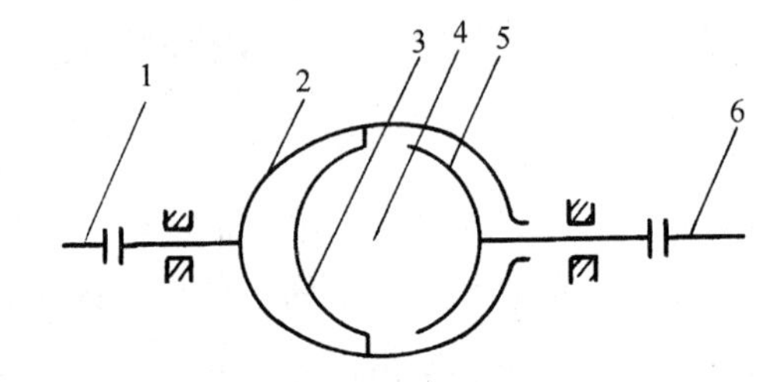

图2-12　液力偶合器传动示意

1—电机轴；2—转动外壳；3—油泵轮；4—贮油室；5—蜗轮；6—水泵轴

我国部分城市水厂采用了上述调速系统，如北京，机组容量2500kW，变频调速，1台；湖南常德，容量550kW，串级调速，1台；上海石化厂水厂，机组容量780kW，液力偶合器调速，1台。

（2）调速范围

调速范围D本来是控制系统的一个性能指标，即$D=n_{max}/n_{min}$，n_{max}为调速系统中的最高转速，n_{min}为最低转速。给水排水工程中提到的调速范围是指转速比i，如液力偶合器的最佳调速范围60%～97%、串级调速的最佳调速范围为50%～96%、变频调速的最佳调速范围为50%～100%，是调速系统中最低转速n_{min}与最高转速n_{max}的比值

1）最大转速n_{max}

水泵调速的最大转速n_{max}，以水泵的设计转速n_e为限，即不在n_e以上调速。这样调速过程中，水泵的最高转速都不会接近临界转速n_c，是偏于安全的。

2）最低转速n_{min}

最低转速n_{min}的选定要考虑两个方面：一是避开第二临界转速n_{C2}；一是变速后的效率特性曲线应尽量接近理论等效率特性曲线。

对单级离心泵，水泵轴一般都设计成“硬”轴，不存在第二临界转速问题，单从安全角度考虑最低转速n_{min}可不受限制；对多级离心泵，泵轴可能设计成“软”轴，即水泵的设计转速为：$0.7n_{c2}<n_e<1.3n_{c1}$，从安全角度考虑最低转速n_{min}不能接近n_{c2}或n_{c2}的整倍数。如果需大幅度调速，则要慎重选取n_{min}值，并取得水泵制造厂家的同意。

在一定的调速范围以外，效率随水泵转速的降低而降低。最低转速n_{min}选取不当时，水泵实际的效率特性，将偏离理论等效率特性曲线。如果控制$(n_e-n_{min})/n_e<30\%$、或按上面提及的最佳调速范围选定最低转速n_{min}，则不致引起较大的效率下降。

（3）泵站调速泵台数

泵站调速泵台数由具体的运行条件确定。操作步骤如下：

1）选泵房中功率最大且效率高的水泵为调速泵。

2）初步确定调速范围。为使调后水泵仍运行在高效区，调速范围可按下式计算：

$$\sqrt{H'_2/H}<i<\sqrt{H'_1/H} \tag{2-34}$$

式中　H——调速前水泵工作扬程（m）；

H'_1——高效区扬程上限（m）；

H'_2——高效区扬程下限（m）。

3）确定水泵流量调节范围和调速泵台数（见图2-13）。

当调速范围确定后，水泵流量调节范围就已经确定。当泵房需要调节的流量 ΔQ 超出 ΔQ_1 时，可以用两种方法进行流量调节：一是增加调速泵的台数，台数按 $m \geqslant \Delta Q/\Delta Q_1$ 计算；一是不增加调速泵台数，流量调节范围的差值 $\Delta Q = \Delta Q' - \Delta Q_1$ 由定速泵调节。到底采用哪种方法进行流量调节，应用调速装置投资回收期做指标，进行技术经济比较后确定。如果调速装置费用与因调速而节约的电费之比，小于或等于相应的回收期，可考虑增加调速泵台数。一般调速泵投资回收期为1.5～2.0年。若回收期在5年以上，应减少调速泵台数。一般情况下，泵站多采用一定数量的定速泵与1～3台调速泵共同工作，实现流量调节。

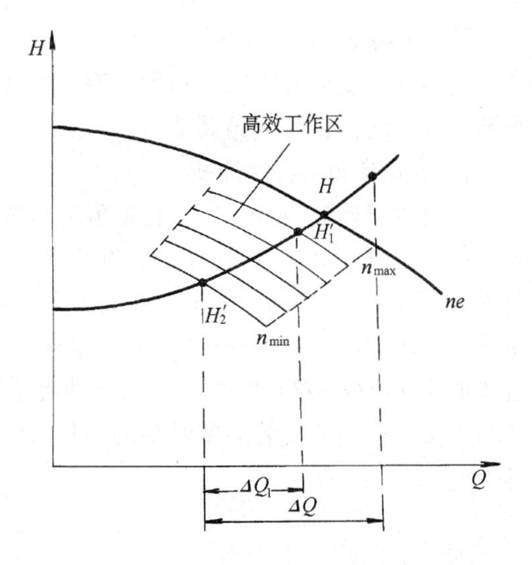

图 2-13 调速泵台数计算模型

三、变径调节

变径调节是将离心泵叶轮车削去一部分后，装好再运行用以改变水泵特性的一种调节方法，这种调节方法具有不可逆的特点。由切削律可知，在一定的切削限量以内，叶轮切削后水泵特性将发生规律变化，从而使工况点移动。

从纯数学观点看，切削律表达式、切削特性计算与变速调节的比例律表达式、变速特性计算的形式完全相同，这里不再赘述。

【例 2-3】 已知某水泵的扬程特性曲线为Ⅰ，管道系统特性为Ⅱ，如图 2-14 所示。叶轮外径 $D_2 = 174\text{mm}$，原工况点 A 的 $Q_A = 27.3\text{L/s}$，$H_A = 33.8\text{m}$。若流量减少 10%，试求用变径调节时叶轮切削后的外径。

【解】

(1) 新工况点

$$Q_C = 0.9Q_A = 0.9 \times 27.3 = 24.6\text{L/s}$$

由图查得：$H_C = 31.0\text{m}$

(2) 切削相似抛物线

$$K = H_C/Q_C^2 = 31.0/24.6^2 = 0.0512\text{s}^2/\text{L}^5$$

$H = 0.0512Q^2$ 据式算点，数据列于表 2-3。

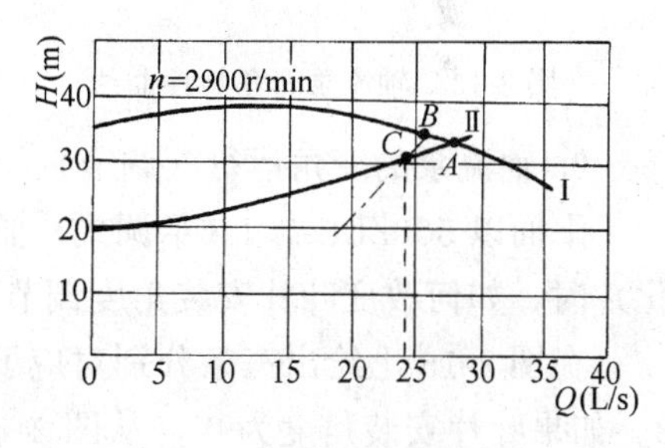

图 2-14 叶轮切削计算

(3) 叶轮外径

据表 2-3 数据立点、联线，得交点 B。

切削相似抛物线 **表 2-3**

序 号	1	2	3	4	5
Q (L/s)	23	24	25	26	27
H (m)	27	29.5	32	34.6	37.4

$$Q_B = 26\text{L/s}$$

$$D_2' = Q_c/Q_B D_2 = 24.6/26 \times 174 = 165\text{mm}$$

四、变角调节

变角是改变叶片的安装角度。对叶片可调的轴流泵，变角可改变泵特性曲线，以改变水泵装置工况点，称变角调节。

1. 轴流泵变角特性曲线

维持水泵转速不变，叶片安装角度作参变数，实测的轴流泵（$Q-H$）、（$Q-N$）、（$Q-\eta$）、特性曲线如图 2-15 所示。由图可知，随着安装角度的增大，（$Q-H$）、（$Q-N$）曲线向右上方移动，（$Q-\eta$）曲线可近似认为向右平移。为用户使用方便起见，通常将这些特性曲线改绘成如图 2-16 所示的通用特性曲线，即以安装角度为参变量将等功率曲线、等效率曲线加绘在（$Q-H$）曲线上。如果轴流泵叶片安装角度连续可调，则根据图 2-16 利用插值的方法可得到该安装角度时泵的扬程特性曲线等。

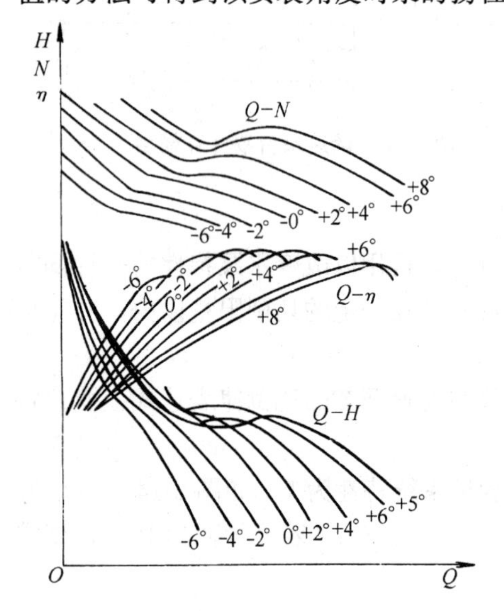

图 2-15　轴流泵变角特性曲线

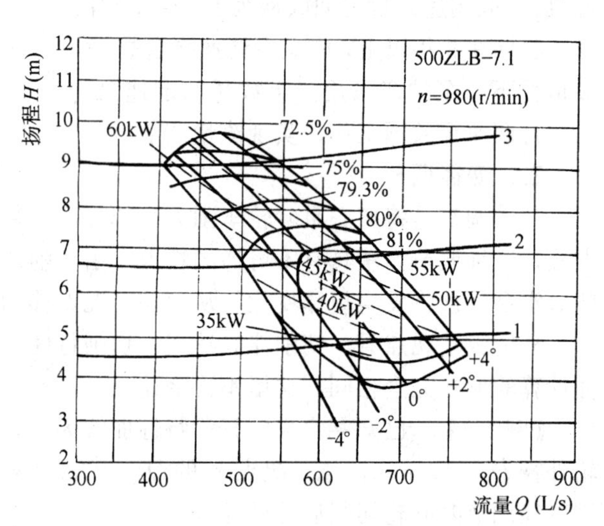

图 2-16　轴流泵通用性能曲线

2. 轴流泵的变角运行（调节）

下面以 500ZLB-7.1（半调式）轴流泵为例，说明管道系统特性变化（通常为静扬程变化）时，如何改变叶片安装角度调节工况点。

在图 2-16 上绘出三条分别对应于最高水位、常水位、最低水位的管道系统曲线 1、2、3。如果叶片安装角度为 0°，从图 2-16 上可查到：

最高水位时　$Q=670\text{L/s}$、$N=39\text{kW}$、$\eta=81\%$

常水位时　　$Q=580\text{L/s}$、$N=48\text{kW}$、$\eta>81\%$

最低水位时　$Q=475\text{L/s}$、$N=57\text{kW}$、$\eta=73\%$

由上列数据可以看出，最低水位时水泵出水量较小，效率较低，轴功率较大且有超载的危险。显然这个工况点不够理想，可以通过改变叶片安装角度对工况点进行人为调整，如：最高水位时（即 H_{STmin}），叶片安装角度调至＋4°：

$$Q=758\text{L/s}、N=46\text{kW}、\eta=81\%$$

常水位时，叶片安装角度调至 0°：

$$Q=580\text{L/s}、N=48\text{kW}、\eta>81\%$$

最低水位时（即 H_{STmax}），叶片安装角度调至$-2°$；

$$Q=428L/s、N=52kW、\eta=81\%$$

对比两组叶片安装角度（0°；+4°、0°、−2°）的水泵运行参数，不难得出结论：静扬程变大时，调小叶片安装角度，在维持较高效率的前提下，适当减小出水量（对雨水泵站而言是合理的），免使电动机超载；静扬程变小时，调大叶片安装角度，加大出水量（对雨水泵站而言是合理的），使电动机安全、满载运行，提高电机效率和功率因数。

给水排水工程中使用的中小型轴流泵绝大多数为半调式，需停机拆下叶轮后进行叶片安装角度调整。这对立式轴流泵而言，存在叶轮拆装的麻烦和叶片安装角度确定的困难。因为现代立式轴流泵的结构使叶轮拆装很不方便，泵站运行时扬程又具有随机性，因而，频繁停机进行叶片安装角度的调整是不可能的，只能根据具体情况调整叶片安装角度：一是水位变化幅度不大时。在满足用户对水量和水压要求的前提下，使泵站全年的权重效率最高、能量浪费最少。即根据多年运行的平均静扬程，将叶片安装角度调整到一个最佳角度；一是水位变幅大且季节性强时，可根据扬程的具体情况，按季节调整叶片的安装角度。

第四节　装置并联及串联运行工况

多台水泵（风机）联合运行，通过联络管共同向管网输水（输气），称装置的并联运行；如果第一台水泵（风机）的压出管作为第二台水泵的吸入管，水（气）由第一台水泵（风机）压入第二台水泵，水（气）以同一流量依次通过各水泵（风机），称装置的串联运行。

一、并联运行工况点图解法

并联运行具有明显的优点：

(1) 提高了供水（气）的可靠性。当并联工作的机组有一台故障而需检修时，其它水泵（风机）仍可继续供水（气）。

(2) 提高了泵站（风机站）调度的灵活性和运行的经济性。泵（风机）站的供水（气）量与用水量之间总是存在矛盾的，但泵站出水量必须跟踪用水量变化。从后面的工况分析中将会看到水泵（风机）并联运行就是跟踪方式（分级供水方式）之一。工况调节过程中只需启动或停止拟定好的水泵，调度极为方便、灵活，同时又可使水泵（风机）取得较高的效率和扬程利用率，提高泵站运行的经济性。

(3) 可减小泵（风机）站机组的备用容量。给水排水泵站、风机站都要有一定容量的备用机组（单纯的雨水泵站除外）。按现行规范，同样规模的给水泵站只设一台工作机组时，则要一台备用机组，容量与工作机组相同；若设两台工作机组时，也只设一台备用机组容量与最大一台工作机组的容量相同。显然，装置并联运行可减小备用机组容量。

(4) 为改建、扩建提供条件。泵站设计都要为远期作出改建、扩建的安排。这种安排可以是新装机组与原有机组并联，也可以是以新机组更换小容量机组再与原有机组并联。这些都有利于降低工程造价，充分利用原有设备，又能满足负荷增长的需要。

现以离心泵为例，说明并联运行工况点确定方法。

并联运行工况点的确定就其方法而言，与第二节介绍的单泵装置工况点的确定是相同的。关键是要引入等值折算概念：从系统能量平衡出发，进行适当的等值折算，把系统折算成一台等值泵和一条等值的简单管道，即用等值泵的扬程特性曲线代替并联诸泵的特性，用等值的简单管道系统特性曲线取代实际的管道系统特性曲线。

1. 水泵并联运行等值泵特性曲线绘制

设有泵Ⅰ、泵Ⅱ并联，单泵扬程特性曲线如图 2-17 所示。

当不考虑与管路的联接、外部条件时，从流动与能量平衡出发，等值泵扬程特性曲线用等扬程下流量叠加（称横加法）得到，如等值泵 $H=H_1$ 时，流量 $Q_3=Q_1+Q_2$；等值泵扬程特性曲线的起点，由扬程曲线较低水泵憋死点扬程与该扬程下另一台水泵的流量决定（图示中的 $0'$ 点）；等值泵扬程特性曲线 $(Q-H)_{Ⅰ+Ⅱ}$ 见图 2-17。

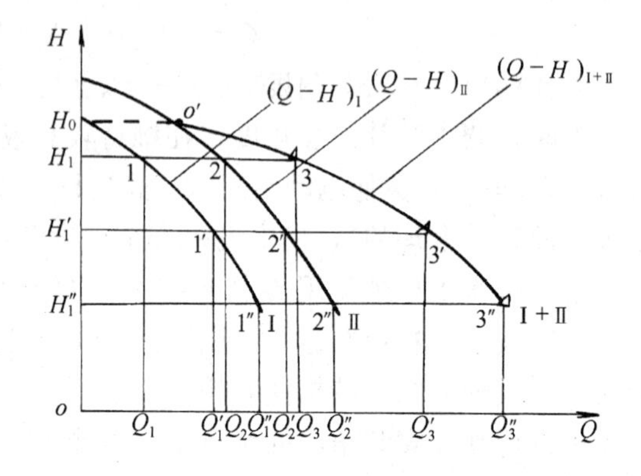

图 2-17　等值泵扬程特性绘制

2. 模型之一：同型号、同水位、管道对称布置的两泵并联运行工况点

水泵特性曲线和管道布置如图 2-18 所示。解题步骤如下：

（1）绘制等值泵扬程特性 $(Q-H)_{Ⅰ+Ⅱ}$；

（2）计算并绘制等值管道系统特性曲线

$$H=H_{ST}+S_{DF}Q_1^2+S_{FG}Q^2=H_{ST}+S_{DF}\ (Q/2)^2+S_{FG}Q^2$$

$$=H_{ST}+\left(\frac{1}{4}S_{DF}+S_{FG}\right)Q^2 \tag{2-35}$$

（3）工况点

$(Q-H)_{Ⅰ+Ⅱ}$ 与 $H=H_{ST}+(1/4S_{DF}+S_{FG})Q^2$ 的交点 M，即为所求工况点。工况点参数见表 2-4。

同型号、同水位、布置对称两泵并联工况点参数　　　**表 2-4**

	Q	H	N	η
等值泵	Q_M	H_M	$2N_q$	$\frac{\gamma Q_M H_M}{2N_q}$
并联单泵	Q_R	$H_R=H_M$	N_q	η_P
独立单泵	Q_S（近似）	H_S（近似）	N_S（近似）	η_S（近似）

（4）小结

由图 2-18 可知：

1）型号相同两泵并联运行的总流量小于独立单泵流量的 2 倍，即 $Q_M<2Q_S$；

2）并联单泵的轴功率小于独立单泵的轴功率，即 $N_q<N_S$。这提醒我们为多泵并联运行的泵站选泵时，配套电动机的额定功率应按独立单泵轴功率选取。

3. 模型之二：同水位、不同型号、管路不对称两泵并联运行工况点

水泵Ⅰ、Ⅱ的特性曲线及管路布置见图 2-19。两泵的扬程特性不相同，管道为不对称的复杂连接管道。不管系统如何复杂，只要从系统能量平衡出发，把系统等值折算为一台等值泵和一条等值简单管路，两等值特性曲线的交点即为该装置系统的工况点。步骤如下：

（1）绘制（复制）$(Q-H)_Ⅰ$、$(Q-H)_Ⅱ$ 等；

（2）计算并在 Q 轴下绘制 $(Q-\Sigma h_{DF})$、$(Q-\Sigma h_{EF})$；

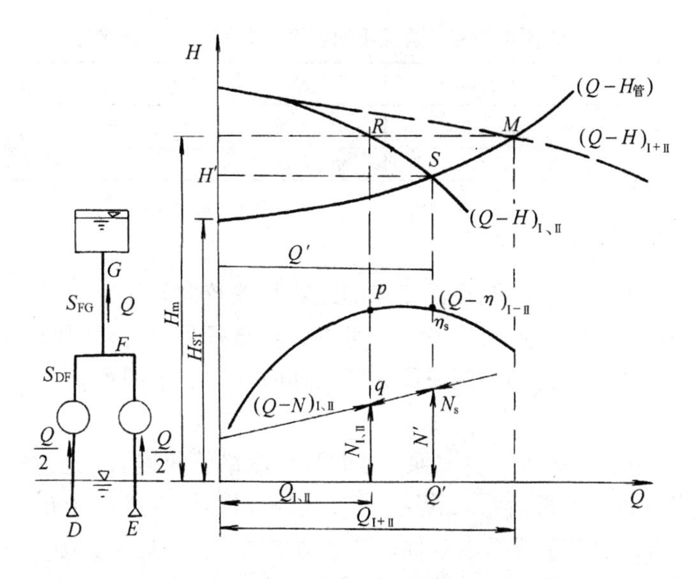

图 2-18　同型号、同水位、对称布置两泵并联运行工况点

(3) 在 $(Q-H)_{\mathrm{I}}$ 上叠加（减去）$(Q-\Sigma h_{\mathrm{DF}})$，在 $(Q-H)_{\mathrm{II}}$ 叠加 $(Q-\Sigma h_{\mathrm{EF}})$，得到 $(Q-H)'_{\mathrm{I}}$、$(Q-H)'_{\mathrm{II}}$。

以上的折算是基于这样的认识：从水泵扬程特性曲线减去相应流量下的水头损失后，得到等值泵 $(Q-H)'_{\mathrm{I}}$、$(Q-H)'_{\mathrm{II}}$，管 DF、EF 成为没有水头损失的理想管道。这一步等值折算的结果：等值泵 $(Q-H)'_{\mathrm{I}}$ 与 $(Q-H)'_{\mathrm{II}}$ 并联，通过共同管段 FG 向水池供水，静扬程仍为 H_{ST}；

(4) 绘制并联泵 $(Q-H)'_{\mathrm{I}}$、$(Q-H)'_{\mathrm{II}}$ 的等值特性曲线 $(Q-H)'_{\mathrm{I+II}}$；

(5) 计算并绘制 $H=H_{\mathrm{ST}}+S_{\mathrm{FG}}Q^2$（曲线记为 $(Q-\Sigma h_{\mathrm{FG}})$）；

(6) 找特性曲线 $(Q-H)'_{\mathrm{I+II}}$ 与 $(Q-\Sigma h_{\mathrm{FG}})$ 的交点。交点 M 就是所求的工况点（见图 2-19）。并联工况点的参数见表 2-5。

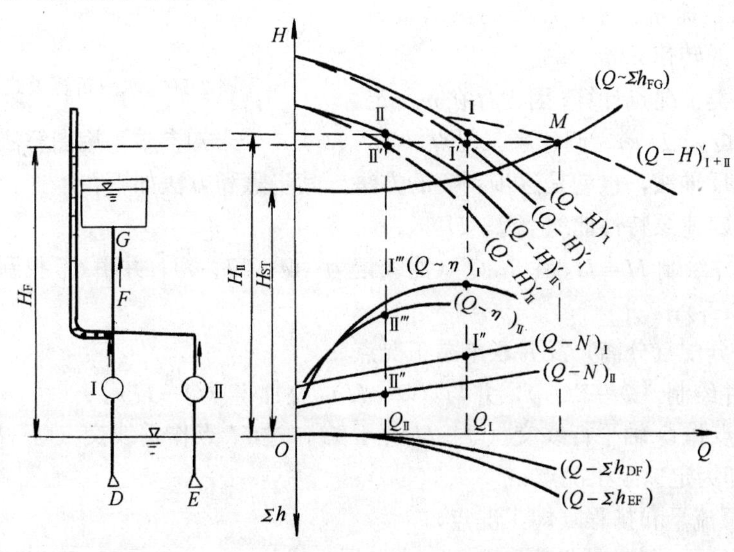

图 2-19　相同水位、不同型号、管道不对称两泵并联工况点

同水位、不同型号、管道不对称两泵并联运行工况参数　　表 2-5

	Q	H	N	η
等值泵Ⅰ＋Ⅱ	$Q_M=Q_Ⅰ+Q_Ⅱ$	H_M	$N''_Ⅰ+N''_Ⅱ$	$\gamma(Q_ⅠH_Ⅰ+Q_ⅡH_Ⅱ)/(N''_Ⅰ+N''_Ⅱ)$
并联单泵Ⅰ，Ⅱ	$Q_Ⅰ$，$Q_Ⅱ$	$H_Ⅰ$，$H_Ⅱ$	$N''_Ⅰ$，$N''_Ⅱ$	$\eta'''_Ⅰ$，$\eta'''_Ⅱ$

管道布置是否对称的工程处理：

(1) 从工程实际看，只有两泵离汇流点的距离相差较大而又并联工作时，才作不对称处理。因此，对一般的地面水取水泵站，不考虑管路布置是否对称的问题。但对于两个泵站离管网输水干管的汇集点距离不同而又并联工作时（即多水源系统）应作不对称管道处理；

(2) 北方井群采集地下水，一井一泵。若井群用联络管相连后，通过一根（或多根）干管输至水厂，在水厂集中消毒后泵入管网，则要以不对称管道进行计算；

(3) 上面的井群，如果布置基本对称，只是动水位不同（见示意图 2-20），可不作不对称处理，但要进行吸水面高程折算。例如，以吸水井水面较高的动水位为基准吸水面，计算出静扬程 H'_{ST}。对泵Ⅰ而言存在水位差值 ΔH_{ST}。从 $(Q-H)_Ⅰ$ 减去 ΔH_{ST}，得到 $(Q-H)'_Ⅰ$ 曲线。水位折算结果是：等值泵 $(Q-H)'_Ⅰ$ 与泵Ⅱ $(Q-H)_Ⅱ$ 并联运行，管道对称，同水位，静扬程为 H'_{ST}。

4. 模型之三：同型号、同水位、对称布置一定一调两泵并联运行工况点

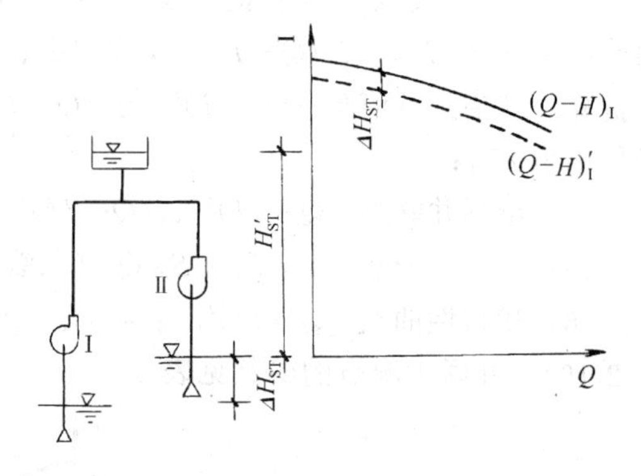

图 2-20　水位折算模式之一

设Ⅱ为定速泵，其额定转速 n_e 下的扬程特性曲线如图 2-21 所示。定、调两泵并联工况点计算按可能性可分为两类：一是已知定速泵转速 n_e、调速泵转速 n，求两泵并联运行的出水量等参数。这可参照模型之二进行求解；一是已知定速泵转速 n_e、用户需要的供水量为 Q_p，求调速泵的转速 $n_Ⅰ$。

对于后一类工况点计算，因为存在 $n_Ⅰ$、定速泵工况点（$Q_Ⅱ$、$H_Ⅱ$）、调速泵工况点（Q_I、H_I）5 个未知参数，用图解法直接求解较为困难，可采用反推法，也就是逐步剥离的方法。其步骤和方法如下：

(1) 绘制定速泵特性曲线 $(Q-H)_{Ⅰ,Ⅱ}$；

(2) 计算并绘制 $H=H_{ST}+S_{FG}Q^2$（曲线记为 $(Q-\Sigma h_{FG})$），并由 Q_p 找到并联等值泵工况点 P（Q_p、H_P）；

(3) 流量分配（分离）及并联单泵工况点

1) 计算并绘制 $(Q-\Sigma h_{EF})$，并与 $(Q-H)_Ⅱ$ 叠加得 $(Q-H)'_Ⅱ$；

2) 过 P 点作 Q 轴平行线交 $(Q-H)'_Ⅱ$ 于 H，过 H 点作垂线交 $(Q-H)_{Ⅰ,Ⅱ}$ 于 J，J（$Q_Ⅱ$、$H_Ⅱ$）即为定速泵工况点；

3) 调速泵流量和扬程（即工况点）

$Q_Ⅰ=Q_p-Q_Ⅱ$。在 Q 轴上取 $Q_Ⅰ$，过 $Q_Ⅰ$ 点作垂线与 H_p 线交于 N。这时调速泵的扬程应为：

$$H_{\text{I}}=H_{\text{N}}\text{（即}H_{\text{p}}\text{）}+S_{\text{DF}}Q_{\text{I}}^2=H_{\text{M}}$$

由此得到 M 点，调速泵工况（Q_{I}、H_{I}）已求得。

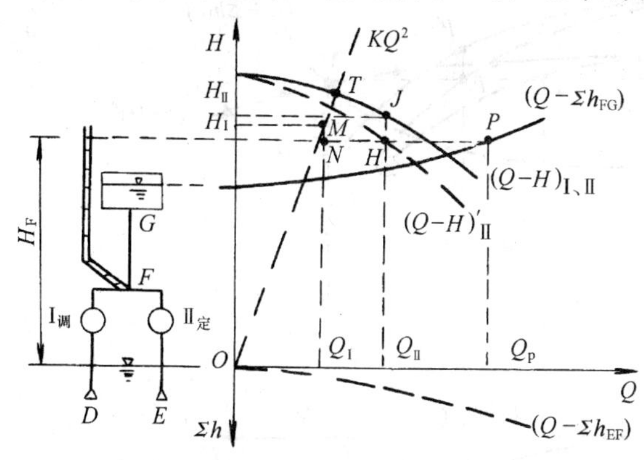

图 2-21　一调一定两泵并联工况点

（4）计算 n_{I}

作调速工况相似抛物线 $H=kQ^2$，其中 $k=H_{\text{I}}/Q_{\text{I}}^2$。$kQ^2$ 曲线与 $(Q-N)_{\text{I,II}}$ 曲线交于 T，T 为 M 点的工况相似点，由图 2-21 查得 Q_{T}、H_{T}。依比例律，则有：

$$n_{\text{I}}=\frac{Q_{\text{I}}}{Q_{\text{T}}}n_{\text{e}}$$

5. 模型之四：一台水泵向两个不同高程的水池供水

高、低水池及水泵特性曲线见图 2-22。如果在等压点 E 设一测压管，根据测压管高度可知系统有三种运行状态：测压管水面高于高水池 F 水面时，水泵向两池同时供水；测压管水面低于 F 池水面而高于 G 池水面，F 池和水泵共同向 G 池供水；测管水面正好与 F 池水面平齐时，水泵向 G 池供水，第三种情况是一种瞬时状态，没有实用意义而不予讨论。

第一种情况，水泵向两池供水，如图 2-22 所示。解题步骤如下：

（1）绘制等值特性曲线

绘制 $(Q-H)$ 曲线，计算并绘制 $(Q-\Sigma h_{\text{DE}})$，将 $(Q-\Sigma h_{\text{DE}})$ 与 $(Q-H)$ 叠加得等值泵特性曲线 $(Q-H)'$。

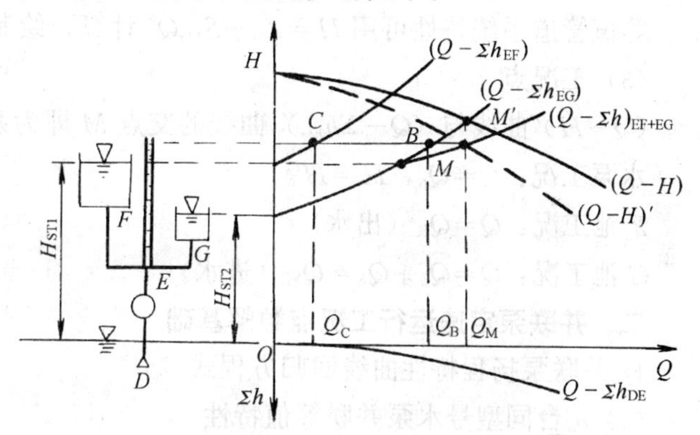

图 2-22　一台水泵向两水池供水

（2）绘制等值管道系统特性

分别计算并绘制 $H=H_{\text{ST1}}+S_{\text{EF}}Q^2$、$H=H_{\text{ST2}}+S_{\text{EG}}Q^2$（曲线记为 $(Q-\Sigma h_{\text{EF}})$、$(Q-\Sigma h_{\text{EG}})$），用横加法将 $(Q-\Sigma h_{\text{EF}})$ 与 $(Q-\Sigma h_{\text{EG}})$ 叠加成等值管道系统特性 $(Q-\Sigma h)_{\text{EF+EG}}$。

（3）工况点

寻找 $(Q-H)'$ 与 $(Q-\Sigma h)_{\text{EF+EG}}$ 的交点。交点 M 即为系统工况点：

水泵工况：$Q=Q_{\text{M}}=Q_{\text{B}}+Q_{\text{C}}$，$H=H'_{\text{M}}$

F 池工况：$Q=Q_{\text{C}}$（进水）

G 池工况：$Q=Q_{\text{B}}$（进水）

第二种情况，水泵与 F 池共同向 G 池供水，如图 2-23 所示。求解步骤如下：

（1）绘制水泵与 F 水池并联的等值特性

绘制水泵的 $(Q-H)$ 曲线，计算 $Q-\Sigma h_{\text{DE}}$ 并绘制在 Q 轴下，将 $(Q-H)$ 曲线叠加 $(Q-\Sigma h_{\text{DE}})$ 曲线，得到水泵的等值特性 $(Q-H)'$。

计算 F 池出流特性 $H=Z_{\text{F}}-S_{\text{EF}}Q^2$，并绘制 $(Q-\Sigma h_{\text{EF}})$ 曲线。

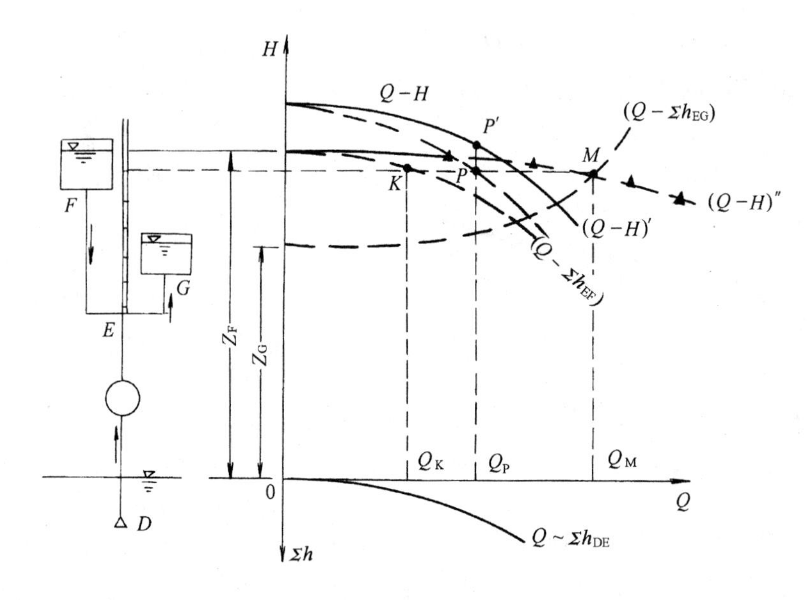

图 2-23　水泵与高位水池共同供水

用横加法得（$Q-H$）′曲线与（$Q-\Sigma h_{EF}$）曲线叠加，得到 F 池与水泵并联的等值特性（$Q-H$）″曲线。

（2）计算并绘制等值管道系统特性曲线

等值管道系统特性可用 $H=Z_G+S_{EG}Q^2$ 计算，绘制后记为（$Q-\Sigma h_{EG}$）曲线。

（3）工况点

（$Q-H$）″曲线与（$Q-\Sigma h_{EG}$）曲线的交点 M 即为系统工况点。

水泵工况：$Q=Q_p$，$H=H'_p$

F 池工况：$Q=Q_K$（出水）

G 池工况：$Q=Q_p+Q_K=Q_M$（进水）

二、并联泵定速运行工况点数解基础

1. 并联泵扬程特性曲线回归方程式

（1）n 台同型号水泵并联等值特性

设独立单泵的扬程特性回归方程式为 $H=H'_X-S'_XQ^2$，并联泵等值扬程特性回归方程式为 $H=H_X-S_XQ^2$，则有：

$$H=H_X-S_XQ^2=H_X-S_X(nQ')^2 \tag{2-36}$$

此时

$$S_X=\frac{H'_a-H'_b}{Q_b^2-Q_a^2}=\frac{H'_a-H'_b}{(nQ'_b)^2-(nQ'_a)^2}$$

$$=\frac{H'_a-H'_b}{n^2(Q'^2_b-Q'^2_a)} \tag{2-37}$$

式中　H'_a、H'_b——并联泵等值特性（$Q-H$）$_\Sigma$ 曲线高效段上任两点扬程（m）；

Q_a、Q_b——并联泵等值特性曲线（$Q-H$）$_\Sigma$ 上相应于 H'_a、H'_b 的流量（m^3/s）；

Q'_a、Q'_b——在扬程 H'_a、H'_b 下并联单泵相应的流量（m^3/s）。

比较式（2-14）、式（2-37）可得：

$$S_X=\frac{S'_X}{n^2} \tag{2-38}$$

等值泵的总虚扬程 $H_X=H'_X$，于是：

$$H=H'_X-\frac{S'_X}{n^2}Q^2 \tag{2-39}$$

（2）两台不同型号泵并联等值特性

设并联等值泵特性回归方程式为：

$$H=H_X-S_XQ^2 \tag{2-40}$$

则有：

$$\begin{cases}S_X=\dfrac{H_a-H_b}{(Q'_b+Q''_b)^2-(Q'_aQ''_a)^2} & (2\text{-}41)\\ H_X=H_a+S_X(Q'_a+Q''_a)^2 & (2\text{-}42)\end{cases}$$

式中 Q'_a、Q''_a——扬程为 H_a 时，第 1 台与第 2 台泵的流量；

Q'_b、Q''_b——扬程 H_b 时，第 1 台与第 2 台泵的流量。

m 台不同型号泵并联时：

$$\begin{cases}S_X=\dfrac{H_a-H_b}{\left(\sum\limits_{i=1}^{m}Q_b^i\right)-\left(\sum\limits_{i=1}^{m}Q_a^i\right)^2}\\ H_X=H_a+S_X\left(\sum\limits_{i=1}^{m}Q_a^i\right)^2\end{cases} \tag{2-43}$$

式中 Q_a^i——扬程为 H_a 时，第 i 台水泵的流量；

Q_b^i——扬程为 H_b 时，第 i 台水泵的流量。

2. 数解模型之一：单泵单结点系统数解基础

已知清水池水面高程 H_0，水塔水位高程 H_1、H_2……H_j，输水干管及各分支管的管径 D_i、管长 l_i。见图 2-24。

求水泵工况点及各支管中的流量。

对结点 A，假设 A 点测压管水头为 H_A，当水泵扬程特性用 $H=H_X-S_XQ^2$ 表示时，则有：

$$Q=\sqrt{\frac{H_X+H_0-H_A}{S_X+S_0}}$$

与结点 A 相接的任一管段 i，据海曾——威廉斯公式，则有：

$$Q_i=0.278CD_i^{2.63}l_i^{-0.54}\ (H_A-H_i)^{0.54}$$

$$(i=1、2,\ \cdots\cdots,\ J)$$

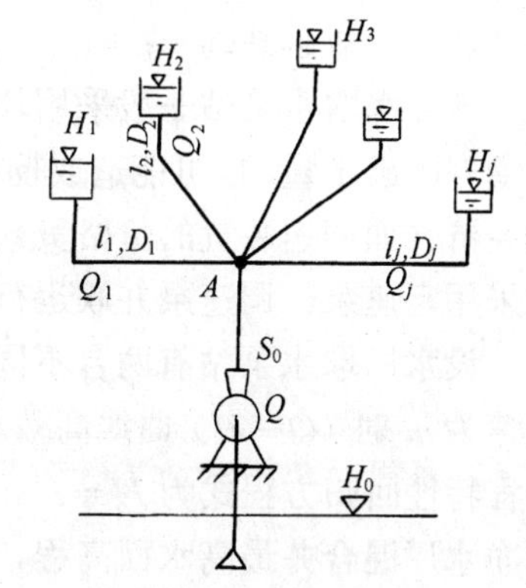

图 2-24 单泵、单结点多塔供水系统

节点 A 应满足连续性方程，即：

$$Q-\sum_{i=1}^{J}Q_i=0$$

在上述 $(J+2)$ 个方程中，节点 A 的测压管水头 H_A 是一个随流量变化的数，即为一个随工况变化的数。当假定的 H_A 值不是系统真实工况相应的 H_A 值时，则会使 $Q-\Sigma Q_i\neq 0$。这时，应将一个经过适当修正后的 H_A 值代入上述方程，再考察 $Q-\Sigma Q_i$ 的值，如此反复进行，直到假定的 H_A 值能使 $Q-\Sigma Q_i=0$ 为止。这个过程称为 H_A 的迭代过程（或称逼近过程）。当采用牛顿迭代法时：

$$H_{A(n+1)}=H_{A(n)}+\Delta H_A \tag{2-44}$$

式中 ΔH_A——每次迭代时的校正水位。其值为：

$$\Delta H_A=F_n/\frac{\partial F_n}{\partial H_A} \tag{2-45}$$

式中

$$F_n=Q-\sum_{i=1}^{J}Q_i$$

$$\frac{\partial F_n}{\partial H_A}=-\frac{1}{2}\sqrt{\frac{1}{(S_X+S_0)\ (H_X+H_0-H_{A(n)})}}$$
$$-\sum_{i=1}^{J}0.54\times0.278CD_i^{2.63}l_i^{-0.54}\ (H_{A(n)}-H_i)^{-0.46} \tag{2-46}$$

用此法求解上述 $(J+2)$ 个方程，可得到所求的流量。

3. 数解模型之二：多泵多塔单结点供水系统数解基础

系统如图 2-25 所示。当并联诸泵为同型号同规格、管路布置对称时，只需把并联诸泵折算为等值扬程特性、并联管折算为等值（到节点 A）管道系统特性曲线，就可套用单泵单节点多塔给水系统的计算方法。

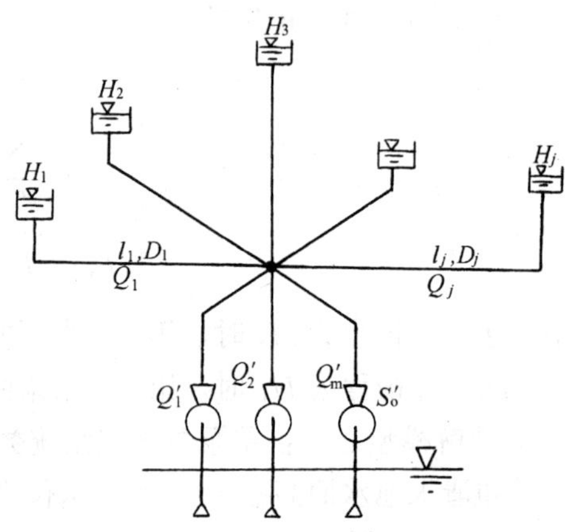

图 2-25 多泵多塔单结点供水系统

三、调速泵并联运行工况点数解基础

1. 数解模型之三：取水泵站定速泵、调速泵并联运行数解基础

地面水取水泵站一般采用均匀供水方式。由于水源水位的涨落，会使工况点移动而偏离期望的出水量，也可能造成扬程的浪费和水泵效率的降低，这时需对工况点进行调节。由于经济（如调速装置的价格贵）、技术（如全部采用调速泵负荷分配不易均衡）等的原因，常采用定速泵、调速泵并联运行的调节方案和等流量控制方式。

设水厂取水泵站有两台不同型号离心泵，系统如图 2-26 所示。设 2 号泵为调速泵，当转速为 n_e 时 $(Q-H)$ 曲线高效段回归方程式为 $H=H_{X2}-S_{X2}Q^2$。1 号泵为定速泵，高效段扬程特性回归方程式为 $H=H_{X1}-S_{X1}Q^2$。Z_1、Z_2 分别为 1 号、2 号泵吸水井水面高程，Z_0 为净水厂混合井最高水面高程，S_i 为管阻系数，水厂要求取水泵站供水量为 Q_T。

试求实现取水泵站均匀供水的调速泵转速 n_T。

求解步骤：

(1) 计算节点 (3) 通过流量 Q_T 时的总水压 H_3 值。

$$H_3=Z_3+S_3Q_T^2 \tag{2-47}$$

(2) 流量分配计算

$$Q_1=\sqrt{\frac{H_{X1}-(H_3-Z_1)}{S_{X1}+S_1}} \quad (m^3/s) \tag{2-48}$$

2 号泵为调速泵，其出水 Q_2 与转速有关。当转速为 n_T 时，为 $H=\left(\frac{n_T}{n_e}\right)^2 H_{X2}-S_{X2}Q^2$，于是 Q_2 为：

$$Q_2=\sqrt{\frac{(n_T/n_e)^2 H_{X2}-(H_3-Z_2)}{S_{X2}+S_2}} \quad (m^3/s) \tag{2-49}$$

(3) n_T 计算

等值泵的出水量应为要求的供水量，即：

$$Q_T=Q_1+Q_2=\left[\frac{H_{X1}+Z_1-H_3}{S_{X1}+S_1}\right]^{1/2}+\left[\frac{(n_T/n_e)^2 H_{X2}+Z_2-H_3}{S_{X2}+S_2}\right]^{1/2} \tag{2-50}$$

解式（2-50），可得到调速泵转速 n_T。

2. 数解模型之四：单水源管网，送水泵站定速泵调速泵并联等压配水工况点数解基础

(1) 调速控制方式

送水泵站与管网联合工作时，泵站供水量应跟踪用户用水量变化，供水压力也应作相应的变化。泵站自行(任其自然)跟踪，必然导致泵站扬程的浪费和运行水泵效率的降低，增加了漏水量，增大了爆管的可能性。调速调节时，按什么参数控制水泵的转速，这就是所谓调速控制方式的选择。目前，常用的为等压配水控制方式。所谓等压配水控制是控制送水泵站的出水压力（该压力随出水流量变化）使管网中控制点的自由水压（即服务水头）大于并接近于该点所要求的自由水压。

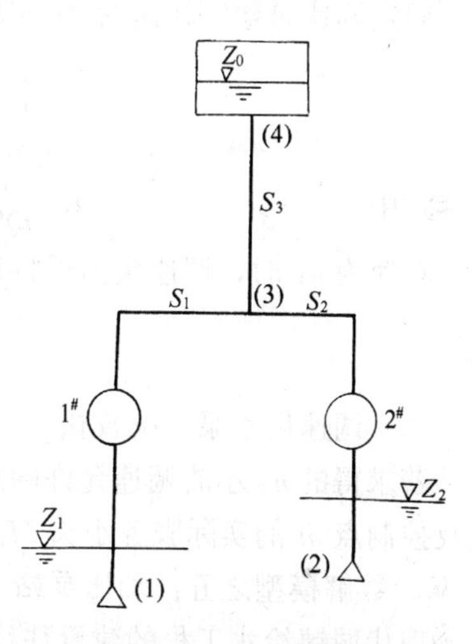

图 2-26　调速泵站示意

(2) 计算步骤

图 2-27 为送水泵站与管网联合工作的示意图。设泵站出水点 A，该点地面高程 Z_A。网中控制点 m，地面高程 Z_m，所需的服务水头 H_{sevm}，水厂至 m 点相应于某一流量的水头损失为 Σh_m。

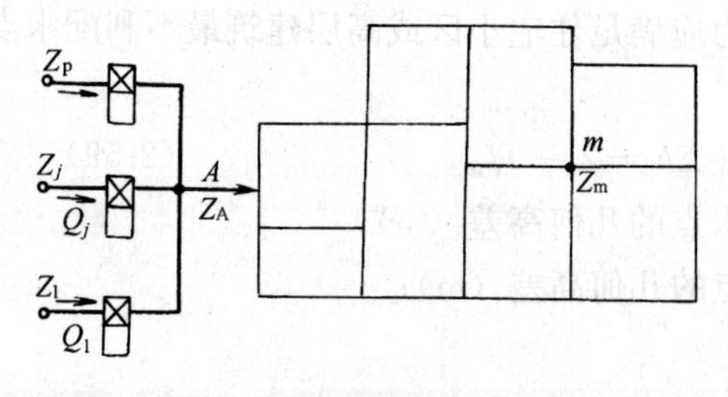

图 2-27　送水泵站与管网联合工作示意

1) 确定送水泵站的出水压力

泵站运行时，控制点 m 的实际自由水压 H_m 为：

$$H_m=H_A+Z_A-Z_m-\Sigma h_m \tag{2-51}$$

H_m 值应满足 m 点对服务水头的要求，即：

$$H_m \geqslant H_{sevm} \tag{2-52}$$

于是泵站理想的出水压力 H_A 应为：

$$H_A=H_{sevm}+\Sigma h_m+Z_m-Z_A \tag{2-53}$$

2) 调速计算

对单水源管网，泵站供水量为管网所需的流量。若能确定 H_A，则泵站运行工况（Q_T，

H_A）就能确定。水厂出水压力为 H_A 时，并联的各定速泵实际出水量为：

$$Q_i=\sqrt{\frac{H_{Xi}-(H_A+Z_A-Z_i)}{S_{Xi}+S_i}}=\sqrt{\frac{H_{Xi}+Z_i-Z_A-H_A}{S_{Xi}+S_i}} \quad (2-54)$$

$$(i=1，2，\cdots\cdots，J)$$

调速泵的出水量 Q' 为：

$$Q'=Q_T-\sum_{i=1}^{J}Q_i \quad (2-55)$$

调速泵扬程 H' 为：

$$H'=H_A+Z_A+S_GQ'^2-Z_p \quad (2-56)$$

式中　S_G——调速泵吸水及压水管的管阻系数（s^2/m^5）；

　　Z_p——调速泵吸水井水面高程（m）。

假定调速泵额定转速 n_e 时高效段扬程特性为 $H=H_X-S_XQ^2$，则调速泵转速 n_T 为：

$$n_T=\frac{Q'}{Q''}\quad n_e=\sqrt{\frac{S_X+k}{H_x}}Q'n_e \quad (2-57)$$

式中
$$k=\frac{H'}{Q'^2}=\frac{S_GQ'^2+(H_A+Z_A-Z_p)}{Q'^2} \quad (2-58)$$

转速为 n_T 时，调速泵扬程特性高效段回归方程为：

$$H=\left(\frac{n_T}{n_e}\right)^2H_X-S_XQ^2$$

（3）调速后水泵工况校核

若求得的 n_T 小於调速允许的最低转速 n_{min}，则需取 $n_T=n_{min}$，并校核水泵的实际运行工况及控制点 m 的实际服务水头 H_m。若不能满足要求，可考虑增开并联定速泵的台数。

3. 数解模型之五：加压泵站（调节泵站）调速运行数解基础

现代城镇给水工程的建设往往赶不上城镇建设发展的需要，使得一些住宅小区或高层建筑普遍存在供水压力不足的问题，远离水厂的给水管网边缘区或地形高程大的供水地区也存在供水水压不足的问题。为了不使整个管网水压提高，又要满足供水地区对水压的要求，往往需要设置加压泵站。这里介绍向住宅小区和高层建筑供水的调速加压泵站的有关计算。

（1）加压泵站出水压力的确定

加压泵站（一般为气压给水装置）出水压力应满足住宅小区或高层建筑最不利配水点对水压的要求。加压泵站最理想的出水水压为：

$$H^*=Z_1+H_1+H_2+\Sigma h_d=Z_1+H_p \quad (2-59)$$

式中　Z_1——气压罐中最低水位至加压泵站出水点的几何高差（m）；

　　H_1——气压罐内最低水位至最不利配水点的几何高差（m）；

　　H_2——最不利配水点的流出水头（m）；

　　h_d——气压罐至最不利配水点的总水头损失（m）；

　　H_p——气压罐中最低工作压力（kPa）所对应的水柱高度（m）。

（2）调速泵转速 n^* 计算

这种给水系统的设置比较灵活，可根据具体情况增减调节设备：气压罐（其作用相当于一个高位水箱）、定速泵、调速泵。当采用三者联合工作时，运行方式也较灵活。当调速泵采用等压配水控制时，气压罐也参与调节，使计算较为复杂，可参照数解模型之四进行调速泵转速 n^* 的计算。

四、串联运行

有时需要水泵（风机）串联运行，如采用汽轮发电机组的火电厂，锅炉上水系统就是凝水泵与给水泵的串联运行。是否需要水泵串联运行，由生产工艺决定。由于水泵系列基本上能满足扬程选择的需要，所以给水排水工程中一般不采用水泵（风机）串联工作方式。如果需要水泵（风机）串联工作时，则要注意串联单泵性能之间的匹配问题：如一大、一小两泵串联工作是不合适的，因大泵通过的流量也是小泵通过的流量，可能导致小泵严重过载，还不如一台大泵单独工作；最后一级泵的泵体强度要能承受串联叠加的水压。

串联工况点，只要把串联诸泵等值折算成一台等值泵，管道系统折算成一条简单管道系统，利用本节中介绍的工况数解模型就能得到。

两台不同型号水泵串联工作（见图 2-28）时，等值泵扬程特性高效段回归方程式可写为：

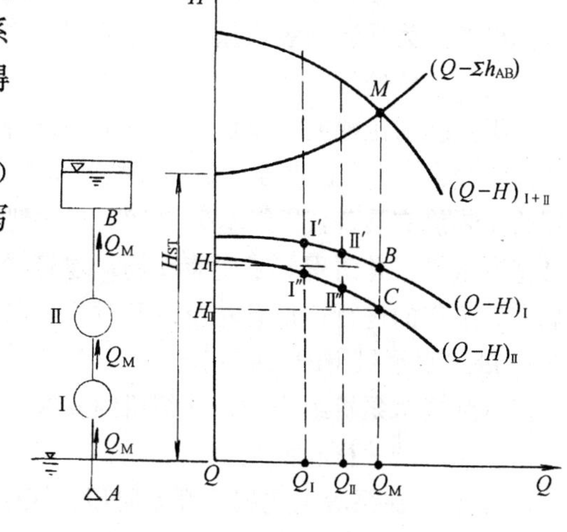

图 2-28　水泵串联工作

$$H=H_X-S_XQ^2$$

其中：$$S_X=\frac{(H'_{II}+H''_{II})-(H'_I+H''_I)}{Q_I^2-Q_{II}^2} \tag{2-60}$$

$$H=H'_X+H''_X=(H'_{II}+H''_{II})+S_XQ_{II}^2 \tag{2-61}$$

式中　H'_{II}、H''_{II}——流量为 Q_{II} 时，每台泵的扬程；

H'_I、H''_I——流量为 Q_I 时，每台水泵的扬程。

n 台同型号水泵串联工作时，等值泵扬程特性回归方程式为：

$$H=H_X-S_XQ^2$$

其中：

$$H_X=nH'_X \tag{2-62}$$

$$S_X=nS'_X \tag{2-63}$$

第五节　机组的使用与维护

一、机组、管道的安装、调试与验收

机组和管道的安装是泵站建设的重要环节。安装质量的好坏，直接影响机组运行的效率，设备的管理和维护，设备的使用寿命。因此，机组和管道的安装必须按照专业施工技术规范和安装规范认真执行。

1. 安装准备

(1) 人员

安装前必须配齐各方面的专业技术人员和工人。安装人员必须熟悉责任范围内的有关图纸和资料，专业施工技术规范、安装规程和规定，即掌握安装步骤、方法和质量要求。

（2）工具和材料

安装用的机具、工具、材料与机组的型号、规格等有关。如量具：塞尺、千分尺、百分尺等；找平仪：框式水平仪等；对中仪器：求心器、激光准直仪等；测高程仪器；水准仪等；吊运工具：包括水平与垂直运输机具，专用工具等，要根据安装要求认真准备。

（3）设备的验收

设备运到安装现场后，应组织有关人员检查各项技术文件和资料，检查和核对设备质量、规格和数量。设备的检查包括外观检查、解体检查和试验检查。对有出厂验收合格证、包装完整、外观检查未发现异常情况，运输保管符合技术文件的规定的，可不进行解体检查。若对制造质量有怀疑，或由于运输、保管不当等原因影响设备质量或损坏时，则应进行解体检查。为保证安装质量，对与装配有关的主要尺寸及配合偏差应进行校核。

（4）与土建的配合

机组安装前土建施工单位应提供主要设备基础及构筑物的验收记录、构筑物设备基础上的基准线、基准点和水准点高程等技术资料。为保证安装质量和安装工作的顺利进行，机组开始安装前应具备：机组基础混凝土应达到设计强度的70%以上；构筑物内的沟道和地坪已基本做好，并清理好了安装现场；建筑物已封顶、门窗能避风沙，建筑物装修时应不影响安装工作的进行；设有起重设备时，应具备行车安装的技术条件。

2．卧式水泵机组的安装

现以卧式水泵机组为例，介绍机组安装的方法和步骤。

（1）基础的放样和浇筑

1）放样。在泵房土建施工开始阶段，根据施工图纸上的尺寸，用经纬仪在泵房内定出水泵纵向（双吸泵为进出口方向、单吸泵为机组轴线方向）、横向（双吸泵为轴线方向、单吸泵为出口方向）中心线，并分别标记在两侧的墙上，然后以此两线为准，标记出基础的位置及长、宽、深，以便开挖基坑。

2）浇筑。根据机组的大小，基础的浇筑可分为一次、二次浇筑两种方法。

一次浇筑多用于基础深在0.5m以下的小型机组或带底座的机组。浇筑之前，根据地脚螺栓的间距先将地脚螺栓固定在基础模板顶部的横木上，检查各螺栓的间距和垂直情况准确无误后，将地脚螺栓一次浇入基础内。

二次浇筑多用于基础深在0.5m以上的大型或不带底座的机组。浇筑前，在基础模板的横木上相应于地脚螺栓的位置，预留出地脚螺栓孔，待基础混凝土凝固后，拆除预留孔的模板。插入地脚螺栓，待机组就位好后，再从基础上的楔形槽中向预留孔内二次浇筑混凝土。

为了使基础面上平整，便于机组的调平找正，常用座浆法在基础表面或地脚螺栓处设垫板。垫板顶面的高程要和基础顶面的设计高程一致。

（2）水泵的安装

水泵就位前应复查安装基础平面的高程。水泵的中心对中、水平找平和高程找正是安装过程至关重要的工作。

卧式机组安装程序见图2-29。图中粗线框表示总装程序，细线框表示总装程序中每一步骤的安装内容，箭头表示安装进程。

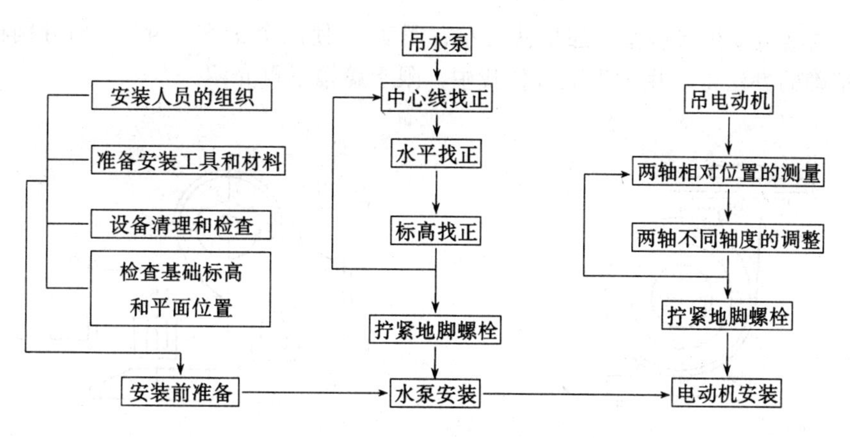

图 2-29 卧式水泵安装程序图

1）中心找中。中心找中，是找正水泵的纵横中心线。先定好基础表面上纵横中心线，然后在水泵进出口法兰面（双吸泵）和轴的中心分别吊垂线，见图 2-30。调整泵的位置使垂线与基础上的纵横中心线相吻合。

2）水平找平。水平找平是找平水泵的纵向和横向水平。一般用水平仪或吊线法测量。单吸泵在泵轴和出口法兰面上测量，见图 2-31、2-32。双吸离心泵在水泵进、出法兰面上测量，见图 2-33。用调整垫铁的方法使水平仪的气泡居中，或使法兰面至垂线的距离相等。卧式双吸离心泵还可在泵壳的中分面上选择可连成"＋"字的四个点，把水准尺立在这四个点上，用水准仪读各点水准尺的读数，若读数相等，则水泵的纵、横向水平已找平。

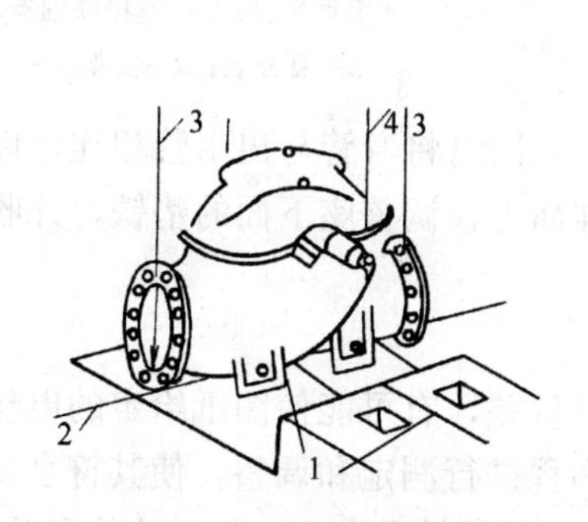

图 2-30 中心找中

1、2—基础纵横中心线；3—进出口法兰中心线；4—泵轴中心线

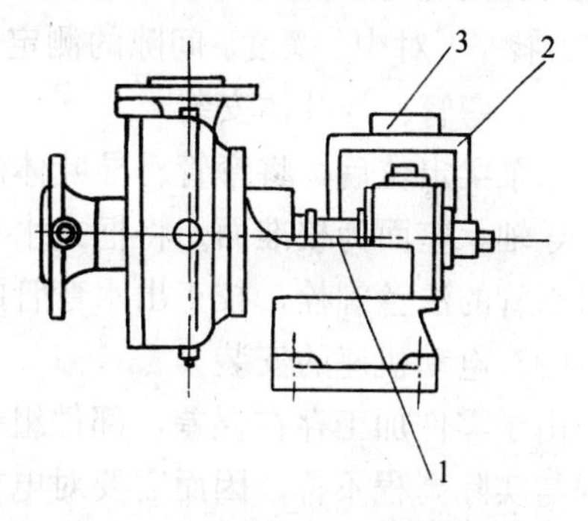

图 2-31 纵向找平

1—水泵；2—支架；3—水平仪

3）高程找正。高程找正对卧式离心泵是泵轴中心线的高程找正，目的是使安装水泵轴中心线高程与设计高程符合。可用水准测量的方法推求出泵轴中心线的高程。

(3) 电机的安装

电动机的安装一般以已装好的水泵为基准，调整电动机，使电机和水泵的联轴器（靠背轮）平行同心，且保持一定的间距。

水泵、电动机轴中心线找中的最简单但精度不高的办法是，在靠背轮圆周的对称位置上找四点，用直尺和塞尺分别测量这四个点的径向和轴向间隙，调整电机使四个轴向间隙相等、四个径向间隙相等；另一种较为精确的找中办法是，在已找平安装好的联轴器上，固定两支百分尺（见图 2-34），转动两联轴器于上、下、左、右四个位置，同时测读径向 a 值、

轴向 b 值，调整电动机（机座下加垫铁或左右摆动），使四个 a 值、四个 b 值分别相等；再一种更为精确的办法是，用激光准直仪找中，限于篇幅不再介绍。

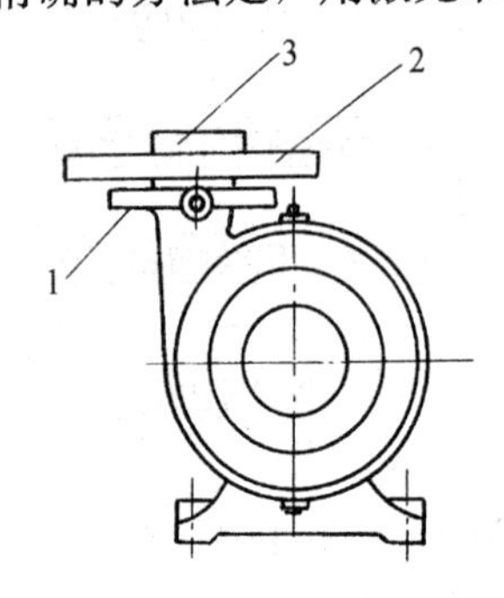

图 2-32　横向找平

1—水泵出水口法兰；2—水平尺（仪）；3—水平尺（仪）

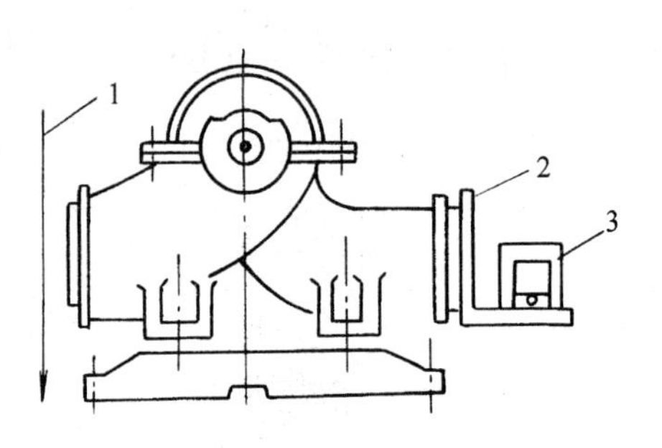

图 2-33　纵横向找平

1—垂线；2—专用角尺；3—框式水平仪

应指出的是，间隙测定和调整后，安装好电动机，应再一次盘车测量，校核间隙是否在允许的范围内。否则，应再次调整，直到符合要求为止。

3．立式机组的安装步骤和方法

立式机组的安装一般按自下而上、先水泵后电机、先固定部件后转动部件的顺序进行。现以立式轴流泵为例说明机组安装程序（见图 2-35）和高程找正、找平、对中、摆度、间隙的测定与控制办法。

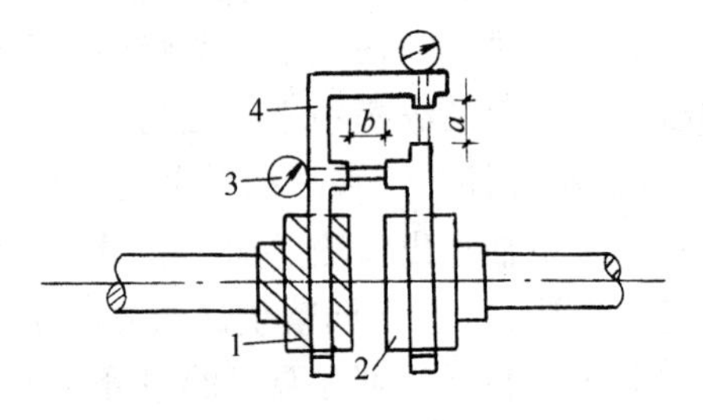

图 2-34　用百分尺测定间隙

1—水泵联轴器；2—电机联轴器；3—百分表；4—支架

（1）弯管、导叶体安装

水泵梁定位后，将弯管、导叶体吊到水泵梁上，同时将弯管与出水管相连，以出水弯管上导轴承座面为校准面。将框式水平仪放到校准面上，调整座下面的垫铁，并收紧弯管与出水管的法兰螺栓，校正出水弯管的水平。

（2）电动机座的安装

由于零件加工存在误差，部件组装又存在累计误差，有可能使图纸给定的电机座安装高程与实际高程不符，因而需要对电机座的实际高程进行测定和调整，使其符合要求。

电机座实际高程的测定方法是，将泵轴吊入上、下导轴承孔内，装上叶轮和叶轮外壳，使叶轮中心与叶轮外壳中心对中，测量出泵轴上端联轴器高程，同时用钢尺量出泵联轴器到传动轴上推力头的距离，根据实测记录，计算出电机座的实际安装高程。按实测的电机座安装高程吊电机座。以电机座轴承面为校准面，将框式水平仪置校准面上，用调整垫铁的办法为电机座找平。

（3）同心找中

同心找中是校正电机座上的传动轴孔、水泵上、下导轴孔的同心度，使传动链上的各部件轴线成一条铅垂线（理想状态）。同心度测量常用电气回路法，测量原理见图 2-36。在电机层楼面上放一支架，支架中心放求心器，其上吊一钢琴线，下挂重锤并浸入油桶中。用干电池、耳机、导线、钢琴线串联成一电路。当用内径千分尺的一端接触被测部件另一端接触钢琴线时，电气回路接通，耳机发出响声（可用其它发声设备如铃声），这时千分尺的读数即为该部件圆周上此点与铅垂线的距离。具体操作时，以水泵上导轴承座为基准，用求心器和内径千分尺找中轴承内孔与钢琴线的同心。然后以钢琴线为中心，测定电机座传动轴孔圆周东西南北四个测点至钢琴线的距离，调整电机使之同心。由于上、下导轴承孔的同心出厂时已找中，只要上导轴承座面已找平，上、下导轴承孔即达同心。

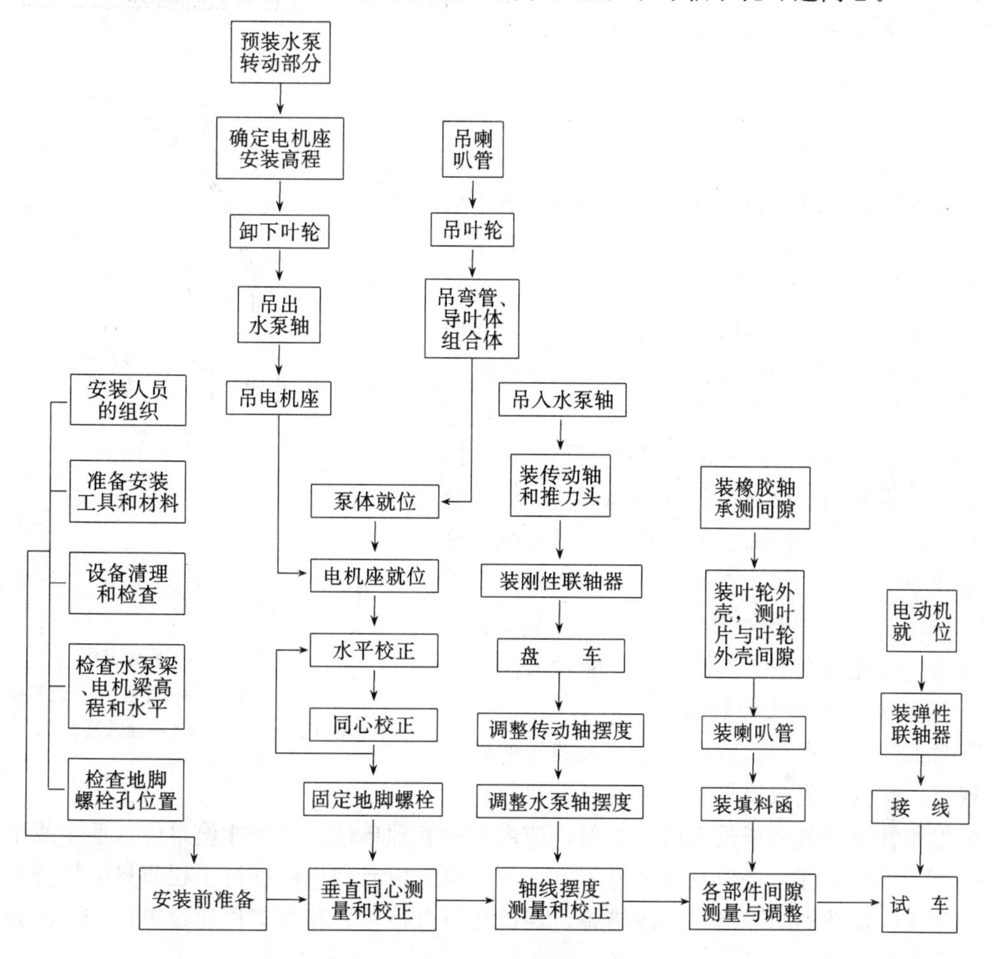

图 2-35　立式机组安装程序图

同心找中后，再复找平、找高程，直到同心、水平和高程都满足要求为止。

(4) 传动轴、泵轴摆度的测量和调整

传动轴、泵轴摆度测量与调整的目的，是使机组传动轴线各部分的最大摆度值控制在允许的范围内。轴线摆度用盘车的方法测量。如果摆度超出允许范围，先调整传动轴摆度，再调整泵轴的摆度，直到满足其要求为止。

(5) 各部分间隙测量及调整

机组轴线摆度达到要求后，装水泵上、下橡胶导轴承，并用塞尺检查橡胶轴承与轴的间隙，要求四周间隙均匀。然后装叶轮外壳，并用塞尺测量每一叶片上、中、下在东南西北四个方位上与叶轮外壳之间的间隙。如果叶片上下部间隙太大或太小，可用传动轴顶圆螺母进行调整；如果整个半圆周上间隙偏大或偏小，可移动叶轮外壳半圆圈进行调整。

叶轮间隙调整完毕后装喇叭口，将电机吊到电机座上，装弹性联轴器，最后接线试转向。

4. 管道的安装

机组安装完毕后，进行管道安装。管道安装顺序是：进水管道从水泵吸入口开始向外安装管件或管道，出水管道从水泵压出口开始向外安装管件或管道，并与泵房外的管道相联。

当管道采用法兰连接时，为防止管道的荷载传给水泵，对已找中的管道应在两法兰之间垫上垫块，为保证密封，两法兰面上涂白铅油，两法兰面间垫好橡胶圈或钢纸（石棉纸）垫圈，垫圈找中后再将连接螺栓点上机油，对称地拧紧螺栓（若用测力扳手拧更好）。

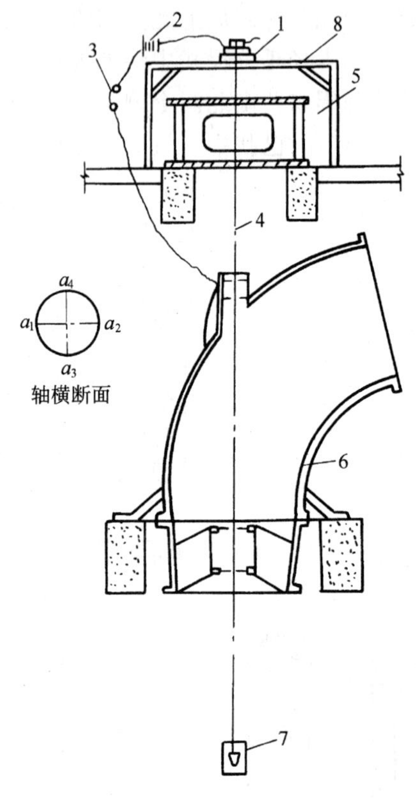

图 2-36　同心度测定

1—求心器；2—干电池；3—耳机；4—钢琴线；5—电机座；6—水泵；7—油桶及重锤；8—求心架

当管道采用焊接连接时，焊接件接口部分表面应无锈、无油斑等，接口应整齐光滑。壁厚超过一定值时应开焊接坡口，接口间隙保证在允许的数值（如壁厚 5～9mm 时、$\Delta \ngtr 2$mm，壁厚大于 10mm 时、$\Delta \ngtr 3$mm）。管材为焊接钢管环焊缝施焊时，纵焊缝间应互相错开一定的距离（如直管段相邻两纵焊缝相互错开 100mm 以上），直管段两环焊缝间距应不小于 200mm。焊接质量外观检查时，应无裂缝、烧穿、结瘤、气孔、夹渣，热影响区不能过大。

5. 安装工作的检查与验收

安装工作的检查与验收，应按有关的专业施工技术规范、验收规范或质量检验评定标准执行。

机组和管道安装完毕投入运行之前，应由工程管理单位、工程建设单位（业主或工程监理）、设计单位、施工单位及其他有关方面的人员组成专门机构进行工程质量的检查与验收，对存在或发现的问题提出整改措施。经试运行合格后，移交工程建设单位。下面介绍一些应检查与验收的项目。

（1）机组的检查与验收

1）基础混凝土浇筑质量、与机组底座（或机座）的接触情况、垫铁的焊接情况。

2）机组的实际纵横线、机组轴线的高程、基础顶面高程。

3）机组的找平情况，地脚螺栓的固定情况，卧式机组联轴器轴向与径向间隙情况，立式机组轴线同心、摆度情况。

4）油、水管路是否畅通，轴承箱内的油质、油量是否符合要求，轴封填料的填装与松紧情况。

5）机组转向是否与规定方向一致。

6）电动机、电气设备及辅助设施是否符合要求。

7）热工及电工仪表的装设情况。

经上述检查后如未发现大的技术问题，便可进行试车。试车时间一般为连续运行 24～72h。在试运行中，观察机组的振动、功率、流量的变化情况，轴承的温升、电机的温升情况，倾听机组转动声音等情况。

(2) 管道的检查与验收

管道检查包括外观检查，管轴线的平面坐标与高程检查、强度（水压试验）和水密性检查，支座、支墩、支架设置的检查，控制管件（即各类阀门）的检查等。

二、机组的运行管理与维护

水泵和风机在管理、运行操作及事故处理等方面有一定的差异但基本原则是一致的。现以离心水泵与风机为例，说明它们的使用与维护要点。

1. 离心泵的使用与维护

(1) 正常启动前的准备

由电动机拖动的水泵，启动前应做的准备工作如下：

1) 外观检查。检查水泵和电机的固定是否良好，螺栓有无松动、脱离，转动部件周围是否有妨碍运转的杂物等。

2) 轴承润滑检查。检查轴承用油的油质、油量、油温，轴承、电机用水冷时冷却水应畅通。

3) 填料检查。检查填料的松紧程度是否合适。

4) 进水管检查。检查吸水井水位、滤网有无杂物堵塞。

5) 盘车。盘车是用手或专用工具（盘车装置）转动联轴器，转动过程中应注意泵内是否有摩擦、撞击声及卡涩现象。若有，应查明原因，迅速进行处理。

6) 检查阀门的原始状态。启动前阀门的原始状态操作规程中有规定，如离心泵启动前出水闸阀应是关闭的。

7) 送电。送电前应检查电机绝缘（如低压电动机绝缘电阻应在 0.5MΩ 以上），无误后合上有关开关（包括动力、控制与应急照明电源开关）。

8) 灌泵。非自灌式工作的水泵，启动前必须充水。过程中要注意泵体的放气。

(2) 启动

1) 按启动按钮。过程中应注意电流变化情况，倾听水泵机组转动声音。

2) 待转速稳定后，打开仪表阀。观察出水压力、进口真空值是否正常。

3) 打开出口阀，逐渐加大出水量，直到出水阀门全开为止。过程中应注意电流变化情况，出水压力、真空表的读数，水泵转动的声音等。过程中还要注意到离心泵不允许无载长期运行，这个时间通常以 2～4min 为限。

(3) 运行中的监督

运行中，运行人员的工作可概括为：

1) 监盘。检查与分析仪表盘（屏）上监视水泵、电机运行状态的各种参数，如温度、压力、流量、电流、功率等，发现异常情况时应作相应的处理。

2) 巡检。定时巡回检查水泵、电机及工艺流程的运行状态，如轴封情况、水泵电机的轴承温升、电机的温升、机组等转动机械的转动声、大型机组的轴向位移、水泵的出水压力等。

3) 抄表。包括定期抄录有关的运行参数（称记录表），填写运行日志。记录表为运行状态分析和经济核算提供基础数据，也为每个班组工作的评价提供客观依据。运行日志应填写本班所进行的工作，包括设备的故障及其分析，设备的检修及试车情况，备用设备的定期试验情况，大型设备的累计运行时间，上下级间的电话命令等，为运行管理提供基本材料。

（4）停车

接到停车命令后，按如下程序停车：

1）缓闭出水闸阀。

2）按停止按钮。

3）关闭仪表阀。

4）停供轴封水和轴承冷却水、停供电机（对水冷电动机）冷却水。

5）视情况决定泵体是否排水。

6）视情况是否断开机组电源。

（5）水泵、电动机的定期检查

水泵、电机累计运行一定的时间后，应进行解体检查。拆检时，应观察或测定各部件有无磨损、变形、腐蚀、部件主要尺寸，如有缺陷必须进行处理或更换。如口环磨损应更换、填料失效应更换，泵轴变形应校正等。

（6）故障诊断与处理

水泵机组运行时出现的故障有多种，同一种故障的原因也可能有多样，因而运行及管理人员要有良好的素质及清醒的头脑，才可以临危不乱。为了做到胸中有数，运行管理人员应注意三个方面的经验积累：一是故障表现在水泵上，而原因可能发生在水泵、电机及电网、管道系统三个方面，因而安装和检修质量、运行操作及维护方法是否符合规程要求，对故障的发生及严重程度有举足轻重的影响；一是事故处理程序应是观察→判断→处理。即观察故障主要现象及次要现象，然后判断事故（故障）的原因，最后是提出处理措施。水泵常见故障现象、可能原因及处理措施见表2-6；一是对事故的分析及处理要有“优先权”观念，对那些危及人身安全及设备安全的事故应作紧急处理，如水冷式大容量电动机冷却水中断时应紧急停车，电机缺相运行时应紧急停机，低压电动机供电电压降低15%时应紧急停车。

水泵常见故障现象、原因及处理措施 **表2-6**

故障现象	可能原因	处理措施
起动后水泵不输水	1. 吸水管路不严密，有空气漏入	1. 检查吸水管路
	2. 泵内未灌满水，有空气存在	2. 重新灌水，开起放气门
	3. 水封水管堵塞，有空气漏入	3. 检查和清洗水封水管
	4. 安装高度太高	4. 提高吸水池水位或降低水泵和水井水面间的距离
	5. 电动机转速不够	5. 检查电源电压和周波是否降低
	6. 电动机旋转方向相反	6. 改换接线
	7. 叶轮及出水口堵塞	7. 检查和清洗叶轮及出水管
运行中电量减小	1. 转速降低	1. 检查原动机及电源
	2. 安装高度增加	2. 检查吸水管路，吸水面
	3. 空气漏入吸水管或经填料箱进入泵内	3. 检查管路及填料箱的严密性，压紧和更换填料
	4. 吸水管路和压水管路阻力增加	4. 检查阀门及管路中可能堵塞之处或管路过小
	5. 叶轮堵塞	5. 检查和清洗叶轮

续表

故障现象	可能原因	处理措施
运行中电量减小	6. 叶轮的损坏和密封环的磨损 7. 进口滤网堵塞 8. 吸水管插入吸水池深度不够，带空气入泵	6. 清扫过滤网 7. 降低吸水管端的位置
运行中压头降低	1. 转速降低 2. 水中含有空气 3. 压水管损坏 4. 叶轮损坏和密封磨损	1. 检查原动机及电源 2. 检查吸水管路和填料箱的严密性，压紧和更换填料 3. 关小压力管阀门，并检查压水管路 4. 拆开修理，必要时更换
原动机过热	1. 转速高于额定转速 2. 水泵流量大于许可流量 3. 原动机或水泵发生机械磨损 4. 水泵装配不良，转动部件与静止部件发生摩擦或卡住 5. 三相电动机有一相保险丝烧断或电动机三相电流不平衡	1. 检查原动机及电源 2. 关小压水管上阀门 3. 检查原动机和水泵 4. 停泵，用手转动，找出摩擦和卡住的部位，然后加以修理或调整 5. 更换保险丝或检修电动机
水泵机组发生振动和噪声	1. 装置不当(水泵与电动机转子中心不对，或联轴器结合不良，水泵转子不平衡) 2. 叶轮局部堵塞 3. 个别零件机械损坏(泵轴弯曲，转动部件卡住、轴承磨损) 4. 吸水管和压水管的固定装置松动 5. 安装高度太高，发生汽蚀现象 6. 地脚螺栓松动或基础不牢固	1. 检查机组联轴器和中心以及叶轮 2. 检查和清洗叶轮 3. 更换零件 4. 扭紧固定装置 5. 停用水泵，采取措施以减小安装高度 6. 拧紧地脚螺栓，如果基础不牢固，可加固或修理
轴承发热	1. 轴瓦接触不良或间隙不适当 2. 轴承磨损或松动 3. 油环转动不灵活，油量太少或供油中断 4. 油质不良或油内混有杂物 5. 转子中心不正，轴弯曲 6. 轴承尺寸不够	1. 进行检修校核 2. 仔细检查，进行修理和调整 3. 检查或更换油环，使润滑系统畅通 4. 更换油质，或将油滤过处理，清洗轴承和油室 5. 进行校正或更换轴 6. 改装轴承
填料发热	1. 填料压得太紧或四周紧度不均 2. 轴和填料环及压盖的径向间隙太小 3. 密封水断绝或不足	1. 放松填料压盖，调整好四周间隙 2. 调整好径向间隙 3. 检查密封水管是否堵塞，密封环与水管是否对准
管路发生水击	水泵或管路中存有空气	放出空气，消除积聚空气的原因

2. 离心风机的使用与维护

(1) 风机的启动

启动前应做以下的检查与准备工作：

1) 关闭进风调节门，稍开出风调节门。

2) 检查联轴器是否安装牢靠，间隙尺寸是否符合要求，所有紧固件是否固紧。

3) 盘车时，转动部件不允许有碰接、摩擦声、卡涩现象。

4) 检查轴承润滑油的油质、油量是否符合要求，冷却水供给是否正常。

5) 送电前检查电机绝缘电阻（电机停止运行1～2周以上时）是否合格，送电后检查仪表是否正常。

以上工作完成后，可启动风机。机组在启动过程中应密切监视机组的运行情况，如发现有剧烈振动、很强的噪声，应立即停机并查明原因。风机达到正常转速后，应逐渐开大进风调节门，调大出风调节门，到需要的负荷为止。

（2）风机的运行

风机的运行，原则上与水泵运行一样，应进行监盘、巡检、抄表工作。这里介绍巡回检查的主要内容：

1）风机初次运行或大修后运行，应先进行试运转（跑合）。过程为：风机启动运行1～2h后，停车检查紧固件是否有松动、轴承及其它部件是否正常，之后再运行6～8h。如情况正常，即可交付运行。

2）监督风机轴承的润滑油、冷却水是否畅通、轴承温度或温升是否正常，电机温升是否正常，风量和风压、电机电流等是否正常。

3）密切注意风机在运行中的振动情况，及噪声、擦碰、敲击声。

4）运行中应严格控制风机进口温度。如果所输送气体温度变化很大时，应按换算公式进行换算，以免电机过载。

（3）停机

停机前关闭进风调节门，关小出风调节门，然后按操作规程停止电动机。停机后，停供轴承冷却水。

（4）定期检查与维护

1）风机累计运行3～6个月，进行一次轴承检查。主要检查轴承运动表面接触情况及配合的松紧度。

2）风机累计运行3～6个月，更换一次润滑脂（黄油、二硫化钼等），加注时以注满轴承空间的2/3为宜。

3）对备用风机或停车时间过长的风机，应定期将转子旋转180°，以免轴弯曲。

4）风机应定期检修，清除壳内的灰尘及污垢等。

（5）故障诊断及处理

风机在运行中出现的故障可分为性能上的故障和机械上的故障。现将风机常见故障、可能原因及相应的处理措施列于表2-7。

风机在运行中遇到下列情况时应紧急停机：

1）轴承温升超过70℃；

2）电动机周围有焦味；

3）冷却水中断；

4）发生剧烈振动或较大的擦碰声；

5）电机缺相或供电电压下降超过15％。

风机常见故障现象、可能原因及处理措施 表2-7

故障现象	可能原因	处理措施
压力过高 排出流量减小	1. 气体温度过低或气体所含固体杂质增加，使气体比重增大 2. 出风管道和调节挡板被尘土等杂物堵塞	1. 测定气体比重，消除比重增大的原因 2. 开大出风调节门，或进行清扫

续表

故障现象	可能原因	处理措施
压力过高 排出流量减小	3. 进风管道和调节挡板或网罩被杂物堵塞 4. 出风管道破裂、或管道法兰不严密 5. 叶轮的叶片严重磨损	3. 开大进风调节门，或进行清扫 4. 焊接裂口，或更换管道法兰垫片 5. 更换叶片或叶轮
压力过低 排出流量增大	1. 气体温度过高使气体比重减小 2. 进风管道破裂，或管道法兰不严	1. 测定气体比重，消除比重减小的原因 2. 焊接裂口，或更换法兰垫片
逆风系统调节失灵	1. 测压表和真空表失灵、调节门卡住或失灵 2. 由于流量减小太多，或管道堵塞引起流量急剧减小，使风机在不稳定区工作	1. 修理或更换测压表和真空表、修复调节门 2. 确系需要量减小时应打开旁路门或降低转速，如系管道堵塞，应进行清扫
叶轮损坏或变形	1. 叶片表面腐蚀或磨损 2. 叶轮变形后歪斜过大，使叶轮径向跳动或端面跳动过大	1. 如系个别损坏，可以修理或者更换个别叶片，如系过半损坏，应换叶轮 2. 卸下叶轮，用铁锤矫正，或将叶轮平放，压轮盘某侧边缘
机壳过热	在调节门关闭情况下风机运转时间过长	停车冷却或打开调节门降温
轴承过热	1. 轴瓦刮研不良或接触不良 2. 轴瓦表面出现裂纹、破损、夹杂、擦伤、剥落、熔化、磨纹及脱壳等缺陷 3. 轴承与轴的安装位置不正，使轴衬磨损 4. 轴承与轴承箱孔之间的过盈太小或有间隙而松动，或轴承箱螺栓过紧或过松 5. 滚动轴承损坏、轴承保护架与机件碰撞 6. 润滑油脂质量不良、变质，或杂质过多 7. 润滑油含有过多的水分或抗乳化度较差	1. 重新刮研轴瓦或找正 2. 重新浇注轴瓦进行焊补 3. 重新找正 4. 调整轴承与轴承箱孔间的垫片，和轴承箱盖与座之间的垫片 5. 修理或更换滚动轴承 6. 更换润滑油或润滑油脂 7. 更换润滑油，并消除冷却器漏水故障
风机振动	1. 叶片不对称，或部分叶片腐蚀或磨损严重 2. 叶片上附有不均匀附着物如铁锈、积灰等 3. 风机在不稳定区运行，或负荷急剧变化 4. 双吸风机的两侧进风量不等（由于管道堵塞或两侧进风口挡板调整不对称） 5. 联轴器安装未找正 6. 轴衬或轴颈磨损使间隙过大，轴衬与轴承箱之间的预紧力过小或有间隙而松动 7. 转子的叶轮，联轴器与轴松动 8. 联轴器的螺栓松动，滚动轴承的固定螺母松动 9. 基础浇灌不良，地脚螺母松动，垫片松动 10. 基础或基座刚度不够，促使转子的不平衡度引起剧烈的强烈共振动 11. 风道未留膨胀余地，与风机连接处的管道未加支撑或安装和固定不良 12. 叶轮歪斜与机壳内壁相碰，或机壳刚度不够，左右晃动 13. 叶轮歪斜与集流器相碰	1. 更换坏的叶片或叶轮，再找平衡 2. 清扫和擦净叶片上的附着物 3. 开大调节门或旁路门 4. 清扫进风管道灰尘，并调整挡板使两侧进风口负压相等 5. 调整或重新找正 6. 补焊轴衬合金，调整垫片，或刮研轴承箱中分面 7. 修理轴和叶轮，重新配键 8. 拧紧螺母 9. 查明原因后，给以适当修补和加固、拧紧螺母，填充间隙 10. 处理方法与1相同 11. 进行调整和修理，加装支撑装置 12. 修理叶轮 13. 修理叶轮和集流器

习题与思考题

1. 离心泵装置的工作扬程和设计扬程如何计算？

2. 什么是水泵（风机）装置的管道系统特性曲线？它与哪些因素有关？

3. 泵与风机运行时，工况点如何确定？

4. 求解工况点时等值折算概念的具体内容是什么？

5. 什么是水泵装置的工况调节？工况调节的基本途径和方法有哪些？

6. 给水工程中常用的变速调节方式有哪几种？简述它们的工作原理及优缺点。

7. 水泵并联运行有什么优点？

8. 扬程利用率是如何定义的？对工艺设计选泵时有何启示？

9. 简述卧式、立式离心泵机组安装的步骤与方法？

10. 离心泵、风机启动前要做哪些准备工作？运行中要做哪些工作？停机时要做哪些工作？故障处理的程序是怎样的？哪些情况下必须紧急停机？

11. 三台水泵的吸入装置如图 2-37 所示。(*a*) 敞开式、(*b*) 密封水箱、(*c*) 密封水箱，三台泵的泵轴线在同一高程上。若要使 $H_{SS(a)}=H_{SS(b)}=H_{SS(c)}$，则图 2-37 中的 H_b＝？(m)、p_c＝？ata。(设图中均为绝对压力，工程大气压)。

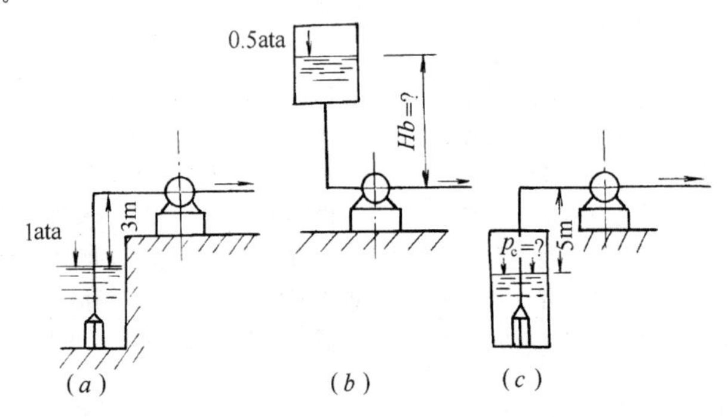

图 2-37　三种抽水装置

12. 某取水泵站从水库中取水，输送到水厂的进水塔（水塔为敞开式）。

已知：水泵流量 $Q=1800m^3/h$，吸、压水管路均为铸铁，吸水管 $l_S=15.5m$，$DN_a=500mm$，压水管 $l_D=450m$，$DN_d=400mm$。局部水头损失暂按沿程水头损失的 20% 计算。水库设计水位为 76.83m，水塔最高水位为 89.45m，水泵轴线高程 78.83m。设水泵效率在 $Q=1800m^3/h$ 时为 75%。

试求：

(1) 水泵吸入口处真空表的读为多少 mH_2O？真空度（%）为多少？（假定 $H_a=10mH_2O$）

(2) 水泵工作时的总扬程为多少？

(3) 水泵的轴功率为多少？

13. 某取水泵站，设置 20Sh-28 型泵 3 台（两用 1 备）。

已知：吸水井设计水位 11.40m，水厂内混合井设计水位 20.30m，吸水管道阻力系数 $S_1=1.04s^2/m^5$，压水管道阻力系数 $S_2=3.78s^2/m^5$。装置示意见图 2-38。

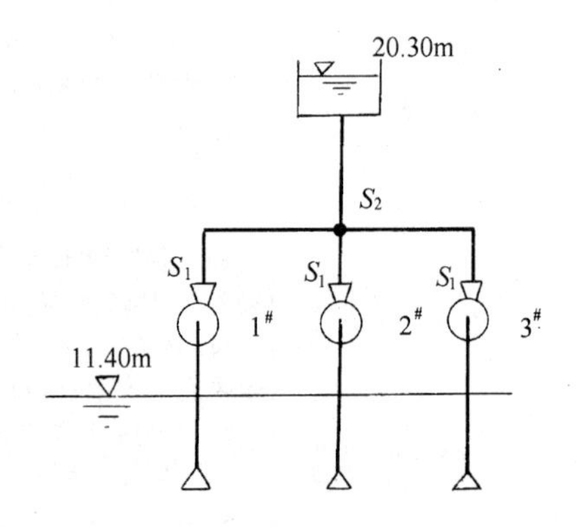

图 2-38　题 13 示意图

试用图解法和数解法求水泵工作时的参数。

14. 某循环泵站，夏季为 1 台 12Sh-19 型水泵工作，已知管道阻力系数为 $S=226s^2/m^5$，水泵工作时静扬程 $H_{ST}=14.2m$。

到了冬季用水量减少13%。为了节电，拟采用变速调节，当静扬程不变时水泵的转速应降至多少？（r/min）当水泵转速降至1350r/min时，绘制此转速下水泵的特性曲线，并求此时的流量。（已知$n_e=1450$r/min）

15. 某泵站，选用2台6Sh-9型水泵并联工作，水泵叶轮外径$D_2=200$mm。不考虑管道布置是否对称，吸水管道$S_1=S_2=100s^2/m^5$。并联节点后的管道阻力系数$S_3=1850s^2/m^5$，静扬程$H_{ST}=38.6$m。

求：

（1）泵站的供水量Q，并联单泵的工作参数。

（2）当泵站流量减少7%、拟用变径调节时叶轮的切削量。

（3）绘制叶轮切削后水泵的扬程特性曲线。

第三章　给　水　泵　站

给水泵站是城市给水系统的重要组成部分，犹如人体的心脏。本章从泵站工艺设计和运行管理角度重点介绍水泵选择、站房布置，一般介绍辅助设备，如计量、充水、起重、排水、通风、采暖、泵站电气、水锤及噪声防治。

第一节　泵站分类及特点

给水泵站可按不同观点分类。按机组相对于地面的位置，可分为地面式、地下式、半地下式三类泵站；按灌泵方式，可分为自灌式、抽吸式两类泵站；按操纵方式，可分为手动（按钮控制）、半自动、全自动、遥控四类泵站；按在系统中的作用，可分为取水（又称一级）、送水（又称二级、清水）、加压、循环四类泵站。后者是给水工程中常见的分类。

一、取水泵站

地面水取水泵站，将水源水送至净水厂的混合井。这类泵站一般由吸水井、泵房（包括辅助间）、切换井（闸阀井）组成。典型工艺流程如图 3-1 所示。

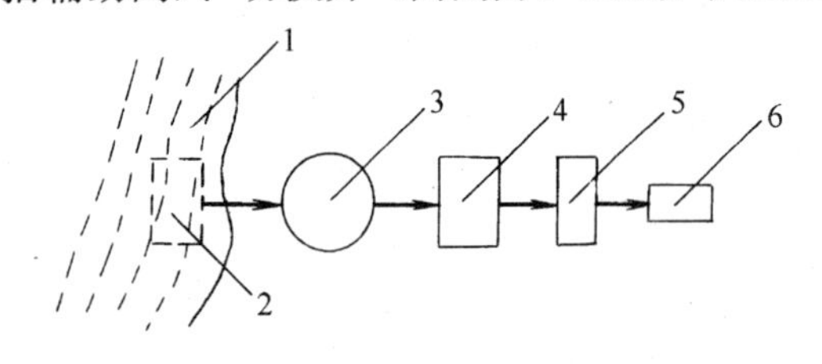

图 3-1　地面式取水泵站工艺流程
1—水体；2—取水头部；3—吸水井；4—取水泵房；5—切换井；6—净水构筑物

这种泵站一般为临河、湖、水库岸边建站，因而站址的水文、工程地质，航运、航道等的情况，决定了泵房的埋深、结构形式、施工方法、工程造价等。其基本特点是：泵房埋深很深，往往建成地下式；常与进水构筑物合建。至于它的土建特点将在本章的后续节次中介绍。

地下水取水泵站，当水源水质符合饮用水卫生标准时，可直接送至用户（包括工业用水用户），或输送到集水池后再由送水泵站送至用户。

二、送水泵站

送水泵站将清水池的水送至管网，工艺流程如图 3-2 所示。图 3-2 为分离式吸水井。当泵房离清水池很近时，可采用池内式吸水井。为便于清水池、吸水井的清洗与维修，常设计成图 3-3 所示的形式。

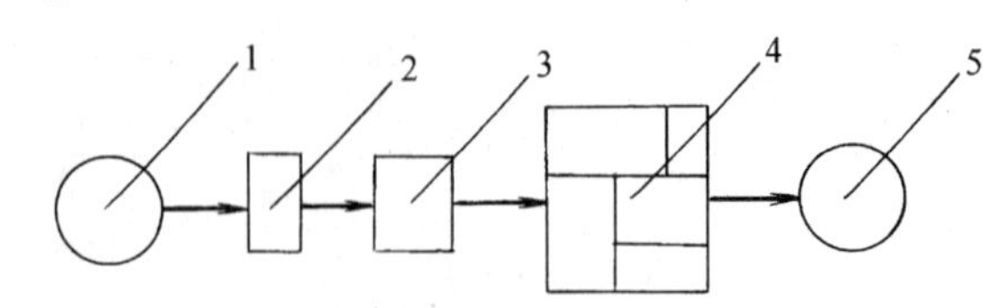

图 3-2　送水泵站工艺流程
1—清水池；2—吸水井；3—送水泵站；4—管网；5—高位水池或水塔

这种泵站的基本特点是：常建在水厂内，埋深浅，通常建成地面式或半地下式；为调节泵站出水量设置的机组较多或兼有调速机组，其泵房面积较大，运行管理较为复杂。

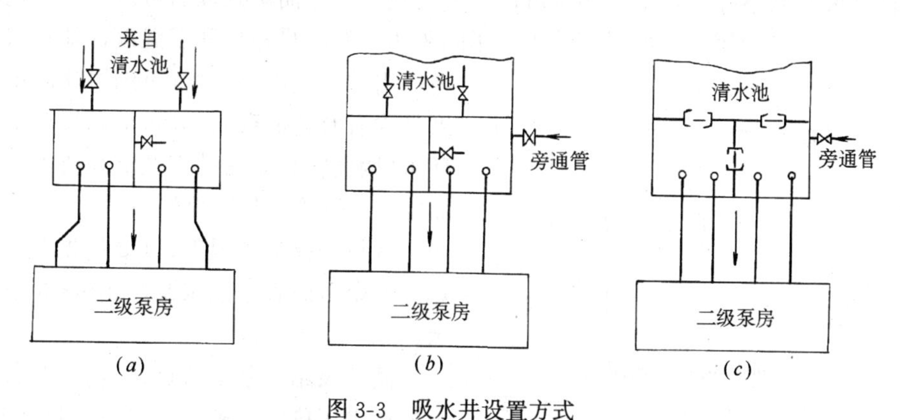

图 3-3　吸水井设置方式

（a）分离式吸水井；（b）池内式吸水井；（c）池内式吸水井

三、加压泵站

城市给水管网中，可能输配水管线很长，或供水对象所在地的地面高程大。如果采用统一给水方式，势必提高整个管网的供水压力，这对我国低压制供水来说更为不利，既造成电能的巨大浪费，又使爆管、卫生洁具损坏的可能性增加，还使漏损量增大。因此，有时采用分区分压供水是非常必要的，即在低压制输水管道的个别地段或地面高程高的供水对象处设置加压泵站，满足管网末端或高程大地区的用户对水量和水压的要求，又不使整个系统的压力过高。这种设置比较典型的要属上海市的给水系统，它设有 25 个加压泵站，加上速度调节等措施，使全公司平均电耗降为 210kWh/1000m^3，远低于全国平均水平 340kWh/1000m^3。

加压泵站有串联加压与水库加压两种供水方式，其典型工艺流程如图 3-4 所示。

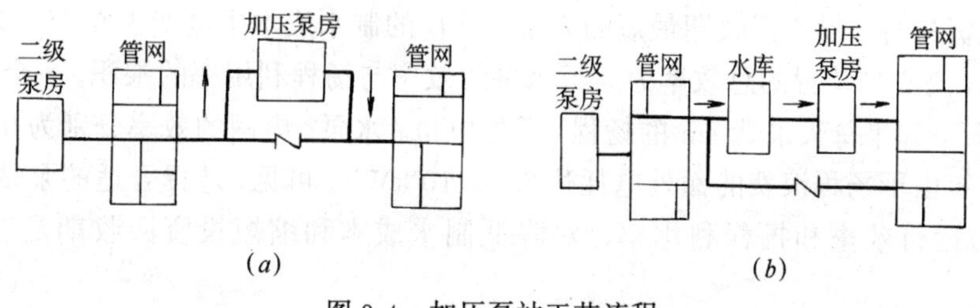

图 3-4　加压泵站工艺流程

（a）串联加压；（b）水库加压

串联加压泵站运行时，二级泵站必须同步工作。泵站直接从输水管（或配水管网）中抽水。可用于远离水厂的长距离输水管的中途增压、高地势用水区的增压；水库加压泵站，又称调节泵站，是由二级泵站送水至远离水厂、接近需加压管网起始端的清水池（水库），再由加压泵站将水输入管网内。水库泵站供水方式有两个明显的优点：一是城市用水负荷可利用水库调节，使二级泵站能比较均匀地工作，有利于调度；一使二级泵站供水时变化系数降低，出水厂输水干管管径可减少。当输水干管越长时经济性愈好。

四、循环泵站

由于企业生产工艺的需要，可能要提供生产用水。生产工艺不同，对生产用水的要求也不相同。大多数情况下，生产用水可以循环使用，或经简单处理后可以回用，这时应设置循环泵站，以节约用水。可回用的生产车间废水，有的只是提高了温度，如蒸汽透平发电机组的冷凝器循环水，有的可能既提高了温度又含有有害的杂质，如核电站反应堆芯主循环水。因而循环泵站的工艺流程要视具体情况而定。一般的工艺流程如图 3-5 所示。如果生产废水只是提高了温度，则要优先考虑利用废热水的余压而省去热水泵，如图 3-5 中虚线所示。

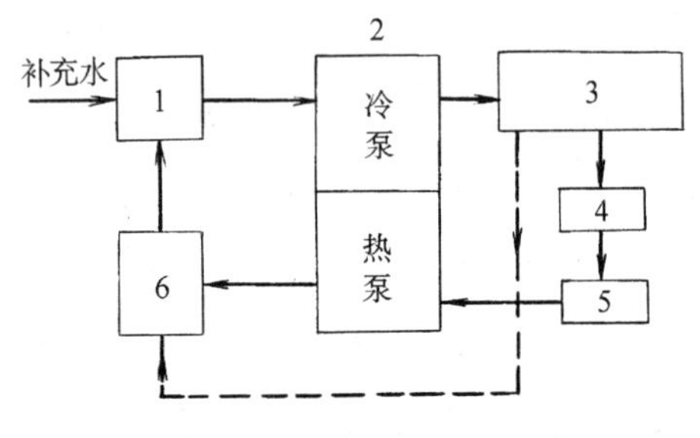

图 3-5　循环泵站工艺流程

1—集水池；2—循环泵站；3—生产车间；4—净水构筑物；5—热水井；6—冷却构筑物

循环泵站的基本特点是：供水对象要求的水量和水压稳定，若变化也主要随季节变化；供水安全性要求高，即要求水泵机组的备用率大，因而水泵（包括冷、热泵）的型号、规格、台数多；泵站常建在冷却构筑物或净水构筑物附近；水泵多采用自灌式工作，因而其泵房多为半地下式泵房。

第二节　水　泵　选　择

一、选泵基本原则

水泵选择是指决定泵站水泵的型号、规格和台数。选泵的主要依据是所需流量、扬程和它们的变化规律。正确选择水泵可以节省基建投资，节约能源，降低运行费用，提高社会效益与经济效益。

泵站的基建投资对给水工程的总投资是有很大影响的，一个最佳的选泵方案应该是泵站一次性投资最省、投资回收期最短的方案；水厂的制水成本中电费占 50%～70%。从运行原理可知，离心泵装置的总效率为运行水泵的效率与扬程利用率的乘积。一个日产水 $5\times10^4m^3$ 的水厂，如果每天浪费 1m 的扬程，考虑电机、水泵、电网的效率分别为 0.85、0.80、0.98 时，全年由于扬程浪费的额外电耗达 7.3×10^4kWh。可见，选择合适的泵站调节方式、提高水泵的运行效率和扬程利用率，对降低制水成本和缩短投资回收期是有关键作用的。

因此，选择水泵时应遵循下列基本原则：

1. 必须满足用户对水量和水压的要求，包括最大时用水量及所需扬程的要求，用水的安全可靠性要求；

2. 尽量降低工程造价和运行费用。这一原则可理解为尽量降低泵站一次性投资、减小泵站的扬程浪费、提高全年的权重效率、降低维修费用；

3. 便于安装、检修和运行管理；

4. 留有发展余地。

二、泵站设计流量和扬程

泵站的设计流量和扬程是指泵站的供水能力，应根据供水系统的具体情况确定。

1. 一级泵站

从地表水源取水输送到净水构筑物的取水泵站，为了减小取水构筑物、输水管路、净水构筑物的尺寸，节省投资，一般使泵站均匀工作，即取均匀供水方式。这时泵站的设计流量为：

$$Q_1=\alpha Q_d/T \quad (m^3/h) \tag{3-1}$$

式中 Q_1——取水泵站的供水量（m^3/h）；

Q_d——供水对象最高日用水量（m^3/d）；

T——一级泵站一天内工作小时数；

α——考虑管道漏损和净水构筑物自用水量的系数，一般取 $\alpha=1.05\sim1.10$。

取地下水送到集水池的取水泵站，如果水质符合饮用水水质标准，或经消毒后符合饮用水水质标准，则可省去净水构筑物。这时泵站设计流量为：

$$Q_1=\beta Q_d/T \quad (m^3/h) \tag{3-2}$$

式中 β——给水系统自用水系数，一般取 $\beta=1.01\sim1.02$；

其它符号意义同前。

取水泵站设计扬程应根据所采用的给水系统具体计算。当泵站送水至净水构筑物时，设计扬程为：

$$H=H_{ST}+\Sigma h_S+\Sigma h_d+H_C \quad (m) \tag{3-3}$$

式中 H_{ST}——静扬程，吸水井最低水位与净水厂混合井水面的高程差（m）；

Σh_S——吸水管路的水头损失（m）；

Σh_d——压水管路的水头损失（m）；

H_C——安全水头。一般取 $H_C=1\sim2m$。

2. 二级泵站

二级泵站直接向用户供水，用户用水量随机变化。泵站供水量应经济地跟踪用水量变化，这就要求泵站有相应的调节方式。调节方式不同，泵站的设计流量和扬程有所不同。目前，我国给水工程中泵站的调节方式有：

（1）水泵加用水量调节构筑物调节方式。它适用于中小城市给水系统。由于用水量不大，泵站采用均匀供水方式，水塔或高位水池调节出水量。这时，水塔的调节容积占全日用水量的比例较大，但绝对值不大，在经济上还是合算的。泵站的设计流量为最高日平均时用水量。

（2）泵站分级供水方式。我国大多数大中城市给水系统采用这种调节方式。由于用水量很大，多数采用多水源、无水塔、分散给水系统。泵站按逐日逐时用水量变化曲线供水，相对来说在技术上和经济上有一定的困难，一般按最高日逐时用水量变化曲线确定各时段中水泵的供水线，如最大时用水量段、最高日平均时用水量段、平均日平均时用水量段，每个用水量段采用不同的水泵并联组合供水。为减少调度和实际操作的工作量，分级以不超过四级为宜。这种调节方式的泵站设计流量为最高日最大时用水量。

（3）定速泵与调速泵并联供水方式。它适用于大中城市给水系统。这种供水方式可保证水泵在高效段运行和提高扬程利用率，只是调速设备价格较高、维护与管理技术要求高，在一定的程度上影响了它的推广应用。泵站的设计流量为最高日最大时用水量。

二级泵站的设计扬程，应根据给水管网中有无水塔及水塔在网中的位置，通过管网平差后确定，基本计算公式为：

$$H=H_{ST}'+\Sigma h+H_{sev}+H_{C} \tag{3-4}$$

式中 H——泵站所需扬程（m）；

H_{ST}'——吸水井最低水位与给水管网中控制点的地面高程差（m）；

Σh——吸水管起始端至控制点的管道总水头损失（m）；

H_{sev}——控制点所要求的最小自由水压（即服务水头）（m）；

H_{C}——安全水头（m）。

三、水泵选择

1．选择程序

（1）确定水泵型号。应根据泵站的设计流量和扬程、泵房的埋深等选择水泵型号，如：SA，S，ISO，HLB、HLQ 等。

（2）确定水泵台数。应根据用水量的变化的情况和选定的供水方式，设置一定数量的同种或大小搭配的水泵，组成多种并联组合，跟踪用水量变化。当采用均匀供水时，可选择几台相同规格的水泵；当采用分级、调速方式供水时，可选几台规格不同的水泵。为使配套的动力装置简化，有选择效率较高的大泵的可能和维修、调度方便，水泵的规格台数不宜过多。二级泵房确定水泵台数时，表 3-1 可供参考。

按水厂规模定水泵台数 **表 3-1**

水厂规模（万 m^3/d）	各泵流量比例（大泵：小泵）	水泵台数			
		工作泵	备用泵	总数	水泵组合数
1 以下	2：1	2	1	3	3
1～5	2：2：1	2～3	1	3～4	5（3 台工作泵时）
5～10	2：2：2：1	3～4	1	4～5	7（4 台工作泵时）
10～30	2.5：2.5：2.5：1：1	4～5	1	5～6	11（5 台工作泵时）

（3）确定水泵规格

确定了工作泵台数和流量比例后，可计算出各泵的出水量，在水泵出水量 Q 和泵站扬程 H 已知的情况下，可根据水泵的特性曲线选择水泵的规格，进而计算出水泵的效率和扬程利用率。要注意的是：根据泵站设计流量和扬程选定的水泵规格，满足最高日最大时用水量要求，然而一天中最大时用水量历时不长，一年中最高日用水量天数也不多，因此水泵在最大供水量工况点不必要求效率和扬程利用率达到最高，而应该使最高日平均时、平均日平均时用水量范围内水泵效率和扬程利用率达到最高。

2．备用泵设置

根据供水对象对供水可靠性的要求，选定一定数量的备用泵。不允许减小供水量时，按供水量的 100％设置备用泵，且要有可靠拖动动力；允许短时减少供水量时，备用泵只保证事故用水量，按供水量的 50％～70％设置备用泵；允许短时中断供水时：对高浊度水的取水泵房，按供水量的 30％～50％设置备用泵。对二级泵房，可设置 1～2 台与最大工作泵型号相同的备用泵。对于给水系统中有一定容量的高位水池或水塔时，要根据高位水池的调节容量和消防、事故用水的具体情况，确定是否需要设置备用泵，即使是不需设置备用泵，也要仓储一套机组。

3. 近期和远期的结合

水厂建设一般都要求留有发展余地，特别是土建困难的取水泵房。因此，在考虑近期工程时必须为远期扩建作出妥善安排，如预留扩建泵房的布置方案、泵房内预留机组位置、水泵换大泵、预留机组位置与小泵换大泵相结合等。换泵与预留机组位置是常用的设计方法。为了充分利用现有泵房和设备，选配的远期水泵不宜大于近期水泵中最大水泵的能力，不能小于近期水泵中最小的允许吸上真空高度。如果选配的远期水泵难以符合上述要求时，则泵房的建筑尺寸、起重设备等均须按远期的最大水泵的要求设计。

四、方案比较与校核

1. 方案比较

大中型泵站由于产水量大，选泵是否合理对基建投资、运行费用、维修管理等产生重大影响，因而要对初选出来的可行水泵组合方案进行比较，选择其中较优者。

【例 3-1】 某给水工程，管网设计给出资料：最高日最大时用水量 920L/s，时变化系数 $k_h=1.7$，日变化系数 $k_d=1.3$，最大时用水量相应的水头损失 11.5m；初步布置后，已知泵站吸水井最低水位至网中控制点地形高程差为 2m，至入网点输水管水头损失 1.5m，用水区建筑物为三层，试为该二级泵站选泵。

【解】

(1) 泵站的设计流量和扬程

选定分级供水方式，则设计流量 $Q=920$L/s。

预计泵房内部水头损失 $\Sigma h_{zr}=2$m，确定控制点的服务水头 $H_{sev}=16$m，取安全水头 $H_C=2$m，则最大时用水量泵站的设计扬程为：

$$
\begin{aligned}
H &= H_{ST}' + \Sigma h_{zr} + \Sigma h_x + \Sigma h_{ua} + H_{sev} + H_C \\
&= 2 + 2 + 1.5 + 11.6 + 16 + 2 \\
&\approx 35\text{m}
\end{aligned}
$$

(2) 选择水泵型号

选用单级双吸卧式离心泵，拟选 Sh 型泵。

(3) 确定工作泵台数

水厂供水量在 $5\sim10\times10^4\text{m}^3/\text{d}$ 范围内，以 3 台工作泵为宜。为调节流量方便，拟选大小泵搭配，流量分配以 2∶2∶1 为好。

(4) 确定水泵规格并算出出水量、扬程、效率和扬程利用率。

水泵规格的确定，既要满足供水方式对水量和水压的要求，又要使工作泵取得高效率和较高的扬程利用率。可根据水泵特性曲线参考如下方式操作：

1) 在 Sh 型水泵型谱图上作近似管道参考特性 ab（参图 3-6）。设管道特性 $H=H_{SV}+SQ^2$ 估算 $H_{ST}=H_{ST}'+H_{sev}+H_C=20$m，由最大用水量工况点，得 $S=1.77\times10^{-5}\text{s}^2/\text{m}^5$，可得到：$H=20+1.77\times10^{-5}Q^2$。取流量最大工况点 a（920，35），流量较小工况点 b（100，21），立点、联线。在分级供水方式下，与扬程线 35m、21m 线有交点及夹在两线间的水泵均可用于该给水系统，但从 a b 线跨越高效段的情况和大小泵流量比例看，12 Sh-13、14Sh-13、20Sh-13 较为合适。

2) 选泵方案

第 1 方案。2 台 12Sh-13+1 台 20Sh-13。因为扬程 35m 时，12Sh-13 出水量约为200L/s

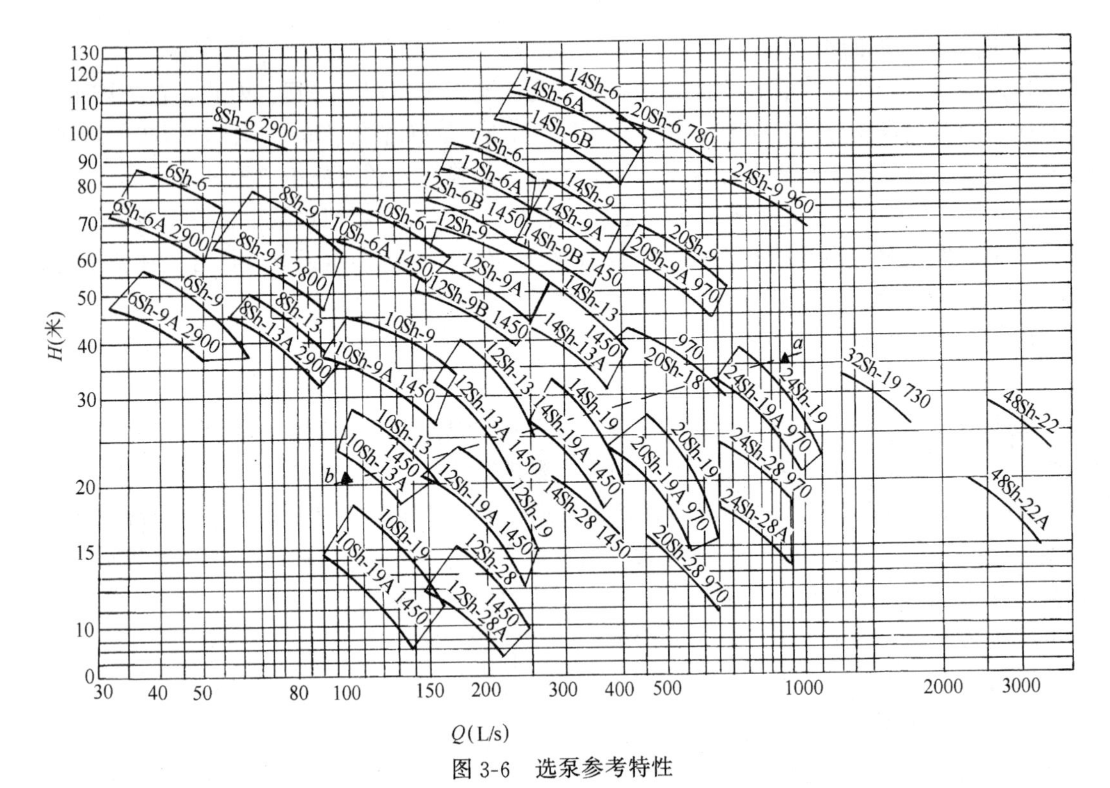

图 3-6　选泵参考特性

以下，20Sh-13 出水量约为 550L/s 以下，三者并联出水量约在 950L/s 以下，满足最大时用水量的要求和运行在高效段、扬程利用率较高的要求。当用水量降低时，可进行水泵并联组合（组合特性见图 3-7），同样能满足用水量变化的要求和水泵运行在高效区、扬程利用率较高的要求。

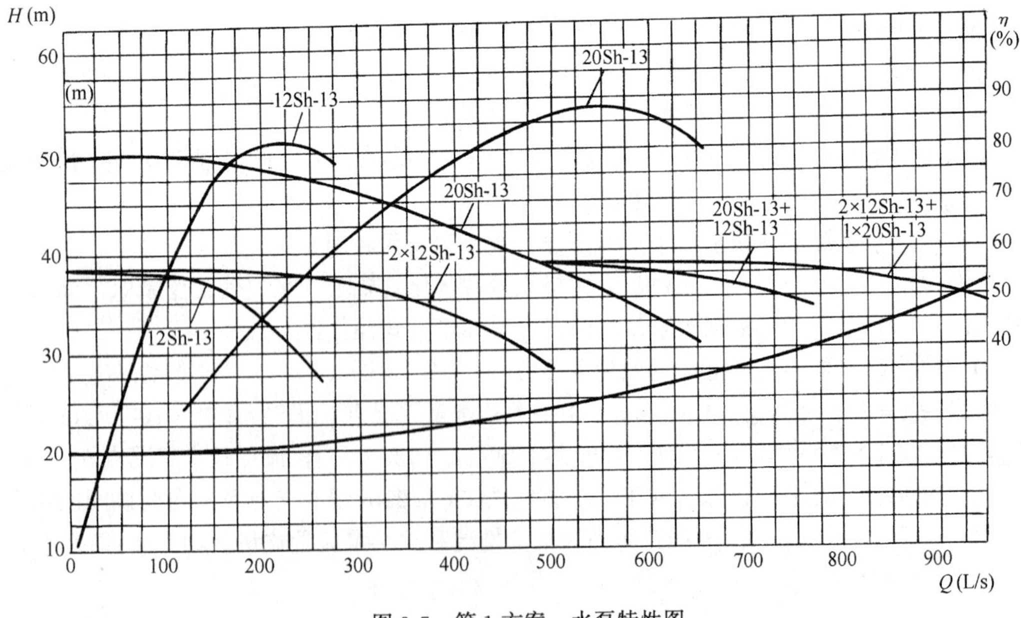

图 3-7　第 1 方案　水泵特性图

第 2 方案。1 台 14Sh-13＋1 台 14Sh-13A＋1 台 12Sh-13。因为扬程为 35m 时，它们的出水量分别为 410L/s、310L/s、200L/s 以下，三泵并联的总水量在 920L/s 以下。同样可进行水泵并联组合（组合特性见图 3-8）。该方案能满足用水量变化的要求和水泵运行在高效段、扬程利用率较高的要求。

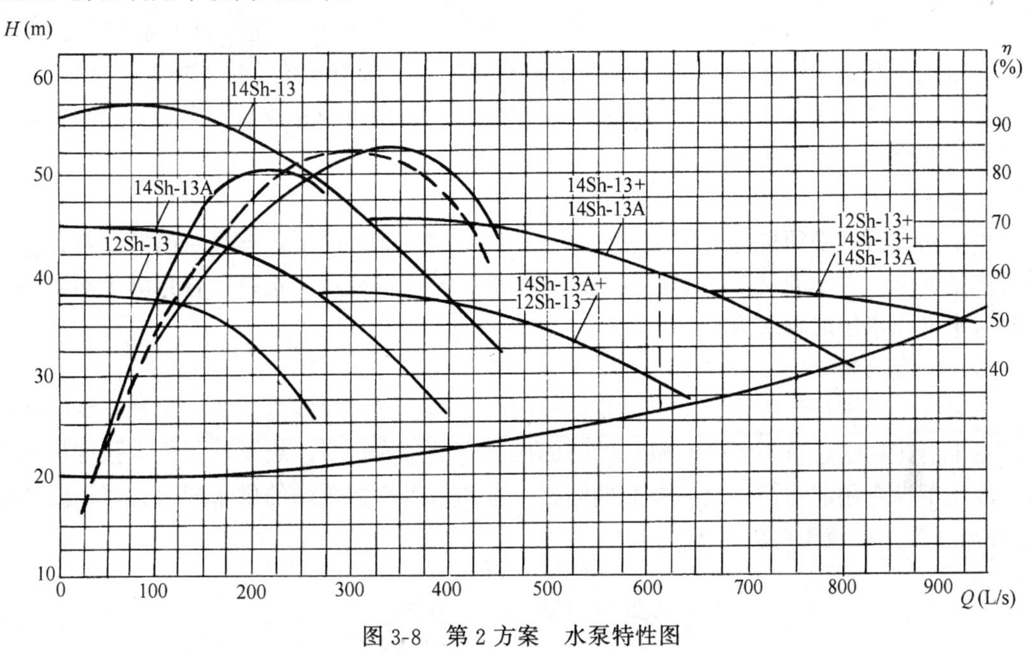

图 3-8　第 2 方案　水泵特性图

3）根据水泵并联特性计算出供水量、水泵效率和扬程利用率。当不考虑水源水位变化时，其计算值见表 3-2。

选 泵 方 案 比 较　　　　**表 3-2**

	用水量变化范围（L/s）	运行水泵型号及台数	水泵扬程（m）	所需扬程（m）	扬程利用率（%）	水泵效率（%）
第 1 方案 1 台 20Sh-13 2 台 12Sh-13	750～920	1×20Sh-13 2×12Sh-13	38～35	29.5～35	77～100	86～88 65～80
	650～750	1×20Sh-13 1×12Sh-13	37～35	27～29.5	73～84	88～87 74～81
	500～650	1×20Sh-13	38～30	24.5～27	64～90	87～82
	250～500	2×12Sh-13	37.5～27.5 5	21～24.5	56～89	67～81
	＜250	1×12Sh-13	～28	～21		～81
第 2 方案 1 台 14Sh-13 1 台 14Sh-13 1 台 12Sh-13	750～920	1×14Sh-13 1×14Sh-13A 1×12Sh-13	38～35	29.5～35	77～100	82～75 83～85 65～78
	610～750	1×14Sh-13 1×14Sh-13A	40～34	26.5～29.5	66～87	84～71 82～84
	400～610	1×146Sh-13A 1×12Sh-13	37.5～29	22.5～26.5	60～91	84～81 65～81
	250～400	1×14Sh-13A	39～26.5	21～22.5	54～85	83～75
	＜250	1×12Sh-13	～27.5	～21		～80

从出现频率较大的用水量变化范围 370～750 L/s（接近于平均日平均时用水量 416 L/s）来看，第 1 方案能量浪费较少，且同样三台工作泵而规格少了一种，故采用第 1 方案。需要说明的是选泵方案的评价指标项目不止这两项，这里只是一种粗略评价。

（5）方案复算

上面选出的方案是在假定站内水头损失的基础上得到的，还不能作为初选方案提出。在进行机组基础布置、管路设计后，按站内最不利管段计算管道系统特性，重新复核工况。若能满足用水量变化和水压要求，水泵运行在高效区、扬程利用率较高，则所选方案可作为初步方案提出。否则要重新选泵。

2. 校核

方案初选后，必须进行校核。校核是指在消防和事故情况下，核算泵站的流量和扬程是否满足要求。若不满足时，则需调整最不利管段的参数或重新选泵，直到满足消防和事故时对水量和水压的要求为止。

（1）一级泵站

一级泵站只进行消防校核。一级泵站消防任务是在规定时间内向清水池补充消防贮备水。由于消防用水总量不大，在较长的时间内补充贮备水，对一级泵站的供水强度增大不多，因此不设专用消防泵，只在补充期间投入备用泵以增加泵站的供水能力。当消防历时为 2h 时，备用泵流量应满足下式：

$$Q \geqslant \frac{2\alpha\left(Q_f + Q'\right) - 2Q_r}{t_f} \tag{3-5}$$

式中　Q_f——设计消防用水量（m^3/h）；

Q'——最高用水日连续最大 2h 平均用水量（m^3/h）；

Q_r——一级泵站正常运行时的流量（m^3/h）；

t_f——补充消防水的时间。其值为 24～48h，详见《建筑设计防火规范》；

α——设计净水厂的用水系数。

对于大中型泵站，供水量都很大，启动备用泵即能满足消防要求，可不校核。

（2）二级泵站

对二级泵站而言，消防是一种紧急情况。选用的水泵能否满足消防和事故时对流量和扬程的要求，要视管网中有无水塔及水塔在网中的位置、管网的形状、消防时的具体要求等，通过核算后才能确定。二级泵房可分下列情况校核：

1）消防时，按最大时生活、生产用水量（淋浴按 15％计算）加消防用水量核算；

2）最大转输时（只限于有网中水塔和对置水塔的情况），按最大转输流量核算；

3）最不利管段损坏时，按通过 70％设计流量（包括消防流量）核算。

一般而言，现今大中城市的用水量都比较大，我国采用低压制消防，火警时备用泵投入运行能满足消防要求，特别是有几个水厂的城市管网更不成问题，因而不必设置专用消防泵。但是小城镇水厂供水量小，火警时供水强度突然增大许多，因此必须校核泵站供水能力是否满足消防时对流量和水压的要求。如果不满足，应设置专用消防泵。

第三节　水泵机组的布置与基础

一、水泵机组的布置

水泵机组的布置是泵房布置的重要内容之一，因为它决定泵房的面积。机组的排列方式、机组间距的选取，应保证供水安全，安装与维护方便，管道短、顺直、管件少，并要考虑有扩建的余地。常用的机组排列方式有：

1. 纵向排列

纵向排列时各机组轴线平行，排列示意见图 3-9。

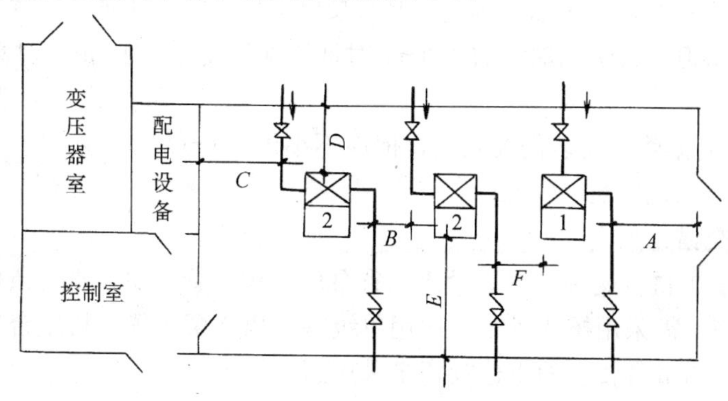

图 3-9　水泵机组纵向排列

1—IS 型泵；2—Sh 型泵

这种排列紧凑、电动机抽轴方便、建筑面积小，但泵房跨度较大、管件较多、水力条件较差、需用桥式吊车吊装。适用于 IS 型、Sh 等型水泵的混合布置，但更适用于 IS 型水泵的布置。如果泵房内兼有较多侧向进水出水的 Sh 型离心泵，则取这种布置不太合适。

机组之间各部分尺寸应符合下列要求：

(1) 泵房大门口要有足够的面积。要能容纳最大设备，并有操作余地。通常要求水管外壁至墙壁的距离 A 等于最大设备的宽度加 1m，但不小于 2m；

(2) 相邻水管之间应保证人员交通方便。净距 B 应大于 0.7m；

(3) 水管外壁与配电设备间应保证一定的安全操作距离 C。对低压配电 $C \nless 1.5$m，对高压配电 $C \nless 2.0$m；

(4) 水泵外形突出部分与墙壁的净距 D 要满足管道安装和检修水泵方便的要求。D 值不宜小于 1m。如果水泵外形不突出基础，则 D 值为基础至墙壁的距离；

(5) 电机外形突出部分与墙壁的净距 E 应保证检修电机转子时能顺利拆装。E 值通常为电机轴长加 0.3m，但应大于 1.5m；

(6) 水管外壁与邻近机组的突出部分净距 F 应不小于 0.7m。如果电机功率大于 55kW 时，$F \nless 1.0$m。

2. 横向排列

横向排列水泵轴线在一条直线上，排列示意见图 3-10。

这种排列泵房跨度小，进出水管顺直，水力条件好，吊装设备采用单轨吊车梁即可。但泵房较长，管件拆装不太方便。广泛应用于单级双吸离心泵（如 S 型）的布置。各部分尺

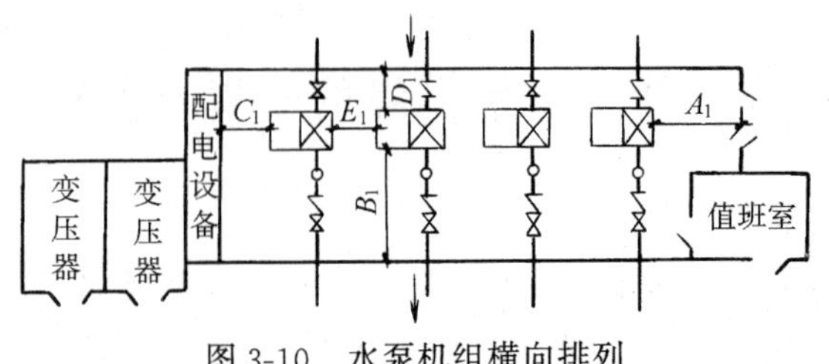

图 3-10　水泵机组横向排列

寸应符合下列要求：

(1) 净距 A_1 与纵向排列对 A 的要求相同；

(2) 净距 B_1 应按管件安装需要确定。但水泵出水侧为操作主通道，故不宜小于 3.0m；

(3) 净距 C_1 原则上为电机轴长加 0.3m，对低压配设备 $C_1 \nless 1.5$m，对高压配电设备 C_1 $\nless 2.0$m；

(4) 净距 D_1 应据管件安装需要确定，但应不小于 1.0m；

(5) 净距 E_1＝电机轴长＋0.3m。

3. 横向双行交错排列

排列示意见图 3-11。这种布置更紧凑，省泵房面积，管件少，水力条件好，但泵房跨度增大，较为拥挤，需采用桥式吊车。适用单级双吸离心泵布置。机组台数较多、要求沉井法施工的泵房，为节省较多的土建投资多采用这种布置。

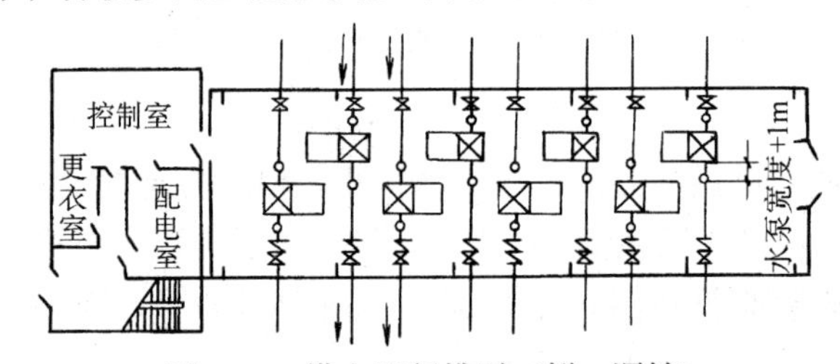

图 3-11　横向双行排列（倒，顺转）

各部分尺寸的要求，可参考横向单行排列的有关规定。要注意的是，从电机向水泵端看两行水泵的转向是相反的，订货时要加以说明，以便水泵生产厂家决定水泵伸轴的方向。

二、水泵基础

水泵基础是安装机组用的，其作用是固定和支撑机组。因而要求基础有足够的强度和一定的重量满足刚度要求。基础强度不够时，不能承受机组的静载与动载而出现开裂；重量太轻时容易发生机组振动。

卧式水泵均为块式基础。基础尺寸由水泵机组的安装尺寸确定。机组的安装尺寸可从水泵样本或有关设计手册中查得。

带底座的小型机组的基础尺寸：长度为底座长度加 0.2～0.3m；宽度为底座螺栓孔距加 0.3m；高度为地脚螺栓埋入深度加 0.1～0.15m。地脚螺栓埋入深度约为 $20d+4d$（d 为螺栓直径、$4d$ 为叉尾或弯钩高度）。

不带底座的大中型水泵机组的基础尺寸：长、宽取相应地脚螺栓孔间距的最大者加 0.4～0.6m；高度确定方法同上。

用上面方法确定的基础高度应根据重量要求复核，并要满足其它方面的要求。基础重量应为机组重量（泵加电机重量）的2.5～4.5倍。在已知基础平面尺寸、混凝土容重后，可求得基础需要的高度。设计高度应大于需要高度，且一般情况下基础高度应不小于0.5～0.7m；基础顶部应高出室内地坪0.1～0.2m；基础附近有管沟时，基础在地坪以下的深度不得小于管沟深度；基础的底应在地下水水位线以上，如有困难，应将泵房底板筑成连续浇铸的钢筋混凝土板，再将基础筑在底板上。此时可将底板的部分厚度计入基础高度。

为尽量不增大泵房面积，辅助泵基础可靠墙设置，泵房平面布置时只一边留过道。真空泵可置于托架上。

大型立式泵机组的水泵、电机基础分筑，设计原则与卧式泵基础大体相同。特殊之处在于计算机组重量和考虑基础强度时应计及下面的因素：对立式离心泵，从切线方向出水产生偏心力矩，靠水泵的自重不能平衡，以剪应力形式传给地脚螺栓；当闭阀启动时，产生的推力反作用于水泵，因而大功率立式机组的电机基础负载，除电机自重外，要加上水泵叶轮、传动轴重量和轴向拉力。其中轴向拉力比电机重力大得多。如沅江48I-20I型水泵（$Q=15000\text{m}^3/\text{h}$、$H=48.5\text{m}$、$\eta=93\%$、$N=2500\text{kW}$）配套电机JSL2500/12自重12t，轴向拉力却达35t。

第四节　管　道　设　计

管道设计是指决定站内工艺管道管径、管件设置、管线布置和管道敷设方式。设计范围一般是从吸水管进口端（吸水井内）到压水管的入网点止。可以想见，管道的正确设计对节省投资、保证泵站安全和经济地供水是有很大作用的。

一、吸水管路的基本要求与管路布置

1. 基本要求

对吸水管路的基本要求为：不漏气、不集气、不吸气；管路短、管件少；有正确的吸水条件；便于安装、运行管理。为满足这些基本要求，应采取如下措施：

（1）管材采用钢管或铸铁管。采用钢管时，接口可焊接、盘接，有效地减小了漏气的可能性，即使是发生了漏气修复也容易。

（2）吸水管线沿水流方向应有连续上升的坡度，且宜$i\geqslant 0.005$。吸水管线中的压强低于吸水井水面的压强，溶解于水中的气体会逸出。这种管道设置不致集气，不会形成气囊。气囊的存在降低了管道的过水能力，严重时会破坏真空吸水。

（3）装设偏心渐缩管。为减小吸水管段的水头损失，吸水管断面积一般大于水泵吸入口断面积。吸水管与水泵吸入口间的连接短管应采用偏心渐缩等（俗称偏心大小头），保持大小头的上部呈水平，以免在此处集气并使吸水线的最高点在水泵入口处的顶端。

（4）在吸水井中的吸水管末端要有一定的淹没深度、悬高和一定的间距。为防止池中产生旋流和漩涡破坏水泵的吸水条件（吸入空气），吸水管进口应遵守下列规定：淹深h（喇叭下缘在最低水位下的深度）不得小于0.5～1.0m（见图3-12（b））。当淹深不够时应加装水平挡板（见图3-12（c））；悬高h_1（喇叭口下缘至井底的距离）不小于$0.8D$（D为喇叭口直径，其值为1.3～1.5吸水管径）；喇叭外缘与井壁的距离L_1不小于$0.75\sim1.0D$，喇叭口之间距离L_2不小于$1.5\sim2.0D$。

（5）每台泵要有单独的吸水管。为保证正确的吸水条件，必须设法减小吸水管段的水

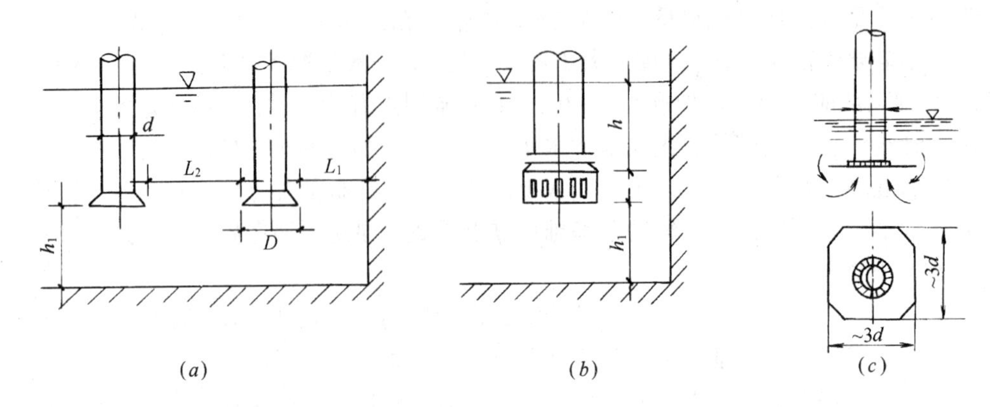

图 3-12　吸水管在吸水井中的位置及隔板

(*a*) 间距示意；(*b*) 淹深悬高示意；(*c*) 加装挡板示意

头损失，因而要求管路短、管件少，每台泵要有单独的吸水管。如果条件限制实在难以保证时，也应保证每台工作泵有一条吸水管。

(6) 设置隔离闸阀。水泵自灌式工作时（吸水井水面高于水泵轴线），应在吸水管路上设置隔离闸阀，以便水泵检修时断水。

(7) 底阀及滤网设置。为减小吸水管进口的水头损失和改善吸水井的水流状态，通常采用喇叭口进口。当水泵采用自灌式工作或非自灌式采用真空设备引水时，不设底阀。水泵用压水管的压力水灌泵时，应设底阀。当水中有较大的悬浮杂质时，喇叭口下面或底阀的下面应装设滤网（底阀一般带有滤网头）。

底阀是一种止回阀，型号较多，结构示意如图 3-13 所示。底阀的水流阻力大，阀板卡涩时阻力更大。底阀易卡涩、阀板胶垫易损，导致漏水，需常更换。城市给水工程中一般不设底阀。水下式底阀，检修不方便，现多采用水上式底阀。使用水上式底阀时，应保证底阀至水泵吸入口间的水平管段有足够的长度，以使充水启动时整个吸水管路有足够的真空值。

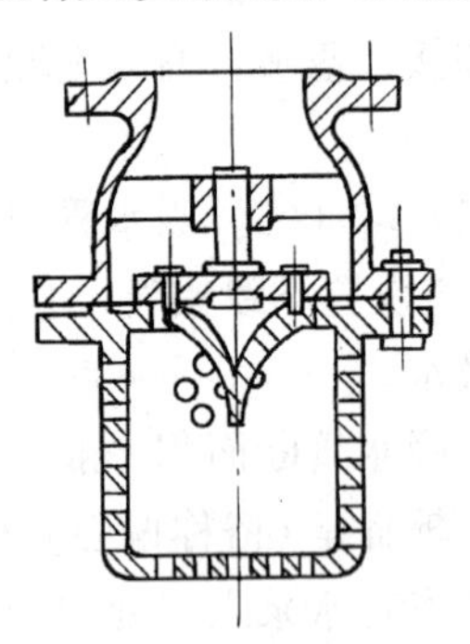

图 3-13*a*　铸铁底阀

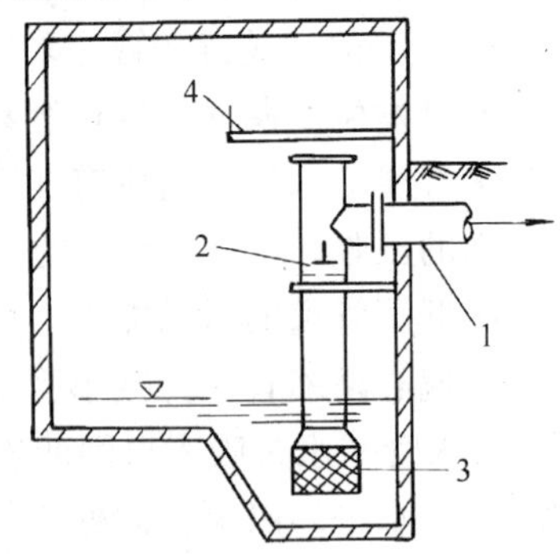

图 3-13*b*　水上式底阀

1—吸水管；2—底阀；3—滤罩；4—工作台

(8) 设计流速建议值，在过流量一定时，管径的大小取决于设计流速值。设计流速建议采用以下数值（设计规范）：$DN<250$mm 时，$v_J=1.0\sim1.2$m/s；$DN>250$mm 时，$v_J=1.2\sim1.6$m/s；如果吸水管路不长且吸水地形高度不大时，设计流速可适当加大，如自灌工作时可 $v_J=1.6\sim2.0$m/s。

2. 吸水管路布置

站内采用一台水泵一条吸水管，一般不采用吸水联络管。水泵自灌式工作时管路上需设置检修闸阀。图3-14为3台水泵（2用1备）非自灌式工作单独吸水管路的布置。如果有原因需减少吸水管条数，势必要设置吸水联络管和必需的闸阀，来保证每台工作台有一条吸水管路。图3-15为3台水泵（2用1备）自灌式工作公共吸水管路的布置。由图3-15可知，设置吸水联络管虽然缩短了管线的总长（3根改为2根），但增加了联络管和许多闸阀，经济上并不合算，而且还存在检修一个闸阀1时两台泵共用一条吸水管的可能。因而只适用于进水管线长又不能设置吸水井的情况。

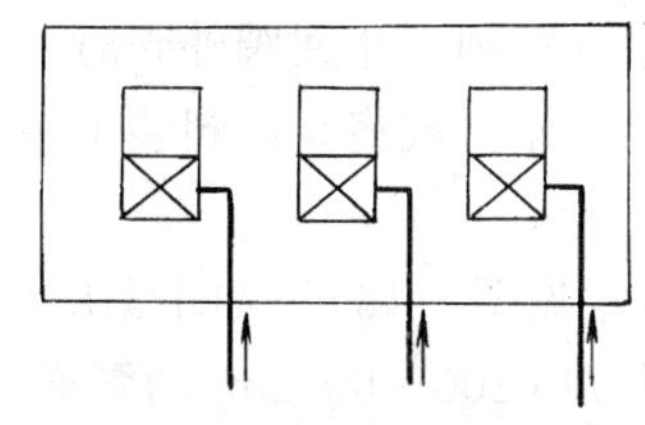
图3-14 单独吸水管路布置

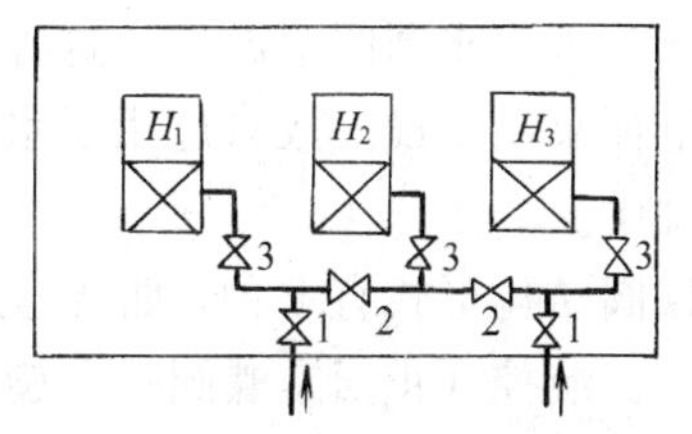

图3-15 公共吸水管路布置
1、2、3为隔离、切换闸阀

二、压水管路的基本要求与管路布置

1. 压水管路的基本要求

对压水管路的基本要求为：不漏水、不损管，管件少，供水安全，安装、检修方便。为满足这些要求，应采取如下措施：

（1）管材选用钢管。压水管路要承受一定的压力，发生水击时管路受压更大。要求管路不漏、不损时，一般采用钢管。

（2）适当位置设置伸缩接头或挠性接头。为了安装方便和防止管道、管件的自重、温差、安装等原因产生的应力传给水泵，应在压力管道的适当位置设置伸缩接头、挠性接头（常用的俗称为避震喉）以免损坏水泵和管道。伸缩接头形式有多种，图3-16为钢制柔性法兰伸缩器示意图。挠性接头形式也有多种，给水排水工程中常用的是单（双）球形避震喉。结构示意如图3-17所示。它是一个双法兰橡胶球形波纹短管，是在钢丝网骨架上覆以帘子布、橡胶经压合而成，既能承压又有一定伸缩性。据球形波纹数分为单球、双球两类。常装在水泵的进出口，此时的避震喉具有除应力和隔振的双重作用。

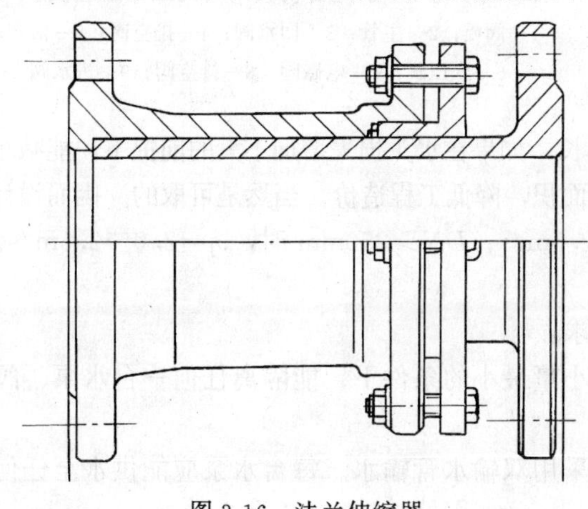
图3-16 法兰伸缩器

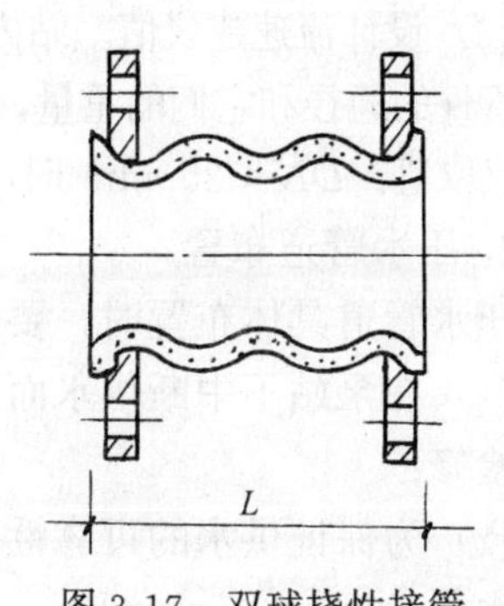

图3-17 双球挠性接管

（3）必要位置设置座墩、支墩、拉杆。如弯头、三通等处会形成推力，应视情况设置支墩或拉杆；水泵进出口闸阀等处应设座墩。

（4）必要时设置止回阀。在不允许水倒流的给水系统中，如井群给水系统、突然停电后无法立刻关闭出口阀的泵站、管道放空后抽真空困难的非自灌式工作泵站、多水源多泵站给水系统、倒流使管网可能出现负压的系统，压水管上应设置止回阀。具体设计时，应结合泵站停泵水锤防治一并考虑。

止回阀通常装于水泵与出水闸阀之间，便于检修易损的止回阀阀板时断水，也有利于水泵启动时止回阀的开启。这种装设的缺点是检修出水闸阀时压水管必须放空。因而也有将止回阀装于出水闸阀下游的。这种布置的缺点是停泵水锤损坏止回阀外壳时，水倒灌泵站，可能使泵站淹没。故只适用于水锤不严重的地面式泵站，或将止回阀装于泵房外的专设切换井中。

止回阀结构形式有多种，如普通旋启式止回阀（示意见图 3-18）、缓闭微阻止回阀、母子止回阀、液控（止回）蝶阀等。旋启式止回阀适用于 DN200～600mm 的管道。

（5）应设置必需的切换或隔离闸阀。水泵、管道、管件总有可能出现故障而需检修，为保证不中断供水和检修它们时的断水，压水管路上必须设置相应的切换或隔离闸阀。由于闸板两边存在压差，当 $DN>$400mm 时手动启闭困难，一般采用电动或水力自动闸阀。水力自动缓闭闸阀工作原理见图 3-19。

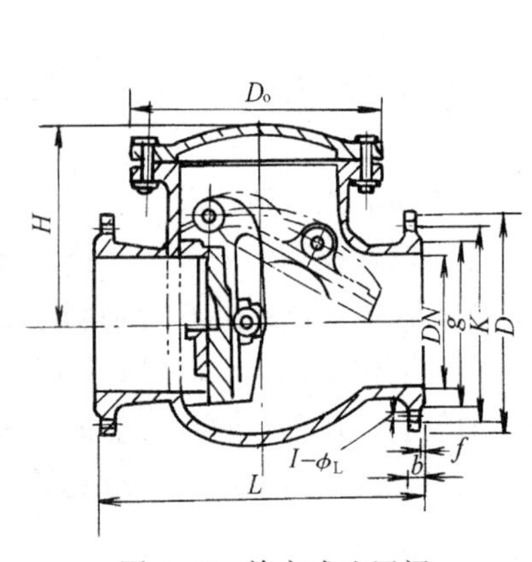

图 3-18　旋启式止回阀

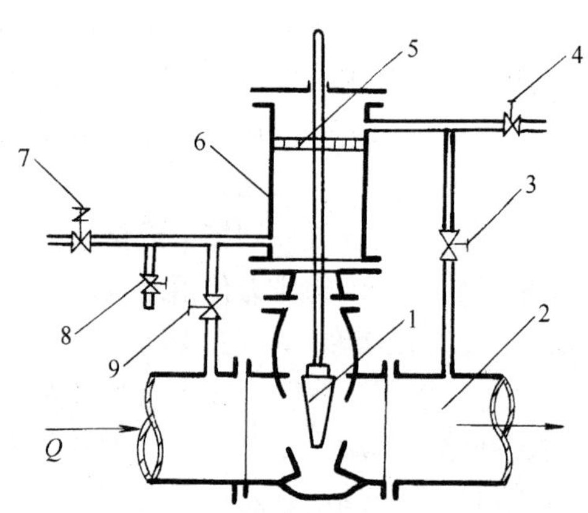

图 3-19　水力自动缓闭闸阀工作原理图

1—阀瓣；2—主管；3—回水阀；4—排空阀；5—活塞；6—水压缸；7—电磁阀；8—排空阀；9—进水阀

（6）设计流速建议值。站内压水管道不长，如果在水头损失增加不大的前提下，能减小管道、管件的通径和它们的重量，缩小泵房的面积，降低工程造价，当然是可取的。因而设计流速建议取值：$DN<$250mm 时，$v_J=1.5\sim2.5$m/s；$DN>$250mm 时，$v_J=2.0\sim2.5$m/s。

2. 压水管道布置

压水管道具体布置时，要满足下列要求：

（1）在泵站不中断供水而且出水量减小量最小的条件下，能隔离任何一台水泵、阀门以便检修；

（2）为保证供水的可靠性，泵站一般采用双输水管输水。每台水泵应能供水至任何一条输水管；

（3）在泵站范围内使压水管路的水头损失减至最小。

泵房内水泵台数在2～3台以上，一般情况下设置两条输水干管，一条联络管，若干阀门，以满足上述的要求。

图3-20为3台水泵（2用1备）压水管路布置图。水泵出口管、联络管、输水管上分别设置闸阀1、2、3。闸阀2为常开（要定期进行启闭试验）只有检修水泵或水管上闸阀时才关闭。由图3-20可知：正常时，任何一台水泵可向两条输水管供水；图（*a*）、（*c*）、（*d*）布置检修一个闸阀3时，该条输水管、一台水泵停用，2台水泵可向另一条输水管供水；检修一个闸阀2时，将停用一条输水管、2台水泵，只有一台水泵向另一条输水管供水；如果限定检修一个闸阀2时，仍要有2台水泵供水，则可在联络母管MN上设置双重闸阀，如图3-20（*b*）所示；如果地形或位置限制需要减小泵房跨度时，可把输水管布置为联络管方向，或把联络管及相应的闸门置于泵房外的管廊、地坪上或管道埋地阀门置切换井中，如图3-20（*c*）、（*d*）所示。

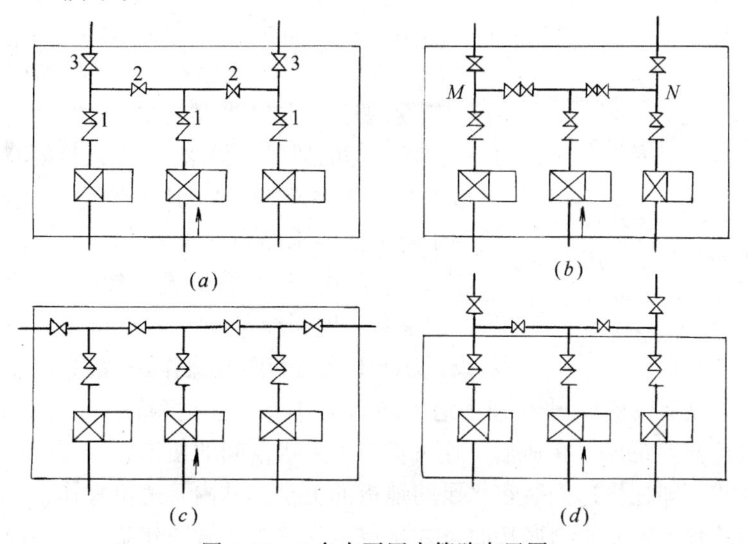

图3-20　3台水泵压水管路布置图

图3-21为4台水泵（3用1备）压水管路的布置图。联络管上如果只设一个闸阀。当此阀需检修时则整个泵站将停止工作，这是不合理的，因而设置了双重闸阀。

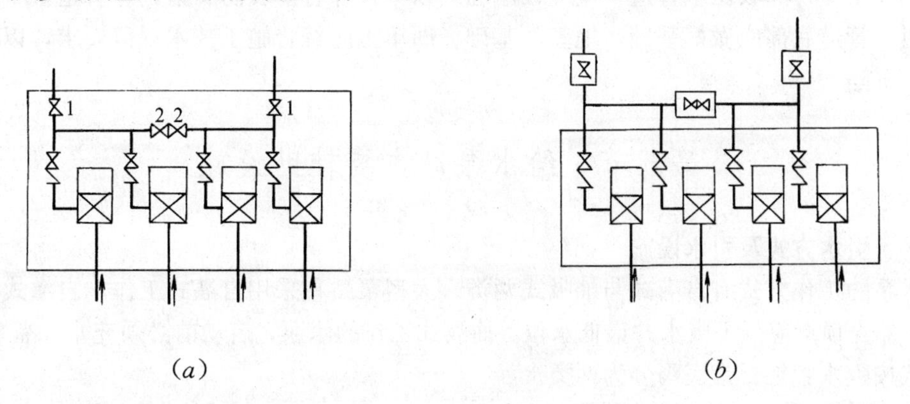

图3-21　4台水泵压水管路布置图

（*a*）4台水泵的压水管路布置；（*b*）联络管在站外的压水管路布置

三、管道敷设

吸压水管道的平、立面设计（敷设）应满足吸压水管路的基本要求。为此，敷设时应遵循一些规定：

1. 相互平行的管道外壁间距不小于0.4～0.5m，以便于管件的装、拆；

2. 必要位置（三通、弯头、泵进出口等）应设支墩、座墩、拉杆、伸缩接头、挠性接头，以免推力、应力传至水泵；

3. 管道的适当位置应设排水口、放气孔，便于运行时放气和检修时放空；

4. 站内管道不能直接埋地，应视情况选择如下的敷设方式：

（1）管槽式。即把管道置于砖或混凝土筑成的地沟中。地面式泵房或地下部分不深的泵房，广泛采用这种敷设。$DN<500$mm 的管道建议采用这种敷设；在机组台数不多于2～3台和管路不长时，$DN>500$mm 的管道也可敷设于地沟中。为便于检修和不妨碍交通，地沟上应有能承受设备负荷的活动盖板，沟断面应有一定的尺寸，沟底向集水坑应有一定的坡度（一般为0.01)。$DN>250$mm 的管道，不对称地敷设于地沟中，示意见图3-22。

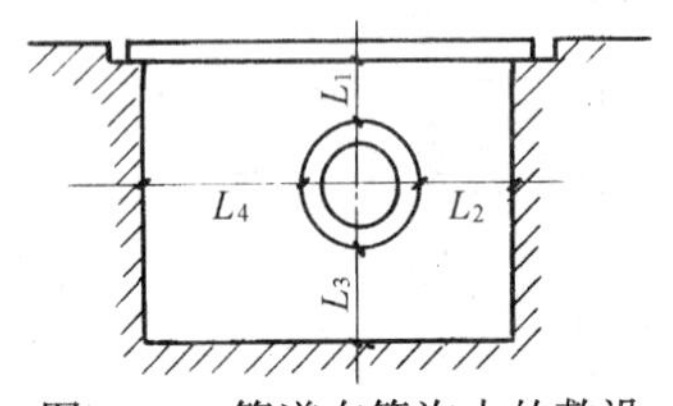

图3-22　管道在管沟中的敷设
$L_1 \nless 100～200$mm；　$L_2 \nless 350$mm；
$L_3 \nless 350$mm；　$L_4 \nless 450$mm

（2）夹层式。即把管道敷设于机器间下面的地下室中。专设的地下室应当是可通行的，空间高度不低于1.8m，有良好的通风及排水条件，顶板要有吊装孔并能承受最大设备的重量。显然，这种敷设方式土建造价高，只适用于有特殊要求的大型泵房。

（3）平台式。即把管道置于泵房的地板上。大中型泵房，如果泵房埋深较大、$DN>500$mm，一般都考虑这种敷设。为便于交通和阀的操作，一般在出水管一侧筑成平台或走道板（类似于栈桥）。平台或走道板的高度以能穿越（横跨越）管道为标准，边缘与水泵基础应保证安装距离，在适当位置设置能下到水泵间的便梯。

（4）架空式。即把管道安装在水泵间地板的上空。站内管道不宜作架空安装，只在地下式泵房出水总管与室外管道联接时，才架空出水总管。管道作架空安装时：管底与地面的距离不小于是1.8m；不能架设在电气设备的上空，以免漏水、结露影响电气设备的安全；应做好支柱或支架；管道和支架不得妨碍站内交通，不妨碍水泵机组的吊装与检修。

（5）泵房外的吸压水管道，应埋在冰冻线以下，并有防震防腐措施。管道位于施工基坑内时，管道底部应做好基础，地基、基础、回填土应符合施工技术规范要求，以免发生过大的沉陷。

第五节　给水泵站主要辅助设施

一、引水方式及引水设施

水泵的工作方式有自灌式与抽吸式两类。大型泵站宜采用自灌式工作，自灌式工作的水泵，外壳顶点应低于吸水井最低水位。抽吸式工作的水泵，启动前必须充水（灌泵），引水方式按吸水管是否带底阀分为两类。

1. 吸水管带有底阀引水

可用人工或压水管中压力水灌泵。人工灌泵时，水从泵顶引水孔灌入并及时排气。适用于临时性的小型水泵灌泵，压力水灌泵是利用给水系统的压力水倒灌入泵体，同时打开排气阀。适用于压水管内经常有水的水泵灌泵。

2. 吸水管不带底阀引水

吸水管不带底阀时只能真空引水。常用的抽真空设备有真空泵和水射器，真空泵引水应用极为普遍。

(1) 真空泵引水

目前，常用的为水环式真空泵，型号有S、SZ、SZB，其工作原理见图3-23。

基本结构：泵壳、叶轮、进气口、排气口。

工作原理：叶轮偏心地安装在泵壳内。启动前泵内充一定量的水，叶轮旋转后，由于离心力的作用水在泵腔内形成旋转水环。由于边界条件的约束，在图示旋转方向时，上部水环表面与轮毂相切，下部水环内表面脱离轮毂，在叶片间形成空腔。右半部沿旋转方向片间空腔逐渐增大，从吸入口吸入的空气压力逐渐降低；左半部片间空腔逐渐变小，空腔内的气体受到压缩，压力逐渐增大，最后从排气口排出。

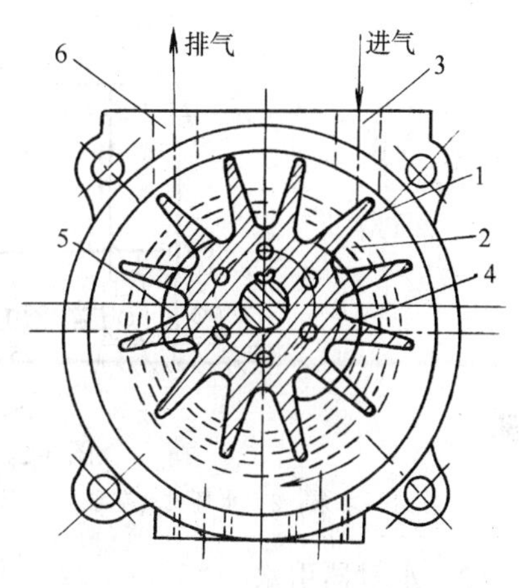

图3-23 水环式真空泵的工作原理
1—叶轮；2—旋转水环；3—进气管；4—进气口；5—排气口；6—排气管

选型计算：真空泵选择的依据为排气量Q_V及最大真空值H_{vmax}。

排气量Q_V可按下式计算：

$$Q_V=K\frac{(W_P+W_S)\ H_a}{T\ (H_a-H_{SS})}\qquad (m^3/h) \tag{3-6}$$

式中 Q_V——所选真空泵的排气量（m^3/h）；

W_P——泵站中最大一台水泵的壳内空气容积（m^3）。可用水泵吸入口的面积与吸入口至泵出口闸阀间距的乘积代替；

W_S——从吸水井最低水位算起的吸水管空腔容积（m^3）。一般从表3-3查得；

H_a——当地大气压相应的水柱高度（m）。一般取为10.33m（相当于0.1013MPa）；

H_{SS}——离心泵的安装高度（m）；

T——水泵引水时间（h）。一般小于5min，消防泵不超过3min；

K——漏气系数。取值范围1.05～1.10。

水管直径与空腔容积的关系　　表3-3

DN (mm)	100	125	150	200	250	300	350	400	450	500	600	700	800	900	1000
W_S (m^3/m)	0.008	0.012	0.018	0.031	0.071	0.092	0.096	0.120	0.154	0.196	0.282	0.385	0.503	0.636	0.785

最大真空值H_{vmax}可由吸水井最低水位到水泵最高点的垂直距离估算。如垂直距离为3.5m，则

$$\mathrm{mmHg} = 34.325\mathrm{kPa}H_{\mathrm{vmax}} = 3.5 \times \frac{760}{10.33} = 257.5$$

系统组成：系统由气水分离器、循环水箱、真空泵及相应的管道组成，如图 3-24 所示。气水分离器分离来自水泵的水和杂质，不使它们进入真空泵。若为清水泵站，可不设气水分离器。真空泵运行过程中有热量放出，如不及时导出，过大的温升可能损坏真空泵。因而运行中真空泵应有少量水循环，循环水箱的作用是维持真空泵水环所需的水量、释放循环水带来的热量。系统中设置 2 台真空泵（1 用 1 备），共用一套管路，管材为 $DN25 \sim 50$mm 的钢管。

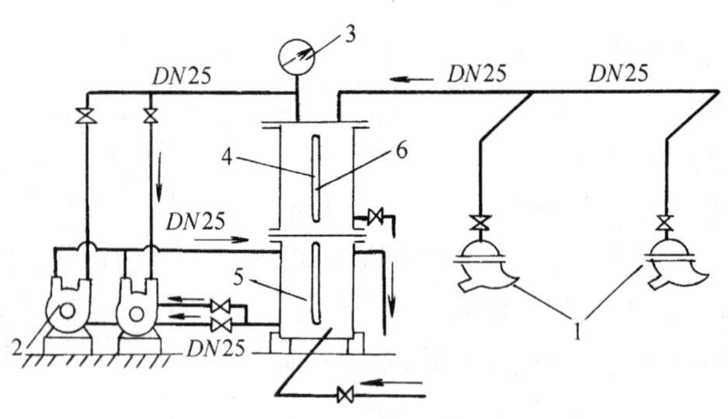

图 3-24　泵站内真空泵管路布置

1—水泵；2—水环式真空泵；3—真空表；4—气水分离器；5—循环水箱；6—玻璃水位计

（2）水射器引水

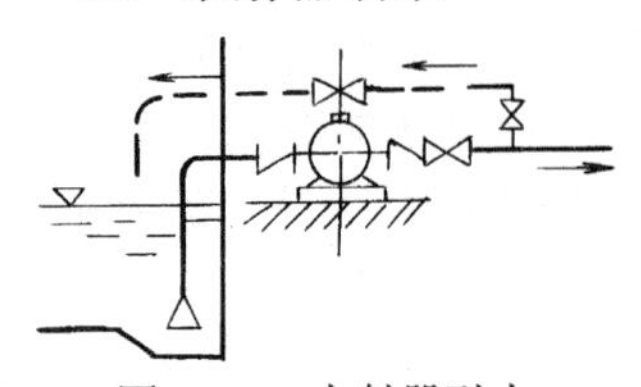

图 3-25　水射器引水

图 3-25 为水射器引水装置示意图。水射器结构简单，安装容易，工作可靠，占地少，维护方便，是一种常用的引水设备，但效率低，需供大量高压水。

二、计量设备

泵站为了进行调度和经济核算，必须设置计量仪表。计量仪表的工作原理、优缺点、系统组成等，在相关课程和书籍中有专门的介绍。这里只是从工艺设计角度出发，强调一些新型计量仪表的安装条件和环境，选用注意事项等。

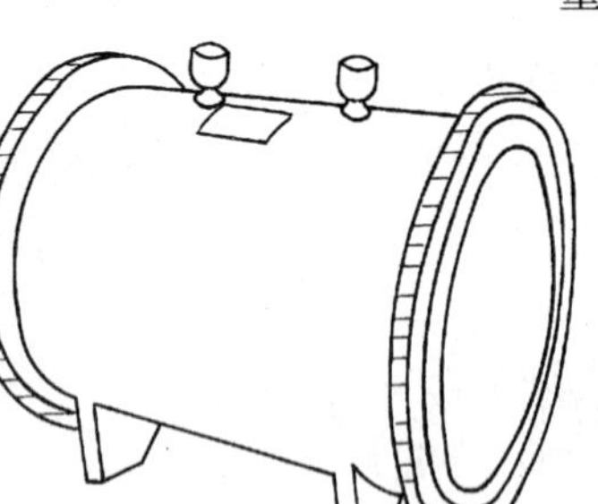

图 3-26　LD 型电磁流量计外形

1. 电磁流量计

电磁流量计的传感器（又称变送器）外形象一根双法兰短管。如图 3-26 所示。安装条件和安装环境如下：从电极中心算起上游 $5D$ 范围内、下游 $2D$ 范围内（D 为工艺管道直径）不得安装扰动水流的管件，要远离大容量电气设备；安装点环境温度为 0～40℃，应避免阳光直射和高温；它怕潮、怕水浸，埋地管道上的传感器应安装在水表井内（井内有排水管、井上有盖）；传感器的电源线、讯号线按暗敷条件布线。

常用型号为 LD，导管直径 d 可等于或小于工艺管道直径 D，量程选择应使设计流量在量程的 66％～80％范围内，转换器、显示器（仪）应与之配套。

2. 超声流量计

不论是频差式还是时差式超声流量计，超声波收发器（探头）应安装在专门设置的箱井中。箱井上游应离泵 50D(D 为工艺管内径)、离流量控制阀 30D 以上，上游直管段长 10D 以上、下游直管段长 5D 以上；探头应安装在工艺管道的正侧面，发送与接收探头中心的距离 L 应符合样本规定的要求。收发单元为一只装有电子元件的铁盒，应安装在探头附近。讯号线应用屏蔽线，传输距离 50m 以内。

目前，我国已有很多厂家生产超声流量计，如 LCD 系列适应管径 ϕ25～3000mm，可用于浆体、污水、重油等计量；LCZ 系列适用管径 ϕ150～2200mm，可用于水、化工液体等计量；LCM 系列，可用于明渠流计量。

3. 插入式涡轮流量计

从工作原理可知，它的测量元件为涡轮头。为保证测量精度（仪表常数精度为±2.5%）传感器安装点上下游应有一定长度的直管段和不装扰动水流的管件，工艺管道的流速范围应为 0.5～2.5m/s。

国产插入式涡轮流量计型号有 LWC、LWCB 两类，后者可不断水拆装，不必设置检修旁通管。要注意到的是，目前我国插入式涡轮流量计与之配套的显示仪器没有专门的型号命名，一般借用传感器的型号作显示仪的型号，如与 LWC 传感器配套的任何显示仪统称为 LWC 插入式涡轮流量计。

4. 插入式涡街流量计

从工作原理可知，测量元件产生的稳定涡街不受水流微扰动的影响。为保证测量精度（±1.5%～±2.5%），传感器安装点的上下游应有一定长度的直管段和不装扰动水流的管件。常用型号为 LVCB 插入式旋涡流量计（包括传感器、转换器、显示器）适用于 DN50～1400mm的管流计量。

5. 均速管流量计

均速管流量计（也称阿纽巴流量计），是在毕托管测速原理基础上发展起来的。系统组成、安装条件与压差式流量计类似，这里不再赘述。

三、起重设备

泵房起重设备用于水泵、电机、管道及管件的安装与检修。就工作条件和工作制度而言，泵房起重设备属于轻型起重设备。常用的有吊架、单轨梁吊车、桥式吊车三类：吊架有移动架与固定吊钩两种，配用环链式手拉葫芦（HS）；单轨梁吊车为梁轨合一的吊车，有手动（WA 等）、电动（CD 等）之分；桥式吊车（也称行车，包括悬挂式吊车）梁轨分离，也有手动（SD×Q、SSQ 型等）、电动（DQ、LH 型等）之分。

1. 起重设备选择

泵站起重设备选择是确定起重设备的型式与规格。起重设备的型号应根据泵房内最重设备的重量和设计规范的规定确定。规范规定见表 3-4。

泵房起重设备型式选定 **表 3-4**

起重量（t）	<0.5	0.5～2.0	2.0～5.0	>5.0
可采用起重设备型式	吊架或吊钩	手动或电动单轨梁吊车	手动或电动桥式吊车	电动桥式吊车

吊车的起重量由泵房内最重一台设备的重量与吊具（可从吊钩上取下）重量之和决定。选择起重设备型式时可不考虑吊具的重量。当设备起重量超过10t时，可考虑解体吊装。采取解体吊装的设备，应取得生产厂家的同意，并在相应的操作规程中说明，防止超载吊装事故发生。要注意的是在计算起重量时应考虑远期电机与水泵的重量。

吊车提升高度是室内地面（坪）至取物装置上极限位置的高度。这个高度应根据泵房的形式、采用吊车的类型通过计算确定。吊车的提升高度一般为3～16m，埋深较深的地下式泵房提升高度超过16m时，订货时要有加长钢索的说明，一般可加长至30m。

桥式吊车的跨度是指大车轨道中心间的距离。选择跨度时，要考虑吊车的作业范围及与泵房跨度的配合。

2. 起重机布置与泵房高度

吊车型式不同，其作业范围与安装方式不一样，要求的泵房高度也不一样。

（1）吊车型式与吊钩的作业范围

固定吊钩、移动吊架：葫芦的吊钩只能作垂直运动，因而只能为一台机组服务。

单轨梁吊车：吊钩作垂直运动，又能沿轨道作前后运动，吊钩的服务范围为一条线。如果吊车轨（梁）道布置得当（如改直线形为U形），还可扩大在泵房内的服务范围。对于横向排列的机组（即泵轴线在同一条直线上），在对应于水泵轴线的上空设置单轨吊车梁。纵向排列的机组（泵轴线互相平行），则在水泵和电机之间的上空设置单轨吊车梁。为使设备进出的方便，应使单轨吊车梁居大门正中。如果要考虑水泵出水闸阀的吊装，可使单轨吊车梁以适当的半径拐弯，布置在这些闸阀的上空，形成单轨吊车梁的U形布置。

桥式吊车：吊钩作垂直运动，小车沿梁作左右运动，大车沿轨作前后运动。适用于机组作任何排列的泵房。圆形泵房可选用圆形桥式吊车。要注意的是，由于结构上的原因，桥式吊车钩的落地点离墙有一定的距离。即存在行车工作死区，检修频率稍高的设备不要布置在行车工作死区内，如水泵出水闸阀。当泵房为半地下式时，可利用行车工作死区修筑平台或走道，而不影响设备的吊运。

（2）吊车型式与泵房高度

泵房高度要满足吊车安装高度的需要。吊车型式不同，所需的安装高度不一样，因而泵房高度也不一样。在计算吊车安装高度时，应保证：

1）泵房顶棚至吊车最上部分距离不应小于0.1m；

2）重物吊起后，应能在机器间内的最高机组或设备顶上顺利越过；

3）地下式泵站中，应能将重物吊运至上层平台的出口；

4）考虑汽车进机器间时，应能将重物吊运到汽车上。

无起重设备时，泵房高度不得小于3m（进口处室内地坪或平台至屋顶梁底的距离）；有吊起设备时，泵房高度应通过计算确定。图3-27为单轨梁吊车泵房高度计算图式，图中：a——单轨梁吊车高度；b——单轨吊车滑车高度；c——起重葫芦在钢丝绳绷紧状态下的长度；d——挂接绳垂直高度。水泵为$0.85x$，电机为$1.2x$，x为起重部件宽度；e——最大一台电机或水泵的高度；f——吊起物底部与最高一台机组顶部的距离（不小于0.5m）；g——最高一台机组顶部至室内地坪的高度；h——吊起物底部至室内平台（或室外地坪）的高度（不小于0.2m）。

地面式泵房的高度：

$$H=a+b+c+d+e+f+g \quad (3\text{-}7)$$

地下式泵房高度，当 $H_3>f+g$ 时：

$$H=H_2+H_3 \quad (3\text{-}8)$$

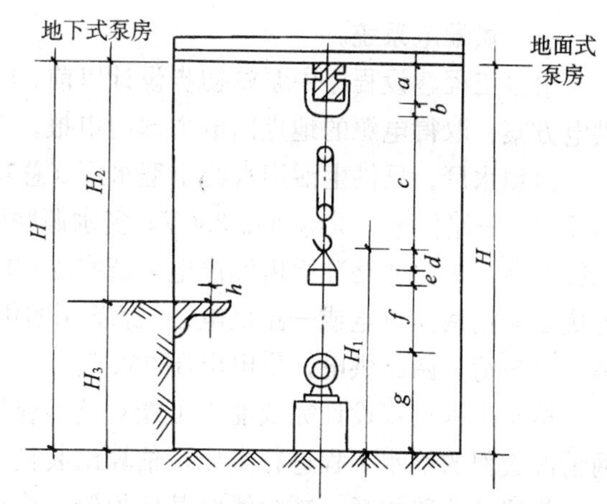

图 3-27　单轨吊车泵房高度及提升高度

四、通风与采暖

地面式泵房一般采用自然通风。为改善通风条件和自然采光的需要，要保证足够的开窗面积，且设高低窗。

地下式泵房或电机功率较大时，一般采用机械通风，冷空气自然补进。

通风设计主要是选择风机、风管和布置风道。风机选择的依据是所需的风量和风压。风机选型计算和选型详见第五章第二节。

寒冷地区的泵房应有采暖设施。采暖温度：自动化泵站的机器间为5℃，非自动化泵站为16℃；辅助房间为18～20℃。采暖方式：大中型泵站可考虑集中采暖；小型及南方地区泵站可用火炉取暖。

五、其它设施

1. 排水

泵房的积水，来自轴承冷却水、填料处滴水、压水管闸阀漏水、检修排空水及地面冲洗水等。为清洁与安全考虑，需及时排出。地面式泵站，泵房积水可直接排入室内地下水道，不需排水设备。地下式或半地下式泵房，应有排除积水的设备。排水设备可以是手摇泵、水射器、电动排水泵，无论自流或提升排水，泵房地面向排水沟应有一定坡度，四周沿墙应设排水沟，地下式泵房在排水沟末端还要设置集水坑。

2. 通讯

泵站应有通讯设施，至少要有电话。电话一般装在值班室内，最好装在隔音间内，以防噪声干扰。

3. 防火与安全

泵房防火主要是防用电起火和雷击起火，安全是保证人身和设备的安全。因而应根据有关规范的要求，设置规定的设施，如35kV及以上的输电线路应设避雷线、变电所应设避雷器；不论何种电压等级的变电所及泵房应设避雷针，要有防雷和保护接地设施，变压器室、油断路器室的结构设计要考虑防火，值班室、配电室要设置必须的灭火器材等。

第六节　泵站电气概述

现代水泵多为电力拖动，因而不论泵站容量大小都得有一套供配电系统，即从电力网（市电）取得电源、变电后分配给用电器的系统。用电器获得电源后，必须接受人为的控制（如电动机的启动、停止、变速、保护），因而需要一套控制系统。系统与单机控制方面的知识，在相关课程中有专门的介绍。这里只从泵站工艺设计角度强调有关方面的内容。

一、供配电系统

给水工程建设程序中泵站初步设计以前，应就电力负荷的等级、负荷容量、电压等级、供电方案、取得电源的地点向电力部门申报，并要取得一致的协议。

村镇水厂、只供生活用水的小型水厂（总功率小于100kW）属三级负荷，对电源无特殊要求，一路供电，供电电压380V；多水源联网供水或有大容量高位水池的城市水厂，属二级负荷，应由两路独立电源供电，若有困难时允许一路专用线供电。中小型水厂应视情况决定采用两路供电或一路供电、一路备用的供电方式，供电电压多数为10kV；大型水厂，属二级负荷，两路供电，供电电压35kV。

给水工程初步设计完成前不可能对负荷容量进行详细计算，只能就水厂规模相近、管网情况类似的给水工程进行类比，估算出装机容量与计算负荷，以满足申报的需要。

为降低线路损耗、减少线路基建投资，取得电源的地点（输电变电所）应离水厂（或泵站）最近。

泵站常用供电方式有：单台配电变压器单母线（汇流排）供电，两台配电变压器单母线分段供电。变电所一次接线可参图3-28、图3-29。

图3-28所示系统可靠性低，适用于村镇水厂、小水厂。图（*a*）适用于10kV，320kV以下的系统接线。图（*b*）、（*c*）适用于10kV，大于320kVA系统的接线。

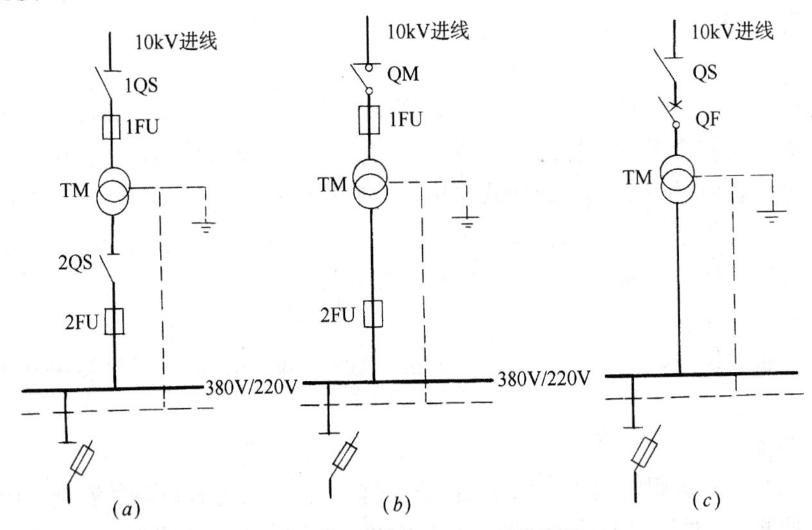

图3-28　10kV变电所一次结线图

QS—高压隔离开关；QM—高压负荷开关；QF—断路器；FU—熔断器；TM—电力变压器

图3-29（*a*）为双电源通过变压器1TM、2TM分别向Ⅰ、Ⅱ段母线供电的接线图。当任一进线或变压器故障时，则使该进线所带的负荷全部停电。若低压母线联络用断路器3QF设有自动投入装置，则可由另一路进线迅速恢复供电，但此时的进线和变压器必须承受全部负荷。

图3-29（*b*）为一路常用电源（另一路备用）通过变压器1TM、2TM分别向Ⅰ、Ⅱ段母线供电的一次接线图（称内桥式接线）。电源切换可通过进线和内桥实现（手动或自动）。

二、供配电设备

供配电设备包括变压器、导线（包括电缆和铜排）、开关装置（包括隔离开关、负荷开

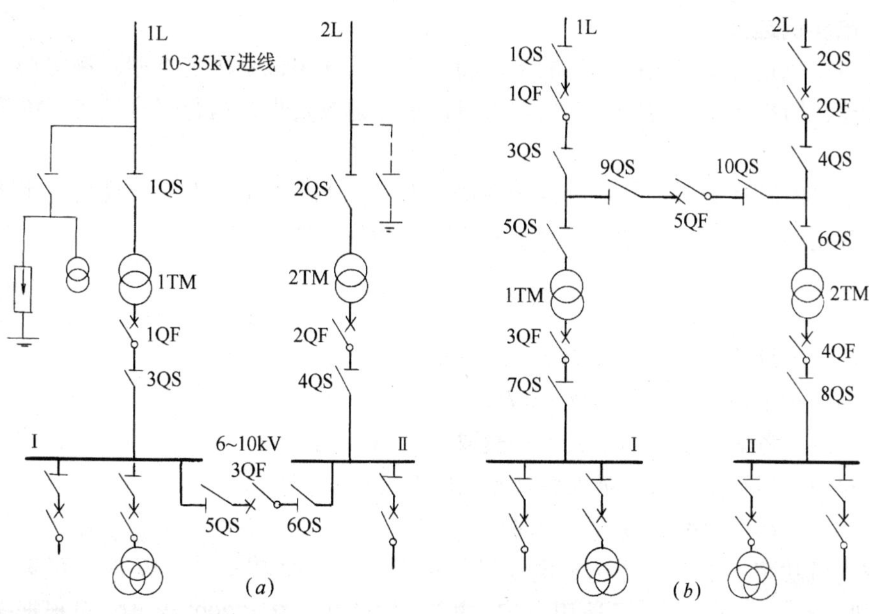

图 3-29　10～35kV 单母线分段一次接线图

关、断路器、接触器、启动器)、熔断器、保护电器、测量传感器及配套仪表、避雷装置、功率因数补偿器等。变压器可置于变压器室内或户外。配电设备装设于由开关厂生产的标准配电屏内（有时也称控制屏、开关柜、配电盘）。配电屏是根据用户的要求，将线路、配电设备进行组合使之具有不同功能的铁皮柜。它有一定的尺寸，一定的型号和规格。按功能选定的配电屏分别置于高压配电室、低压配电室、电容器室、控制室内。在符合电气安全要求的前提下，高、低压配电屏可置于同一配电室内。如某水厂取水泵站的高、低压配电屏就设置在同一配电室内，如图 3-30 所示。它有两路进线，4 台水泵配用 10kV 高压水冷电动机。

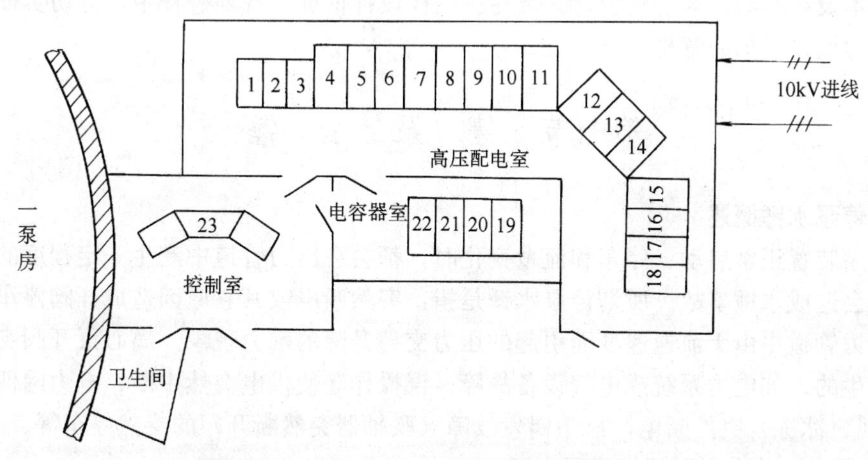

图 3-30　某水厂一泵房配电室平面布置图

1、2—直流屏；3—所用配电屏；4、18—所用变电屏；5、17—进线屏；
6、16—计量屏；8、9、13、14—启动控制屏；10、12—互感器屏；11—母联开关屏；
19～22—补偿屏；23—非标控制台；7、15—备用屏

三、电动机选择

配套电动机选择是确定电动机的型号和规格。具体来说是确定类型、额定功率、额定电压和转速、防护形式。为水泵选配电机时，要考虑投资少、运行安全经济、维修管理方便。

根据水泵的转速和所需的最大轴功率选用电机。电机的额定转速 n_e 应接近于水泵的设计转速，额定功率应大于并接近于水泵的计算轴功率，即：

$$P_e \geq P_j = k \frac{N}{\eta_c} \ (\text{kW}) \tag{3-9}$$

式中 P_e——选用电机的额定功率（kW）；

P_j——水泵的计算轴功率（kW）；

k——考虑启动等的系数。一般取 $k=1.05\sim1.20$；

N——运行中水泵的最大轴功率（kW）；

η_c——传动效率，直接传动时 $\eta_c \approx 1.0$。

根据电机功率，电网电压选定电动机的额定电压。如 $P_e<100$kW 时，可选用 380V/220V 电机；$P_e>200$kW 时，可选用 10kV 电机；100kW$<P_e<$200kW 时，可根据多数电动机的额电压确定。要着重说明的是：当市电有 10kV 以上等级电源可供、电机功率又大于 200kW 时，应尽量选用 10kV 高压电机。因这种电机体积小（一般为水冷式）、重量轻、效率高。0.3kV、0.6kV 的高压电机不要选用，按我国现行标准，这两个电压等级是非标准的。

根据水泵的工作环境和安装方式选择电机的防护形式和安装方式。如不潮湿、无粉尘、无有害气体的地面式泵站，可选用防护式电机（JS_2、JSL_2、JSQ 等系列）；立式水泵配用立式电动机。

四、变电所

泵站工艺设计者必须规划变电所的类型、数目和布置方案，为电气设计人员提供电气设计的基本设计参数，为土建设计人员提供结构设计依据。规划过程中，应切实征求电气设计和土建设计人员的意见。

第七节 停 泵 水 锤

一、停泵水锤概述

离心泵装置正常启动、停车和流量变化时，都会在压力管道中产生一定程度的水锤现象，但不会造成水锤事故。所谓停泵水锤是指：突然断电或其它原因造成开阀停车时，在水泵及压力管道中由于流速递变而引起的压力交替升降的水力现象。离心泵开阀突然停车是可能发生的，如电力系统或电气设备故障、误操作等使供电突然中断，电力网偶发事故（雷击、风、冰冻）突然断电，机组偶发故障（联轴器突然断开）的突然停车等。

1．水泵出口装有止回阀的停泵水锤

水泵出口装有止回阀开阀突然停车后，瞬间由于机组贮能的释放和水流的惯性，水泵仍按原方向转动，但转速、流量和压力越来越小。水泵转速降至零以前，水流已停止了流动，管中水在重力作用下开始向水泵倒流。水泵在水流作用下迅速制动到转速为零，同时止回阀阀板回座。由动量定律可知，阀板及其附近的流体微团将受到很大压力的作用。由于水具有惯性和可压缩性、管材具有弹性，形成了压力交替升降的水锤波。理论和试验研究都表明：出口装有止回阀开阀突然停车，当机组惯性小、供水地形高差愈大时，压力的升值与下降值就越大。

图 3-31 为某泵站停泵水锤试验曲线（有时称停泵暂态过程线、水泵惰走曲线）。由图可知，水泵的流量、扬程、转速都随时间变化。过程中压强增值很大，压强最高可达正常压强的 200%。压强的下降值也大，压强最低时只为正常值的 30%。

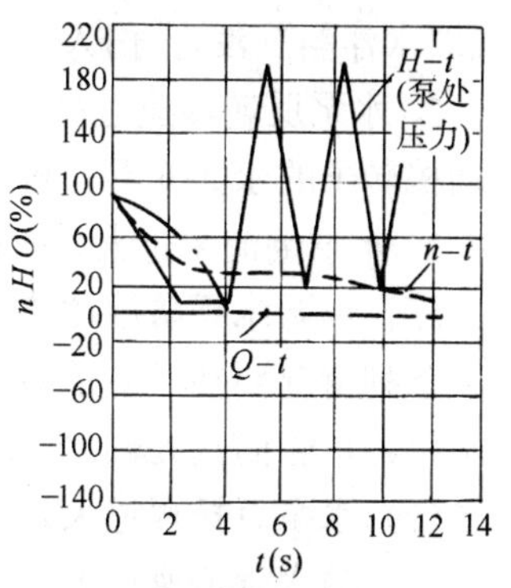

图 3-31　某泵站停泵暂态过程线

2. 泵出口不装止回阀的停泵水锤

泵出口不装止回阀开阀突然停车后，瞬间机组仍按原方向转动，但转速、流量和扬程逐渐下降。转速降至零以前水泵已不能出水。其后是管中水倒流，使水泵进入制动运行工况，直到转速降至零制动过程结束。再其后是水泵反向加速，使水泵进入水轮机工况运行。在制动过程开始后的某个瞬间，水流必定有一个停止流动时刻，使在水泵运行工况下已经降低了的压力开始回升，但压强增值比有止回阀小得多。水轮机工况下，水泵可视为一个局部阻力，因而在很短的时间内加速到反转最大转速 n_{max}。这个转速有可能超过额定转速很多，以致达到甚至超过水泵的临界转速。可以理解，反转转速高并不是停泵水锤直接作用的结果。

出口无止回阀在有些情况下不必考虑直接停泵水锤的危害，如机组惯性很小时，水锤压力增值很小，但反转转数很高；管网末端无水池（或容量很小时）时，水锤压力增值很小，反转数也不会达到临界转数。

3. 管路系统中的断流水锤

不论水泵出口有无止回阀，发生停泵水锤时系统都存在压力降落。若此时管路中某处的压强值小于相应温度下的饱和压力，则在该处发生汽化而形成汽腔，使连续水流中断，当增压波传来时，汽腔被压缩而弥合。汽腔消失的瞬间，两股水流互相撞击，发生所谓的断流水锤，其压强增值超过水流连续水锤的压强增值。

西北建筑工程学院金锥教授对水柱分离和断流水锤进行了长期的试验研究。试验模拟的管道布置如图 3-32 所示。图中的 ABC 为试验布管方式。研究成果表明：当水锤发生时，如果管段的最低压力线低于管道的标高，则这些管内出现真空，有可能发生断流水锤。

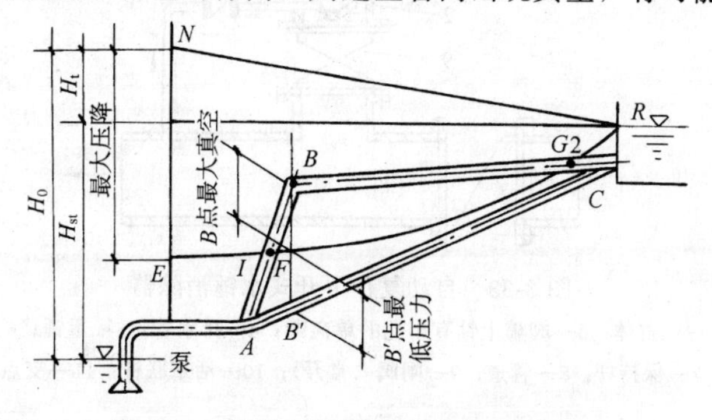

图 3-32　两种布管方式（ABC 及 $AB'C$）

NR—正常运行时压力线；EFR—发生水锤时最低压力线

二、停泵水锤的危害

国内外发生停泵水锤事故的报告屡见不鲜，其危害的主要形式有：

1. 水锤压力过高，引起水泵、阀门、管道的破坏。造成跑水、泵房被淹、停水、毁物（如取水浮船沉没）、伤人、次生灾害（如冲毁道路、中断交通）。

2. 水泵反转转速过高，当突然中止水泵反转，或反转过程中电动机再启动，都会引起电动机转子的永久变形、机组的剧烈振动和联轴器断裂。

3. 水泵倒流量过大，管网压力下降，不能正常供水。

三、停泵水锤防治措施

下列情况要注意防治停泵水锤：

（1）单管向高处输水，供水地形高差超过 20m 时；

（2）水泵总扬程过大；

（3）输水管流速过大；

（4）输水管过长，且地形变化大；

（5）自动化泵站中阀门关闭过快。

停泵水锤的防治措施有如下几种：

1. 防止水柱分离

通过水锤计算，当确知部分管段的标高在最低水压线以上时，如图 3-32 中的 FBG 管段，应再次合理布管，使管段的标高落在最低压力线以下，如图 3-32 中 $AB'C$ 布管方式。如果地形条件限制不能变更布管方式时，可在管路的适当位置设置调压室、调压塔。

2. 防止压力过高

（1）装设水锤消除器

中小型水厂，水泵出口装有普通止回阀时，可在止回阀下游、出口闸阀的上游装设下开式自动复位水锤消除器。它的工作原理图如图 3-33 所示。水泵正常工作时，压力水通过

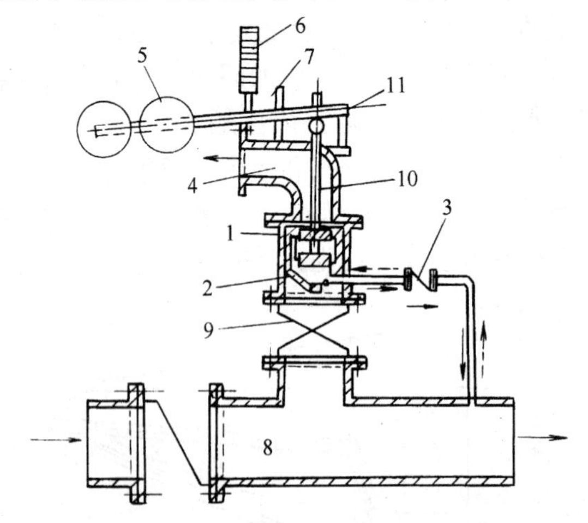

图 3-33　自动复位下开式水锤消除器

1—活塞；2—缸体；3—阀瓣上钻有小孔的单向阀；4—排水管；5—重锤；6—缓冲器；7—保持杆；8—管道；9—闸阀（常开）；10—活塞联杆；11—支点

单向阀 3阀板上的小孔进入缸体 2，作用于活塞 1 上的托力大于活塞自重与重锤形成力之

和，使活塞上移，关闭排水通道，并使重锤头抬起。这时打开辅助闸阀 9；突然断电后，工艺管内压力下降，活塞缸内的压力水通过单向阀 3 泄压，使活塞托力小于活塞自重与重锤形成力之和，重锤下落，活塞下移并落于分水锥中（分水锥是水缸的一部分，可理解为水力缓冲器），排水通道被打开。当高压波传来时，高压水经闸阀 9、排水通道排出，以减小压力增值。同时高压水经单向阀 3 阀板上的小孔进入水缸，经过一段时间后（即延时时间，由小孔孔径决定）缸内压力增大，当大到一定值时，活塞上移，重锤复位，排水通道被关闭，为下一次工作做好准备。

下开式自动复位水锤消除器的投入与切除：水泵启动前，关闭闸阀 9；水泵启动转速稳定后，锤头抬起时，打开闸阀 9；停泵前，关闭闸阀 9，停泵后锤头自动下落，消除器即停止工作。

（2）采用缓闭止回阀

新建水厂大都不用普通止回阀而采用缓闭止回阀。目前，常用的有缓闭止回阀、液控蝶阀（缓闭止回）等。它们允许在一段时间（由调试人员按设计时间整定）内水倒流，从而有效地减小了停泵水锤的压力增值。

在旋启式止回阀上加装一个液力阻尼器，即为缓闭止回阀，其工作原理如图 3-34 所示。阀开启后，活塞在液压作用下伸出一定的长度，以限制阀板快关的角度。关阀时，阀板快关至设定角度，其后在阀板回座力的作用下，活塞后退，缓慢关至全关为止。慢关的时间由回水（油）调节阀控制。与这种阀工作原理相同的还有“母子止回阀”，其结构示意如图 3-35 所示。大阀板快关，小阀板慢关。适用于大管径管路。

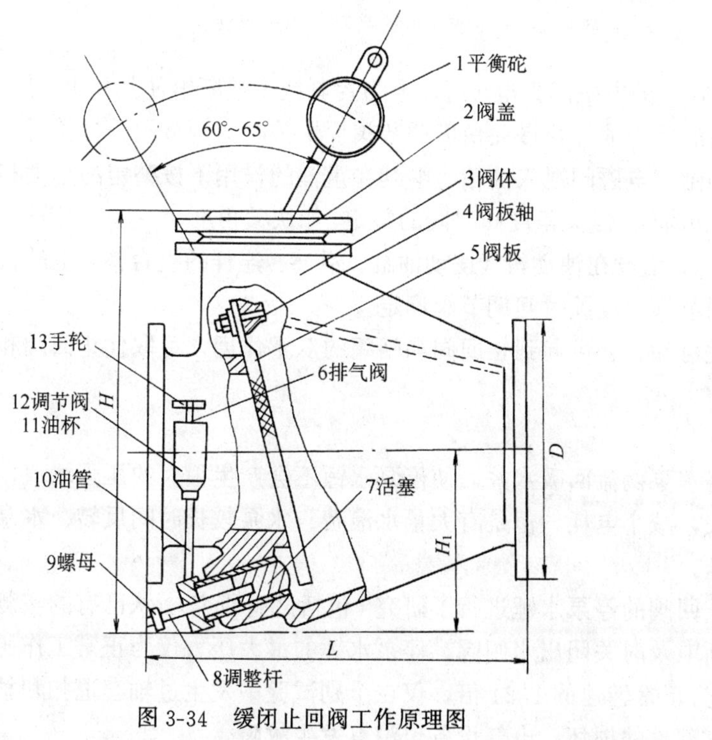

图 3-34　缓闭止回阀工作原理图

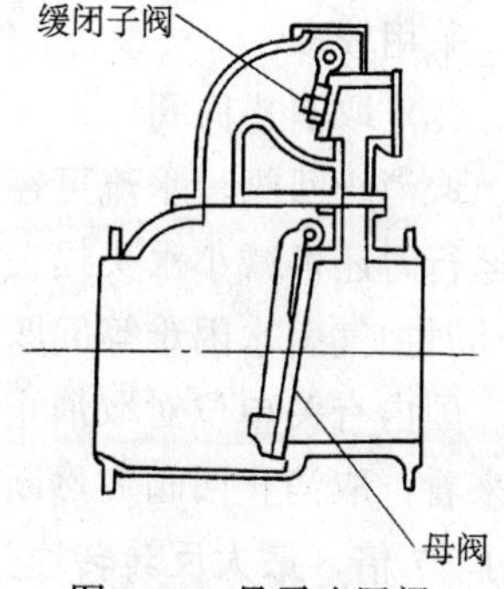

图 3-35　母子止回阀

液控蝶阀外形如图 3-36 所示。它是一种两阶段关闭的阀门，其作用相当于缓闭止回阀。

系统由电气、液压、机械三部分组成。

开阀时，启动油泵电机，压力油经调速阀、单向阀、高压胶管进入摆动油缸，推动活塞移动，带动连接头使重锤抬起，蝶板开启，如图 3-36（*a*）所示。

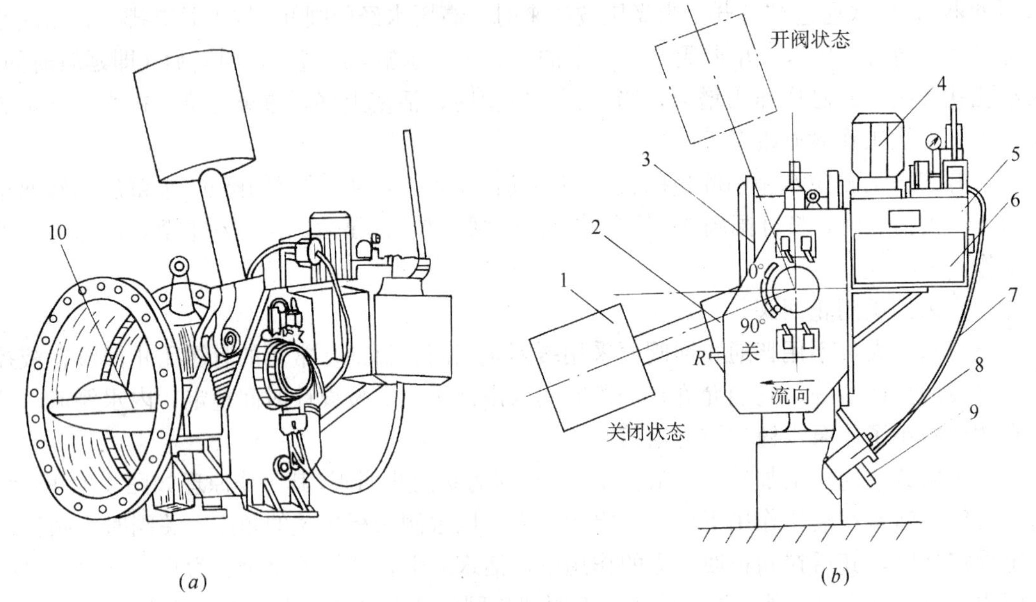

图 3-36　液控蝶阀外形图

1—重锤；2—连接头；3—阀体；4—电动机；5—油箱；6—电气箱；7—高压胶管；8—摆动油缸；9—快慢关角度调节杆；10—蝶板

关阀时，装于液压油总管上的电磁阀失电（可以人为控制或事故断电使其失电）打开，在重锤作用下，摆动油缸内的压力油经快慢关角度调节阀、快关时间调节阀、慢关时间调节阀、高压胶管、常开手动闸、电磁阀泄入油箱，继续在重锤的作用下按整定的角度和时间实现蝶板关闭。快关角度和时间、慢关角度和时间的整定，如快关角度 0°～60°、时间 10s，慢关角度 60°～90°、时间 20s，由设在油动机（摆动油缸、活塞、连杆的组合体）上的快慢关角度调节阀、快关时间调节阀、慢关时间调节阀调定。

由液控蝶阀的工作特性可知，它可起到止回阀和闸阀的双重作用，可取代止回阀和闸阀，采用较多。

(3) 取消止回阀

取消止回阀，水流可经水泵倒流回吸水井，使停泵水锤不会产生很大的压强增值，正常运行时还可减小水头损失，减小电耗。但是有大量水浪费、水泵较长时间反转、水泵再启动时抽气引水困难等问题。

国内有关单位对取消止回阀的停泵水锤进行了研究（包括试验研究）。从已有的实测资料来看，取消止回阀突然断电及时关闭出水闸阀，停泵水锤的最大压力仅为正常工作压力的 1.27 倍，最大反转转速为正常转速的 1.24 倍，仅在个别试验中发生过轴套退扣和轴窜动现象，没有发生机组其它部件的损坏，电气设备也没有发生故障。

中南地区的许多农灌站和部分给水泵站采用了取消止回阀消除停泵水锤，取得了良好的效果。为保证安全供水，应根据取消止回阀后的停泵水锤问题，采取相应的技术措施：

1）在输水管线上的适当地点（一般在切换井处）装设补气阀，当管路中出现负压时，自动补气，防断流水锤；

2）水泵轴套采用双螺母（防松螺母）锁紧，防退扣；

3）出口闸阀改为水力自动（缓闭）闸阀，防倒流跑水过多，克服再次启动水泵时抽空的困难；

4）改变出口电动闸阀电气控制和电源。按泵的启动与停止程序对电动机和出水闸阀实行电气联锁，防止误操作产生停泵水锤；设置失压保护的人工复位，防止电网电压不正常时连续两次启动现象出现；设置出口电动闸阀的可靠电源，当突然断电后按设定的程序用可靠电源关闭出水闸阀；

5）单管输水，管长不超过800m时，可在管道末端采用溢流池出水、装设轻质拍门、虹吸管出水等，防水倒灌泵房。其示意见图3-37。

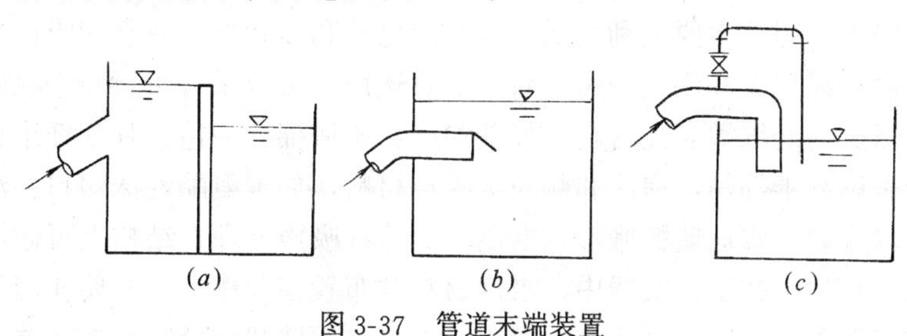

图3-37　管道末端装置

（a）溢流池出水；（b）轻质拍门；（c）虹吸出水。

6）突然断电后，对泵轴（或电动机轴）采用“刹车”装置，如立式深井泵采用棘轮刹车装置，防水泵反转。

第八节　泵　站　噪　声

噪声是各种不同频率和声强声音的组合，是一种影响人们身心健康的有害声音。噪声在工业生产中的危害远非如此：使工作人员身体不适，容易引起误操作；对电声式的工业通讯和以口头对呼传达的工作讯号造成极为严重的干扰；掩盖危及人身安全及设备安全的音响报警信号。

一、泵站噪声源

一般来说，工业噪声来自三个方面，即空气动力性噪声、机械性噪声、电磁性噪声、泵站运行中的噪声是这三种噪声的集合。

在气体空间或流动场内，如果发生了扰动，如涡流、压力变化等，必然导致气体振动而形成空气动力性噪声。如泵站内风机、风管中产生的噪声

凡转动机械，总存在摩擦、撞击和交变应力的作用，使有些部分发生振动，形成机械性噪声。如泵站中电动机、水泵、风机等运行中产生的噪声。

电磁性噪声是我们常称的交流嗡嗡声，它是由于电机定、转子气隙中交变力作用产生的，如电机、变压器、交流控制与保护电器产生的噪声。

二、泵站噪声的防治措施

噪声防治的最有效办法是减弱噪声源本身发出的噪声，如设计与生产出低噪声的电机、

水泵与风机，这在经济上和技术上都有很大困难。因而在噪声超标的工业厂房内采用减弱噪声的措施是必须的。

采用何种减噪措施及减弱到何种程度，与噪声源的噪声级、允许的噪声级标准有关。我国有关部门颁发的《工业企业噪声卫生标准》中规定：为保护听力，每天接触噪声 8h，允许噪声级为 90dB；为保护生活和工作环境，住宅区外，噪声允许标准为 35～45dB，车间（按不同性质）噪声允许标准 45～75dB。

1. 选用噪声低的机电设备

一般而言，转速较低的转动设备噪声要低一些。另外，结构的改进可较大的降低噪声，如国内生产的水冷式电动机，改气冷为水冷，去掉了一个空气动力性噪声源，电机的噪声大为降低。

2. 利用吸声处理降低噪声

泵房进行吸声处理，主要是利用吸声材料的松软和多孔性，或利用吸声材料做成吸声共振结构，吸收反射声而降低混响声（对降低直达声并无效果），达到减弱噪声的目的。

吸声材料可分为纤维类多孔材料，如玻璃棉、矿渣棉、毛毡、甘蔗纤维板、水泥木丝板、棉絮、卡普隆纤维等等，泡沫和颗粒类吸声材料，如聚氨酯泡沫塑料、泡沫玻璃、泡沫水泥、膨胀珍珠岩、水玻璃膨胀珍珠岩制品等等。吸声处理在结构上可做成表面装饰或悬挂于空间的吸声体。在工程实践中，吸声材料常布置在顶棚上，若要在四周墙上布置吸声装置，则宜布置在墙裙以上（裙高一般为 1.5m），因墙裙部分吸声效果差。若车间空间很大，声源又较少时，则在声源附近悬挂吸声体或吸声屏是经济有效的办法。

3. 利用隔声处理降低噪声

在噪声传播途径中采用隔声方法，是较为有效的控制措施。隔声实质上是把声源置于隔声罩内，与值班人员隔开；或是把值班人员置于隔声良好的隔音室内，与噪声源隔开。隔声材料是密实、密重较大的材料，如砖、混凝土、钢板、玻璃、木板等。

吸声、隔声的设计计算可参考有关设计手册。另外，在水厂整体布置时，可考虑在泵房与附近建筑物之间设置 10～15m 的绿化带，以利于降低环境噪声。

4. 减振

水泵机组的振动，将传给基础、地板、墙体、管道，以弹性波的形式传到泵房内，或沿管道辐射出去，以噪声的形式出现。减振是消除机械噪声的基本手段之一。减振措施大体如下：在机组与基础之间装设橡胶减振垫或弹簧减振器，水泵进出口管上设置挠性接头（如避震喉），机组的基础周围设置隔振沟、穿墙管道采用柔性穿墙套管，管道穿楼板时作成防振立管，管道的支架、吊架上垫以防振材料或设置防振吊架，立管置于吸声良好的管井中等。

减振的设计与安装可参考有关设计手册和给水排水标准图集中《水泵隔振基础及其安装》部分。

第九节　给水泵站土建特点

一、取水泵站

地面水取水泵站，多数为临河建站。由于河水水位涨落较大，为保证水泵正确的吸水条件，泵房往往埋深较大，因而常建成地下式。埋深较大的地下式取水泵房，为满足基本建设投资省、安全、技术先进可行等要求，将呈现出一系列特点，并对土建提出一系列要求。

1. 泵房结构应考虑抗渗、抗浮、抗裂、抗倾滑。

由于水文地质、工程地质和地形条件等原因，埋深大的地下式取水泵房要能承受一定数值的土压和水压，地质条件允许时应采用沉井法施工，因而泵房筒体多半筑成圆形或椭圆形的形式；要求不透水不渗水。因而筒体和底板筑成连续浇筑的钢筋混凝土整体；要求有足够的自重（包括拟装的设备）以抗浮，因而筒体和底板除了满足强度要求外。还需有一定厚度。当筒体底板自重和拟装设备重量不足以抗浮时，还要考虑加“压舱”，即在底板内填充块石等；由于地质的缺陷，泵房筒体可能滑动、倾斜；因而应对地基进行妥善的处理。包括灌浆、加锚桩等。

2. 泵房的结构要考虑防洪

从1996～1998年洪水受灾披露的资料来看，我国南方许多沿江取水泵站被淹。它们被淹倒不是没有考虑防洪，而是设计洪水频率相应的洪峰水位值得商榷。随着现代工业的发展和人类活动对自然影响的加剧，水文现象的规律也有相应的变化，如果还沿用很久以前的防洪标准，势必造成泵站被淹。因而要选取适当频率的洪峰水位作筒体门槛高程或围堤高程设计的依据，防泵站被淹。

3. 泵房结构应考虑布置紧凑

为了节省投资，地下式泵房在保证供水安全、安装和检修方便的前提下，应尽量减小泵房面积。因而常把出水联络管及相应的管件置于泵房外，阀门置于切换井中；吸水井与水泵间分建；不设卫生间（泵房内）；采用立式水泵等，以减小泵房面积。

在结构的具体处理时，泵房筒体上部（防洪水位以上的部分）可采取矩形结构，用砖砌筑；吊装设备可采用圆形桥式吊车；泵房与切换井间的管道，应敷设于支墩或混凝土垫板上，以免产生不均匀沉陷；吸水管敷设于钢筋混凝土暗沟内（吸水井与水泵间分建时），暗沟应留人孔。暗沟尺寸应能使工人进入检查与处理漏气事故，还应保证吸水管及管件放得进、取得出。暗沟与泵房连接处应设沉降缝，防不均沉降损坏管道。

4. 结构应考虑留有发展余地

因扩建困难，工艺和结构设计除满足近期需要外，还要为站房寿期内的远期发展需要作出安排，采取土建一次建成、设备分期安装（包括预留泵位、以大泵换小泵等）的设计方案。

5. 土建应考虑的其它要求

（1）通风。风机、风管除满足工艺要求外，它们的敷设不得妨碍站内交通和其它设备的吊装；应避开电气设备的上空，防结露滴水；

（2）泵房交通。交通应方便。垂直上下的应设梯子。梯宽可取0.8～1.2m，坡度为1∶1或更小，中间应设休息平台，平台间踏步不超过20级为宜，每级17～20cm；与泵房外应有大门相通。门宽应比最大设备外形尺寸0.25m，当采用汽车运送设备进出大门时，门的尺寸应满足汽车能自由出入的要求；外廊应比设计最高洪水位高出0.5～1.5m，以防浪涌和被洪水淹没；

（3）采光。泵房照度要符合规范的要求。为此应考虑：自然采光。开窗面积应大于地板面积的1/7～1/6，最好采用1/4；电力照明。可按20～25W/m² 设计，再辅以局部照明即可；

(4) 检修场地。泵房附近没有专门的修理间时，一般在上层平台上预留6～10m² 的面积作为检修和存放零星备件的场地；

(5) 排水。泵房内壁四周应设排水沟，沟底向集水坑应有一定的坡度，集水坑尺寸可套用标准图集，水汇集到集水坑后用水泵排走。水泵流量可选10～30L/s，扬程由水力计算确定，一般选用IS型水泵；

(6) 水封水。取水泵站提升的是未经处理的浑水，不宜用作水封水，需外接自来水作机组的水封水；

(7) 通讯、工艺参数检测、消防。泵站应有通讯工具，至少要有电话。装于水泵间内的电话应置于隔声间内；取水泵站一般不单独计量，但应有水泵进口的真空压力表、出口压力表及其它电工仪表等；工艺间应有防火、安全设施。如大容量油断路器应置于封闭间内、设置防火墙，防火门。泵站内外应设置消火栓和其它灭火器材，但要注意到电气设备不能用消火枪和一般湿式灭火器材灭火。泵站要有防雷设施和保护接地设备。

二、二级泵站

二级泵站从清水池抽水，水位变幅不大，因而多建成地面式或半地下式。基本特点是水泵机组多、管线多、电气设备及电缆较多，占地面积大。

二级泵房为一般工业建筑，对结构的要求与一般工业建筑相同，即结构设计要满足工艺设计的要求。一般为柱墩式基础、外墙砖砌、防水砂浆等防潮、内壁设行车壁柱或屋顶设吊车梁。

1. 泵房结构应满足工艺设计要求

因泵房多为地面式或半地下式，在保证供水安全、操作方便、满足工艺要求的前提下，合理布置机组、管线、电气设备和电缆，而不必过多考虑土建造价。

2. 隔声与减振

泵房内运行的机组多，噪声大，应采取适当的措施减弱噪声级。当机组容量大于200kW时，可选用噪声较小的水冷式电动机，为建筑装饰时可适当选用一些吸声材料，如水泥木丝板等；水泵机组采取一定的减振措施；设置隔声间。

3. 工艺参数检测

站内要设置计量与水位仪表。流量计的传感器装于现场，显示仪装于控制室（值班室）。最好选用能给出瞬时流量和累计流量的流量计；水位计传感器装于清水池内，显示器装于控制室。最好选用既能指示清水池（或水塔）水位，又能给出高低水位讯号（声、光信号，控制讯号）的水位计。

泵房用电计量、监视水泵电机运行情况的电工、热工仪表，应按需要设置。

三、循环泵站

循环泵站是为满足工业企业等生产工艺的需要而设置的。生产工艺不同，循环水系统也不相同，但它们具有一些共同的特点。

1. 泵站的流量和扬程比较稳定

生产工艺一般是稳定的，它们所需要的水量水压也趋于稳定。若有变化，大体上也只随季节变化。泵站的调节可通过启、停并联水泵的台数、或换轮或节流来实现。

2. 供水安全性要求高

有些用户（如高炉水冷壁、核电主循环泵站）在连续生产中不允许中断供水，甚至流量下降的时间都不允许过长。这就要求有足够容量的、能迅速启动投入运行的备用机组，以取代故障机组。因而水泵宜采用自灌式工作，泵房多筑成半地下式或地下式，并且要有可靠（常备）电源。可靠电源可以是处于热备用状态的柴油发电机组、交直流对拖机组或可控硅正逆变系统。

3. 泵房内机组型号多、台数多

为满足生产工艺的需要，泵房内可能同时有热水泵、冷水泵机组，又都要求有一定的机组备用容量，因而机组的型号多、台数多，泵房占地面积大。为循环泵站进行工艺设计时，应遵循满足生产工艺要求、节省投资、节约能源、运行管理方便的原则。在具体实施时，应优先考虑利用废热水余压，省去热水泵；合理布置机组、管线及其它构筑物，以缩短管线长度、减小泵房面积。

第十节　深井泵站与潜水泵站

一、深井泵房

1. 管井泵房

管井广泛用于深层地下水取水。常用管井井径为150～600mm，井深小于300m，单井产水量一般为500～6000m^3/d。管井一般由井室、井壁管、滤水管和沉淀管组成。

井室是用于安装水泵机组和其它设备的，并保护井口不受污染。采用深井泵时，井室就是深井泵房。泵房可为地面式、地下式或半地下式，示意见图3-38。地面式泵房在防水、排水、采光、通风、工作条件和环境、施工条件、工程造价等方面均优于地下式泵房、但水力条件较差。

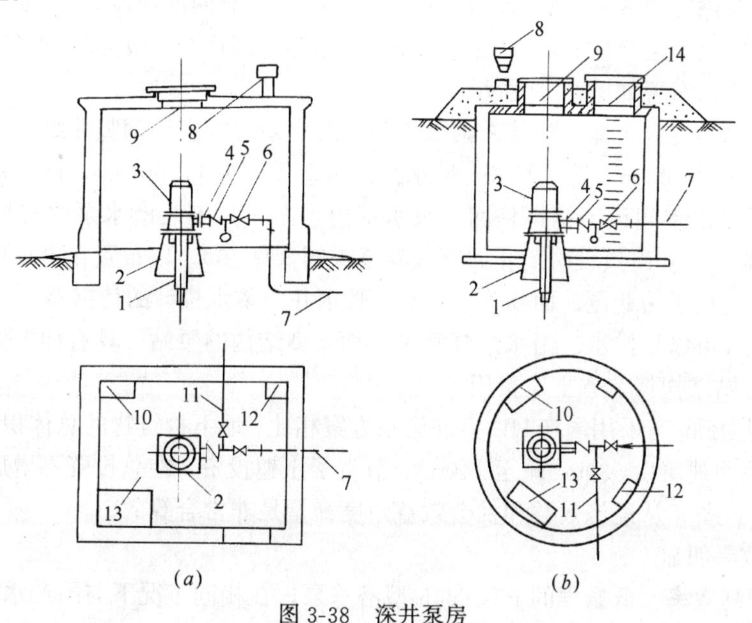

图3-38　深井泵房

(a) 地面式；(b) 地下式

1—井管；2—水泵基础；3—立式电机；4—伸缩接头；5—止回阀；6—闸阀；7—压水管；8—通风孔；9—吊装孔；10—配电盘；11—排水管；12—集水坑；13—消毒间；14—人孔

管井井口应加设套管，并填入油麻、优质粘土或水泥封闭。井口要高出地面0.3～0.5m。由于水泵在动水位以下，电动机机座在井口的基础上，主轴（转动轴）很长且露出水面的轴承较多。当井水位较低、停泵30min后再启动时，要为主轴承提供预润滑水。启动过程结束开始供水后才能停供预润滑水。由水力学可知，潜水或自流单井涌水量（产水量）与降深有确定的函数关系，井泵站设计时又力图使水泵的出水量与井的最佳产水量相匹配。为运行管理方便和提高经济效益，必须设置水位计对最佳降深（相应于最佳涌水量的水面降落）进行监控。

井壁管、滤水管、沉淀管将在系列教材《水资源与取水工程》课程中讲授，这里不再介绍。

2. 大口井泵房

大口井广泛用于浅层地下水取水。常用井径4～8m，井深6～15m，单井产水量500～10000m^3/d。大口井一般由井筒、井口、进水部分组成。

井筒为钢筋混凝土圆形结构，其内设置若干台深井泵或潜水泵，井口应高出地面0.5m，四周铺设宽度为1.5m的排水坡，井口周围填宽度0.5m、深度为1.5m的粘土层，防地面水污染井水。大口井与泵房合建时，井口上层即为泵房，其布置与一般泵房相同。大口井与泵房分建时，井口应设井盖，盖上设人孔和通气孔，泵房布置与一般泵房相同。

二、潜水泵站

潜水泵站是用潜水泵抽水的泵站。很长一段时间内我国生产的潜水泵多为中高扬程、较小流量，适用于深井抽水和矿山排水。目前，我国已有不少厂家生产出大型潜水泵，如江苏亚太水泵厂生产的大型高压（指额定电压）潜水泵QG、QZ系列，适用于给水排水工程。

随着国内外中低扬程、大流量、高效率潜水泵的问世，国内有些城市的给水工程中采用了取水潜水泵站。如某市新建水厂规模30×10^4m^3/d（分两期建设），一级泵站采用了德国THTSSENN公司生产的PT3/645型潜水泵（结构与国产QZ型类似）4台（3用1备），泵房建在水厂内，布置如图3-39所示。

该泵站为钢筋混凝土地下建筑。由吸水井、潜水泵吸水室和钢竖井组成。吸水井尺寸为17.5m×3.5m×10.0m，分为两格。潜水泵吸水室尺寸为17.5m×4.0m×5.0m，分为两格。吸水井与吸水室间设不锈钢格网。吸水室内均布4只安装潜水泵的密封承压钢竖井（ϕ1100）。每个钢竖井出口设缓闭止回阀和检修蝶阀（*DN*900），布置在出水管廊中。变配电室和控制室建在泵站北侧，面积为140m^2。吸水井中装水位计的传感器。

潜水取水（可以是排水、雨水）泵站是一种新型结构的泵站，具有如下优点：

1. 简化泵站结构，节省土建费用

如以上例为例，与采用国产HL型混流泵方案相比，地下构筑物的总体积由3500m^3降为1531m^3，地面建筑由530m^2减至140m^2，节省了土建投资，在总投资不增加的情况下而配置了先进的设备，从经济效益和社会效益角度衡量是非常合算的。

2. 节能效果明显

由于采用高效率、低扬程的PT3/645型潜水泵，在相同工况下与国产水泵（如Sh型泵）相比，能耗降低30%以上。

3. 设备配置简化，安装维护方便

由于PT3/645型泵结构设计合理，泵体（机电一体化）直接置于*DN*1100mm、深9.6m

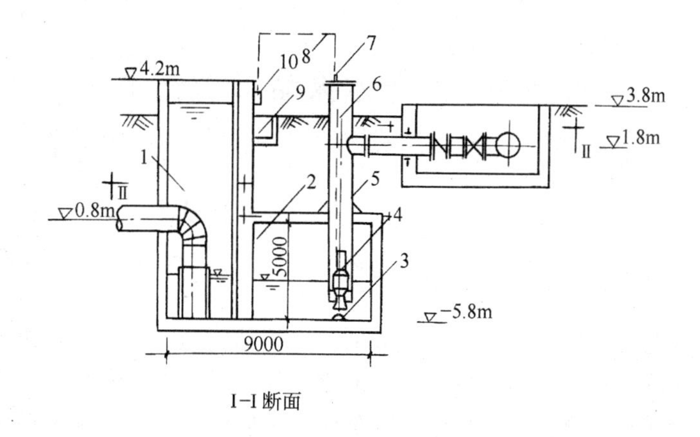

Ⅰ-Ⅰ 断面

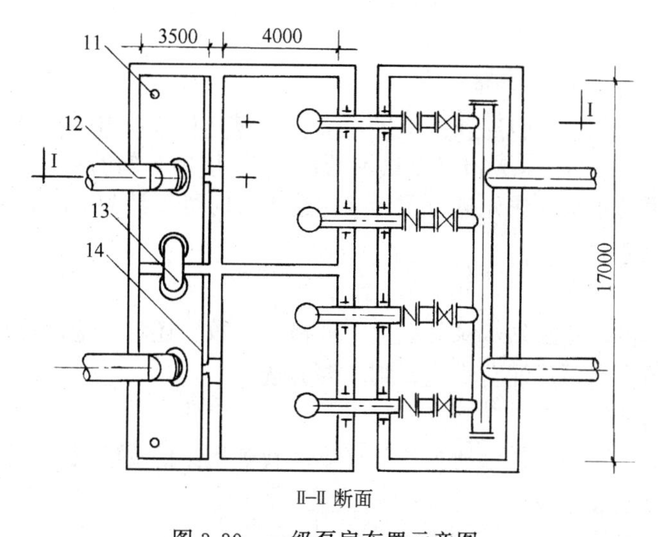

Ⅱ-Ⅱ 断面

图 3-39　一级泵房布置示意图

1—吸水井；2—吸水室；3—分水锥；4—水泵机组；5—井筒；6—潜水泵室；7—电缆密封压盖；8—电缆；9—电缆沟；10—接线盒；11—水位计；12—进水虹吸管；13—连通虹吸管；14—格网

的钢井中，自行找中，不要紧固件联接。检修水泵时，只要打开钢井法兰盖板和电缆密封压盖，用穿在潜水泵吊环上的尼龙绳夹住吊钩，拖拉尼龙绳使吊钩在水中穿进水泵顶部的吊环，用汽车起重机便可吊出，进行检查与维修。

4. 运行噪声小

潜水泵处于全潜流状态下运行，工作场所噪声低。上例实测得的噪声低于 55dB，完全符合国家规定的车间噪声允许标准 45～75dB。

5. 便于运行监督

国产 QG、QZ 系列潜水泵与德国产 PT3/645 潜水泵均为机电一体化的水泵，设有大体相同的检测项目和密封结构，如接线腔内装有漏水检测探头、定子腔内装有感温元件、电机腔下端装有漏水检测器、轴承温度检测器、油隔离室装有油水检测探头。这些检测元件给出相应的讯号，便于实现自动监控。

第十一节　给水泵站工艺设计

一、设计依据

就设计深度而言，给水泵站工艺设计有的部分与初步设计相同，有的部分与扩大初步设计相同。就设计内容而言，给水泵站工艺设计着重于水工艺设计，即给水泵站工艺设计不是一个完整初步设计或扩大初步设计。

设计的主要依据是经批准后的设计任务书、主管部门的主要指示和决议、有关部门的协议文件以及广泛搜集到的工程地质、水文地质、气象、地形等资料。

关于给水工程基本建设和设计程序，各阶段的主要内容和编制深度等，可参考系列教材《给水排水工程施工》。

二、给水泵站工艺设计步骤

1. 确定泵站设计流量和扬程

泵站设计流量应根据管网计算的结果、泵站的调节方式和相应规范确定。

由于泵站还未设计好，泵房内管道也未进行布置，因而泵站的设计扬程还不能确知，这时只能对站内管道的水头损失先进行预计（初选水泵时可预计为2m），并考虑一定的安全水头（一般不超过2m）。

2. 水泵初选

水泵初选是初步确定泵站水泵的型号、规格和台数。还包括拖动电动机或其它原动机的选择。如果机组由水泵厂配套供应，则不要另选。

3. 设计机组基础

根据初选的机组，查设计手册或产品样本，找到机组的安装尺寸和总重量。据此，进行基础的平面和高度尺寸设计。

4. 确定水泵吸水管和压水管的管径

根据站内吸、压水管的建议设计流速值和通过的流量决定管径。

5. 布置机组和管道

泵房内机组和管道的布置应考虑安装、检修、交通、供水安全经济、敷设等方面的要求。

6. 复算所选水泵和电机

根据地形、水文情况，水泵的工作方式，确定水泵的安装高度。按最不利管段计算出站内吸、压水管道的水头损失，从而得出泵站扬程。如果初选的水泵不能满足扬程和水量的要求，则应采用其它措施或重选水泵。然后根据新选水泵的轴功率选配电机。

7. 校核

选泵后的校核，是指消防和管网发生损管事故时校核泵站流量和扬程是否满足要求。若不满足要求，则要采用相应的措施（包括重新选泵），直到满足要求为止。

8. 选择泵站中的辅助设备

9. 确定泵房内部高程及泵房高度

确定泵房内部高程的基准是吸水井最低水位。在选定了水泵工作方式后，可计算出水泵的安装高度。工程实践中，自灌式工作水泵的泵轴线按泵顶在最低水位以下（或持平）推算，由此得到泵轴线高程（对卧式泵），然后推算水泵基础顶面和室内地坪高程。由室内地坪算起的泵房高度由泵房形式、泵房内起重设备的型号规格、站内管道敷设方式等决定。如，地下式半地下式泵房上层平台的高程由水文情况、管道敷设方式推算，上层平台以上地面建筑的高程应根据起重设备的型号规格通过计算确定。这样就可得到由室内地坪至房顶梁底的泵房高度。要注意的是，按照建筑模数制的规定，泵房高度一般取 $3M_0$（即 300mm）的倍数。有吊车时，牛腿至室内地坪的高度为 $3M_0$ 的倍数，吊车轨顶至室内地坪的高度应为 $6M_0$（即 600mm）的倍数（允许有±200mm 的差值）。

10. 确定泵房平面尺寸、规划泵站总平面图

机组和管路平面布置方式确定后，根据机组的排列方式、基础的长度、基础间距可确定泵房（指机器间）的最小长度 L，如图 3-40 所示。查有关设计手册或产品样本，找到相应管道、管件的型号和尺寸，按比例绘出，逐个叠加就可得机器间的最小宽度 B（见图3-40）。再考虑检修场地、交通通道等因素，最后确定机器间的平面尺寸。

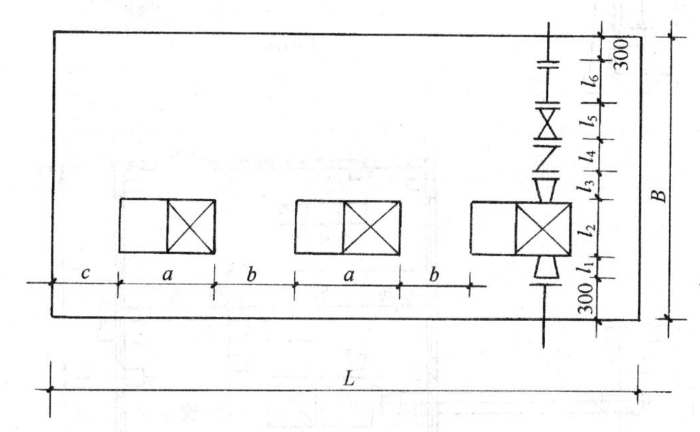

图 3-40　机器间长度 L 和宽度 B

a—机组基础长度；b—基础间距；c—基础与墙距离；l_1、l_3、l_4、l_5、l_6—分别为水泵进口短管、出口短管、止回阀、闸阀、短管的长度；l_2—机组基础宽度

泵站总平面布置的内容应包括变压器室（可露天安装）、配电室、机器间、值班室（控制室）、修理间、道路、绿化带等。布置时要考虑人员及设备安全，检修及运输方便，经济，并留有发展余地。

变配电设备一般置于泵站的一端。变压器发生故障时，易引起火灾或爆炸，宜将变压器设置于单独的变压器室内，必要时还需设贮油池（按规范要求）；当高、低压配电屏较多时，应将它们分别置于高、低压配电室内，若配电屏不多时可共设于一室，但高、低压配电屏应分列安装；低压配电室应尽量靠近水泵间，以节省电线和减小线路损耗；控制屏可安装在控制室内，也可安装在机组附近，如装有立式泵（离心泵、轴流泵）机组的泵房，控制屏就安装于上层或中层平台上。不论控制屏安装于何处，均应能实现机组的就地（机组旁）与远距离（控制室内）启动、停止；值班室与水泵间应尽量靠近，能很好地通视；要尽量做到不因配电间的设置而使泵房的跨度增大。

修理间的布置应便于设备的内部吊运及向外运输，并与整体的道路设计相适应。

按照建筑模数制的规定，泵房跨度方向的轴线称纵向定位轴线，一般取 $30M_0$（即 3m）的倍数，纵向定位轴线通常与屋架的跨度相吻合，与外纵墙内皮重合；泵房长度方向即柱距方向的轴线称横向定位轴线，泵房的柱距一般为 $60M_0$（即 6m）的倍数，如图 3-41

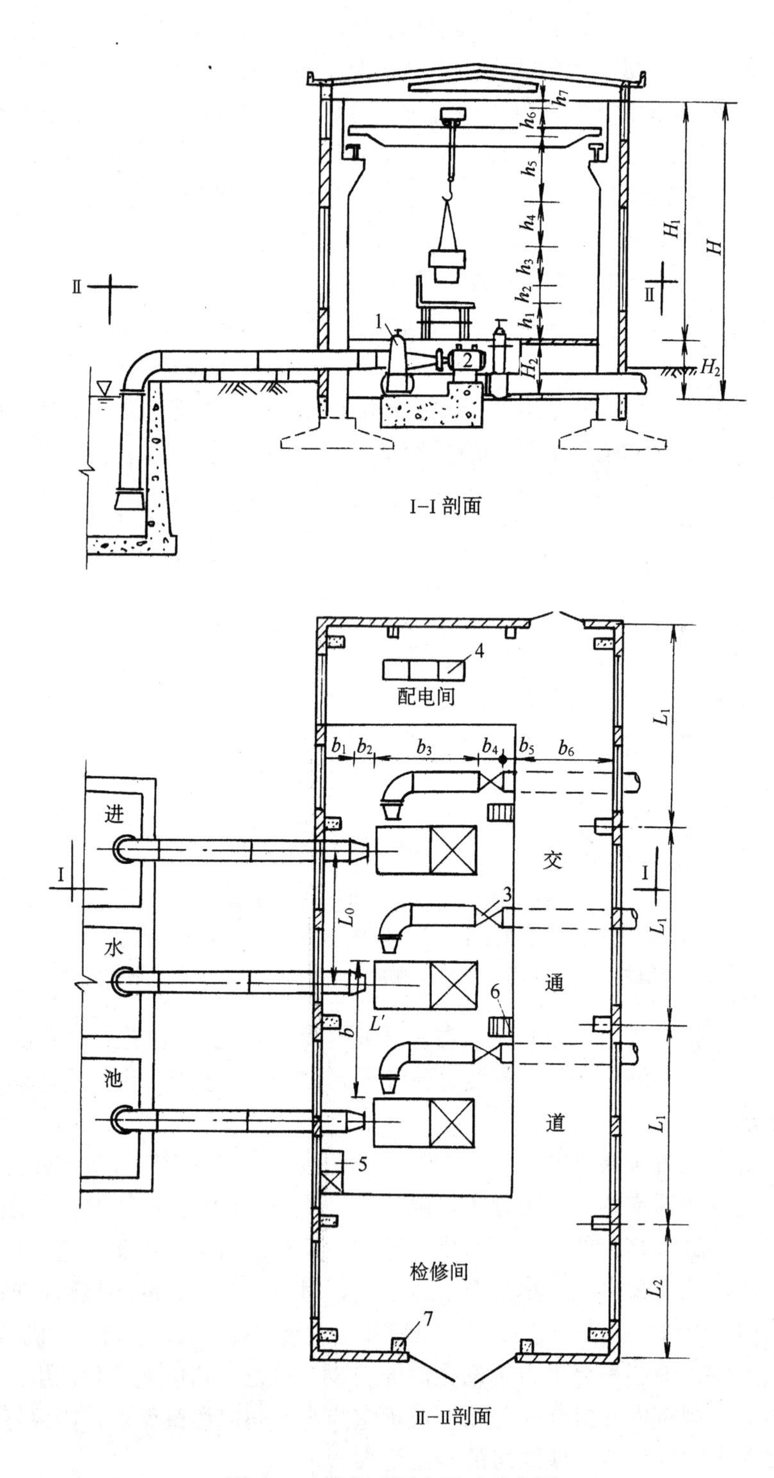

图 3-41　分基型泵房尺寸示意图

1—水泵；2—电动机；3—闸阀；4—配电柜；
5—真空泵；6—踏步；7—抗风柱

中的 L_1，小型泵房的柱距可采用 4m。设在泵房两端的配电间、检修间的柱距可取与主泵房相同的柱距，也可根据需要确定，如图3-41中的 L_2。为使端屋架与山墙抗风柱的位置不发生冲突，可将山墙内侧第一排柱中心线内移 500mm。要强调的是水泵进出水管路不允许在柱下通过。

11. 向有关工种提出设计任务

一个给水工程设计需要工艺、土建（包括建筑）、机电仪表、概预算专业设计人员的配合，而工艺设计人员应通过总工程师向有关工种提出相关的设计任务。

12. 编制设计计算书、设计说明书

13. 审核、会签

14. 出图

15. 编制预算

三、泵站的技术经济指标

泵站的技术经济指标包括单位水量基建投资、输水成本和电耗三项。

1. 单位水量基建投资

对泵站而言，基建总投资 A，包括土建、配管、设备、电气照明等费用。初步设计或扩初设计阶段按概算指标计算，施工图设计阶段按预算指标计算，工程投产后按工程决算进行计算。当泵站设计日供水量为 Q(m^3/d)时，则单位水量基建投资为：

$$a=A/Q \quad (\text{元}/m^3)$$

2. 输水成本

泵站的年经营费用 B，包括设备折旧及大修费 b_1、电费 b_2、工资福利费 b_3、经常养护费 b_4、按国家规定划入成本的其它费用 b_5。

设备折旧及大修费用，按国家现行规定计算。

全年电费可按下式计算：

$$b_2=\frac{\Sigma Q_i H_i T_i}{\eta_p \eta_m \eta_n}\gamma d \qquad (\text{元})$$

式中 Q_i——一年中泵站随季节变化的日平均输水量（m^3/s）；

H_i——相应于 Q_i 时泵站输水扬程（m）；

T_i——相应于 Q_i 的运行小时数（h）；

η_p——水泵相应于（Q_i、H_i）的效率（%）；

η_m——电动机的效率（%）；

η_n——电网效率（%）；

d——电价（元/kWh，即元/度）；

γ——水重力密度（kN/m^3）。

上式为估算公式，即它没有考虑辅助设备用电和照明等的用电。泵站建成运行后，可按实际情况进行计算。

若全年的总输水量为 ΣQ_i（m^3）则输出水成本 b 为：

$$b=\Sigma b_i/\Sigma Q_i \qquad (\text{元}/m^3)$$

3. 泵站电耗

泵站电耗 e_Q 通常是指每抽升 $1\times10^3 m^3$ 的水的所实际消耗的电能，即：

$$e_Q = E/Q \times 10^3 \quad (\text{kWh})$$

式中　E——泵站一昼夜（或统计时间）内所消耗的电能（kWh），可从泵站的电表中查得；

Q——泵站一昼夜（或统计时间）内所抽送的水量（m^3），可从流量计中查得。

电耗是衡量泵站日常运行是否经济的重要指标。然而，每台水泵在不同工况下运行的经济性并没有反映出来。为了考察水泵是否在最经济合理的状态下运行，要引入理论电耗（比电耗）概念。理论电耗是每小时将 $1\times10^3 m^3$ 的水提升 1m 高度所消耗的电能，即：

$$e_q = \frac{\gamma QH}{\eta_p \eta_m} = \frac{9.8\times10^3\times1}{3600\eta_p\eta_m} = \frac{2.72}{\eta_p\eta_m} \quad (\text{kWh})$$

若取　$\eta_p\eta_m = 0.75$，则：

$$e_q = \frac{2.72}{0.75} = 3.62 \quad (\text{kWh})$$

把实际比电耗与理论比电耗比较，便可看出每台水泵是否在最经济合理的状态下运行，从而决定是否改变水泵的工作状态以提高其运行效率和扬程利用率。

四、取水泵站工艺设计举例

某新建取水泵站总设计规模为 $16\times10^4 m^3/d$，一期工程为 $8\times10^4 m^3/d$，二期工程为 $16\times10^4 m^3/d$。采用固定式泵房用两条自流管从河中取水。水源洪水位 76.70m，常水位 69.75m，枯水位 68.73m。拟定站址后的自流管长度 70m，净水厂反应池前配水井最高水位高程 95.10m，泵站至净水厂输水干管总长 483m。试进行泵站工艺设计。

1. 设计流量确定和设计扬程估算

（1）设计流量 Q

取漏损和自用水系数 $a=1.05$，则：

一期　$$Q = 1.05\times\frac{8\times10^4}{24} = 3500 m^3/h = 0.972 m^3/s$$

二期　$$Q' = 1.05\times\frac{16\times10^4}{24} = 7000 m^3/h = 1.944 m^3/s$$

（2）设计扬程 H

1）水泵所需静扬程

取水头部示意如图 3-42 所示。自流管按 $16.8\times10^4 m^3/d$ 规模一次设计施工，采用两根 $\phi1120\times10$ 钢管。

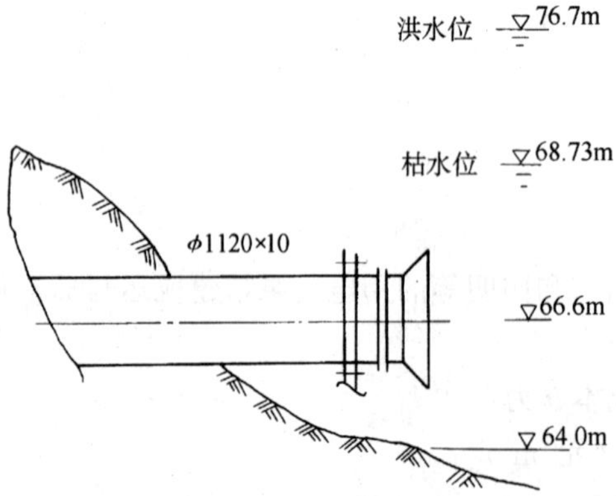

一期工程设计流量 $8.4\times10^4 m^3/d$，按一根自流管工作计算，流速 $V=0.972\times4/\pi\times1.1^2=1.02 m/s$；二期工程设计流量 $16.8\times10^4 m^3/s$，两根自流管工作，按最不利情况单管过流 $0.70Q'$ 计算，流速 1.43m/s。

自流管沿程水头损失为：

一期　$h_f = il = 0.001\times70 = 0.07m$

二期　$h'_f = il = 0.0019\times70 = 0.13m$

图 3-42　取水头部示意

取水头部采用喇叭口加栅条结构。过栅流速取为 0.6m/s，格栅阻塞面积按 25%考虑，参照 90S321 做法，喇叭口直径取为 2m 时满足要求。这时，一期工程过栅流速 0.576m/s，小于 0.6m/s；二期工程过栅流速（不利情况下）为 0.8m/s，大于 0.6m/s，但属于短时工作。局部水头损失仍按最不利情况计算：

$$h_m = (\xi_{进} + \xi_{出}) \frac{v_{管}^2}{2g} + \xi_{栅} \frac{v_{栅}^2}{2g}$$

$$= (0.5 + 1) \frac{1.43^2}{2g} + 0.364 \times \frac{0.8^2}{2g} = 0.17\text{m}$$

自流管最大设计规模下，水头损失为：

$$h = h'_f + h_m = 0.13 + 0.17 = 0.30\text{m}$$

吸水井最低水面高程：68.73－0.30＝68.43m

吸水井最高水面高程：76.70－0.30＝76.40m

枯水位时静扬程：$H_{ST} = 95.10 - 68.43 = 26.67$m

高水位时静扬程：$H_{ST}' = 95.10 - 76.40 = 18.70$m

2）输水干管的水头损失

一期工程为一条输水干管工作，取 DN1000mm 的钢管，管流流速 $v = 1.24$m/s，由于 $l/D = 483/1.0 = 483 < 1000$，总水头损失取为：

$$h = 1.7il = 1.7 \times 0.00163 \times 483 = 1.34\text{m}$$

二期工程，两条 DN1000mm 钢管同时工作，按最不利情况单管过流 $0.70Q'$ 计算，流速 $v = 1.86$m/s，总水头损失取为：

$$h = 1.7i'l = 1.7 \times 0.0037 \times 483 = 3.04\text{m}$$

3）站内水头损失

拟采用供水潜水泵（QG 系列），泵站内管道很短， 预计水头损失为 0.8m。

4）安全水头

暂取为 1m。

一期工程泵站设计扬程为：

最低水位时：$H_{max} = 26.67 + 1.34 + 0.8 + 1 = 29.81$m

最高水位时：$H_{min} = 18.70 + 1.34 + 0.8 + 1 = 21.84$m

二期工程泵站设计扬程为：

最低水位时：$H_{max} = 26.67 + 3.04 + 0.8 + 1 = 31.51$m

最高水位时：$H_{min} = 18.70 + 3.04 + 0.8 + 1 = 23.54$m

2. 初选水泵

（1）水泵型号

选江苏亚太水泵厂生产的 QG 型潜水供水泵。

（2）水泵台数

取水泵站采用均匀供水方式。一期工程拟装 3 台同规格水泵（2 用 1 备）；二期工程拟装 5～6 台同规格水泵（4 用 1 备或 4 用 2 备）。单泵流量约为 1750m³/h 以下，扬程约为 30～31.5m。

（3）水泵规格

根据所需的流量、扬程和水泵厂提供的 QG 系列水泵特性曲线，700QG1834-30-250 泵较为合适，Q=1300～2200m³/h、H=37～30m，N=220kW。700QG1834-30-250水泵特性见图3-46。QG系列潜水泵为机电一体，不需另行选配电机。

3. 机组基础

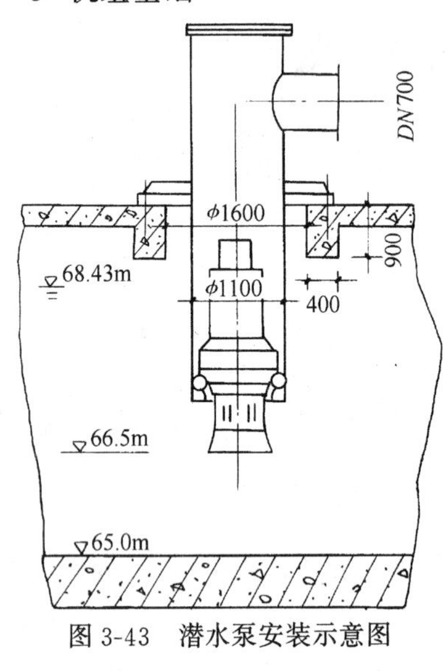

图3-43　潜水泵安装示意图

QG系列潜水泵为井筒式立装。700QG1834-30-250水泵采用钢制井筒悬吊式安装，示意见图3-43。由样本查得井筒内径1100mm，安装孔内径1600mm，地脚螺栓长度500mm，淹深1900mm，机组重3400kg。

经估算，闭阀启动时轴向推力约为33200kg。梁的截面要满足强度和地脚螺栓埋设深度的要求，同时要有足够的刚度，暂取为400mm×900mm。

4. 机组与管道布置

潜水泵扬水管（即钢制井筒）DN1100，排出管DN700，故压水管采用DN700的钢管。水泵出口压水管路上装微阻缓闭止回阀、对夹式蝶阀各一个，联络管上装对夹式蝶阀一个。输水管为两条DN1000钢管，一期工程只敷设一条。吸水室（井）为钢筋混凝土结构，长22m、宽5.6m、高6m，池中布置6个ϕ1100钢井。由于本设计吸水室中不设拦污栅和闸板，按样本的说明，部分安装尺寸可根据设计要求确定。泵房布置如图3-44所示。

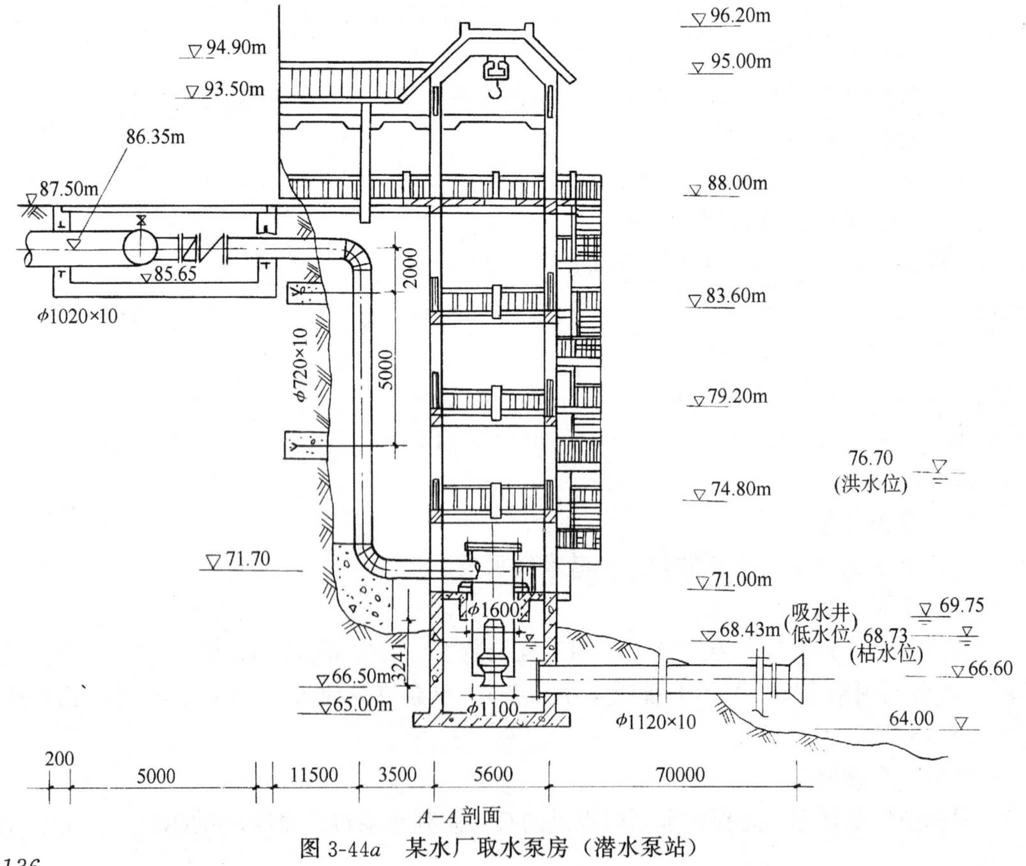

图3-44a　某水厂取水泵房（潜水泵站）

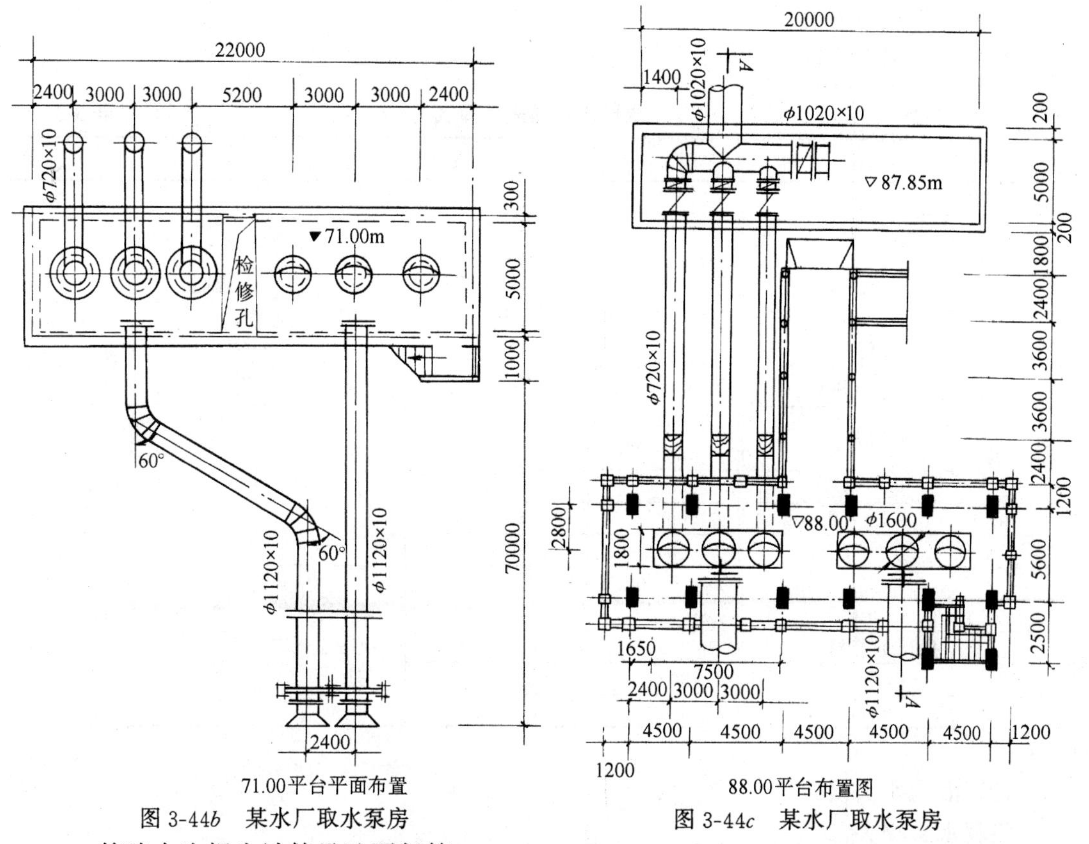

71.00平台平面布置

图 3-44*b*　某水厂取水泵房

88.00平台布置图

图 3-44*c*　某水厂取水泵房

5. 管路水头损失计算及选泵复算

根据机组与管路的布置，管路水力计算图式如图 3-45 所示。

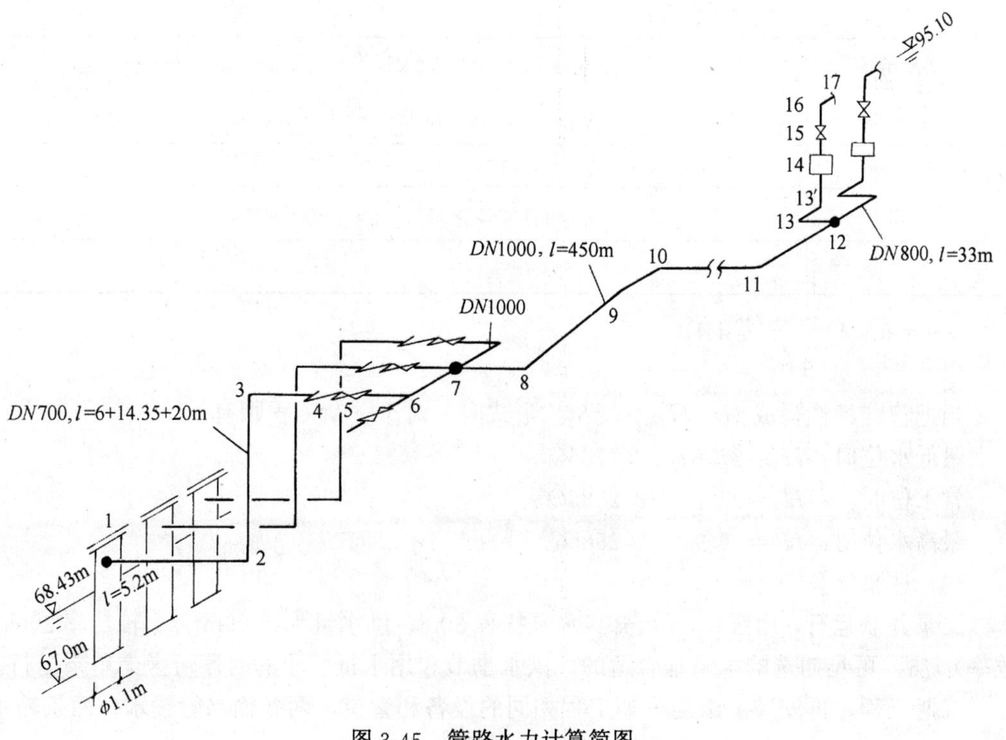

图 3-45　管路水力计算简图

（1）局部水头损失

局部水头损失，见表 3-5。

局部水头损失计算表　　表 3-5

编　号	名　称	管　径	ξ　值	
0	水泵入口	$D1100$	1.0	$\Sigma\xi=6.29$ $h_{m1}=\Sigma\xi\frac{8(Q/2)^2}{\pi^2 gD^4}$ $\approx 0.5422Q^2$
1	三通突缩	$D1100\times700$	1.5+0.26	
2	90°弯头	$D700$	0.51	
3	90°弯头	$D700$	0.51	
4	止回阀	$DN700$	0.33	
5	蝶阀	$DN700$	0.30	
6	三通突放	$D700\times1000$	1.5+0.38	
7	四通	$D1000\times700\times D1000$	1.5×2	$\Sigma\xi=5.3$ $h_{m2}=\Sigma\xi\frac{8Q^2}{\pi^2 gD^2}$ $=0.4437Q^2$
8	30°弯头	$D1000$	0.2	
9、10	45°弯头	$D1000$	0.54×2	
11	90°弯头	$D1000$	1.08	
12	三通	$D800\times800$	1.5	$\Sigma\xi=6.5$ $h_{m3}=\Sigma\xi\frac{8(Q/2)^2}{\pi^2 gD^4}$ $=0.3285Q^2$
13、16	90°弯头	$D800$	0.51×2	
14	混合器	$DN800$	2.65	
15	蝶阀	$DN800$	0.33	
17	出口	$DN800$	1.0	

（2）沿程水头损失

沿程水头损失，见表 3-6。

沿程水头损失计算表　　表 3-6

管　径	管　长（m）	h_f值
$DN1100$	5.2	$h_{f1}=0.001048\times5.2\times\left(\frac{Q}{2}\right)^2=0.00136Q^2$
$DN700$	43.5	$h_{f2}=0.001150\times43.5\times\left(\frac{Q}{2}\right)^2=0.116Q^2$
$DN1000$	450.0	$h_{f3}=0.001736\times450Q^2=0.78Q^2$
$DN800$	33.0	$h_{f4}=0.005665\times33\times\left(\frac{Q}{2}\right)^2=0.04673Q^2$
	Σh_f	$0.9446Q^2$

* 表中比阻按 $A=\frac{0.001736}{d_i^{5.3}}$计算。

当把管网特性写成 $H=H_{ST}'+\Sigma SQ^2$ 形式时，对于一期工程则有：

最低水位时：$H_1=27.67+2.2585Q^2$

常水位时：　$H_2=25.65+2.2585Q^2$

最高水位时：$H_3=19.70+2.2585Q^2$

（3）选泵复算

二泵并联运行，由图 3-46 可知：水泵扬程 30m、供水量为 0.99m³/s、轴功率 200kW、效率 0.76。可见初选的水泵是合适的。洪水季节和用水量较小的时段可考虑单泵运行。

二期工程，再安装一组与一期工程相同的设备和管道，两条输水管输水。两条输水管

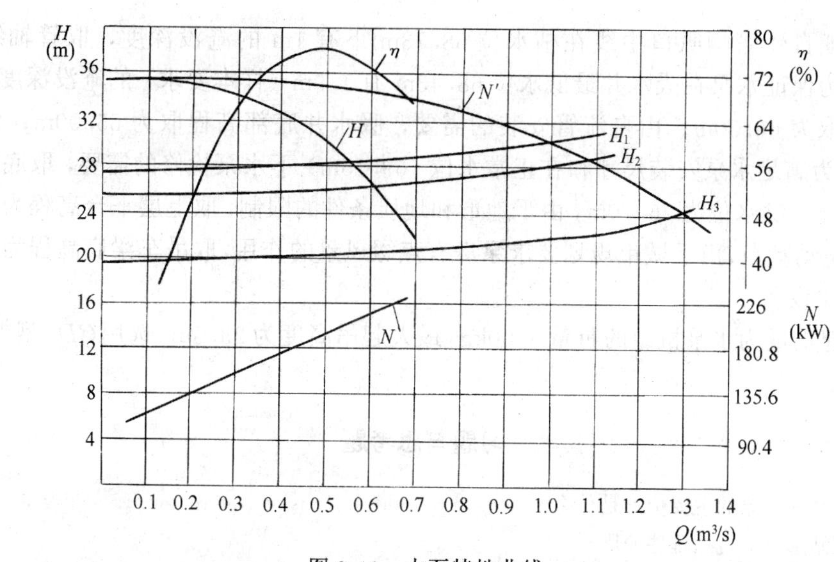

图 3-46　水泵特性曲线

正常运行的情况下，由于布置的对称性，为二期工程所选的水泵完全满足要求。

6. 校核

（1）消防

取水泵站的消防任务是在规定的时间内，向清水池补充好消防贮备水。由于泵站供水量较大（单泵为 0.55m³/s）不必设置专用消防泵，只需在消防贮备水补充期间启动备用泵即可。

（2）事故

一期工程，只有一根输水管工作，若输水管故障，则必须停水，加紧抢修。二期工程，在一条输水管故障停用的情况下，三台水泵工作，供水量为 $0.70Q'$。校核如下：

局部水头损失：

$$h_{m1} = \Sigma\xi = \frac{8(0.70\,Q'/3)^2}{\pi^2 g D^4} = 0.512\text{m}$$

$$h_{m2} = \Sigma\xi = \frac{8(0.70\,Q'/3)^2}{\pi^2 g D^4} = 0.943\text{m}$$

$$h_{m3} = \Sigma\xi = \frac{8(0.70\,Q'/3)^2}{\pi^2 g D^4} = 0.697\text{m}$$

沿程水头损失：

$$h_{f1} = A_1 l_1 (0.70Q'/3)^2 = 0.001\text{m}$$

$$h_{f2} = A_2 l_2 (0.70Q'/3)^2 = 0.109\text{m}$$

$$h_{f3} = A_3 l_3 (0.70Q')^2 = 1.658\text{m}$$

$$h_{f4} = A_4 l_4 (0.70Q'/2)^2 = 0.044\text{m}$$

总水头损失 $\Sigma h = 3.96\text{m}$，在最低水位下，水泵的扬程为 $H_{max} = 27.63 + 3.96 = 31.63\text{m}$。由图 3-46 可知，当水泵扬程为 31.63m 时，三泵并联工作的供水量约为 1.41m³/s，接近于 $0.70Q'$（即 1.361m³/s）。所选水泵满足事故工况的要求。

7. 泵站有关高程确定（见图 3-44　A—A）

为保证自流管喇叭口中线在枯水位 68.73m 下有 1m 的淹没深度，取管轴线高程为 66.60m；为保证水泵在吸水井最低水位 68.43m 有 1.9m（样本要求）的淹没深度，水泵吸水口高程取为 66.50m；由自流管安装的需要，吸水井底部高程取为 65.00m；潜水泵高 3241mm，为满足水泵安装尺寸和在正常水位（69.75m）下水泵检修的需要，取底层平台高程为 71.00m；洪水位为 76.70m，由于地形和地质条件的限制，取上层平台高程为 88.00m；采用单轨电动葫芦，由于城市规划要求泵房有点缀风景的作用，取吊车梁底高程为 95.00m。

8. 起重设备

最大起重量为水泵机组的重量 3400kg，最大起吊高度为 23.5m。选用 CD_1 型电动葫芦，起重量 5t。

习题与思考题

1. 给水泵站选泵的主要依据是什么？
2. 为泵站选泵应遵循哪些原则？
3. 为给水泵站选泵如何考虑近期与远期的结合？
4. 目前，我国城市给水泵站的调节方式有几种？
5. 泵站的设计流量和扬程如何确定？
6. 一个日产水 $1\times10^5 m^3$ 的水厂，若每天浪费 2m 扬程，假定变压器、电机、水泵的平均运行效率为 0.98、0.85、0.80，电价为 0.85 元/度。问全年由于扬程浪费的电耗为多少 kW·h？为此所付出的电费为多少？
7. 对泵站的吸、压水管路有哪些基本要求？如何满足这些要求？
8. 给水泵房内管道的敷设方式有哪几种？对泵房的结构有何影响？
9. 怎样为水泵选配电动机？
10. 给水站泵的主要辅助设备有哪些？如何选型？
11. 给水泵站常用的供电方式有几种？
12. 阐述泵站停泵水锤的防治措施。
13. 简述泵站噪声的防治措施。
14. 简述给水泵站的土建特点。
15. 潜水泵站有何特点？
16. 泵房内部高程如何确定？
17. 简述泵站工艺设计步骤。
18. 泵站的技术经济指标有哪些？

第四章 排水泵站

第一节 概　　述

一、基本组成

排水泵站抽升的是含有杂质的污水，且污水来量是随机变化的。为完成这个工艺过程，需要相应的构筑物与设备，其基本组成为：

格栅。格栅安装在集水池前端，拦截雨水、生活污水与工业废水中较大的漂浮物及杂质。小型泵站格栅拦截的栅渣多采用人工清除，大中型泵站采用机械格栅和机械清渣。

集水池。其功能是，在一定的程度上调节来水量的不均匀，使水泵能较均匀地工作；容纳格栅和水泵吸入装置，并保证水泵有正确的吸水条件。

水泵间。主要功能是安装水泵和辅助设备。它的构造可以有多种型式，要根据具体情况采用。

辅助间。为满足泵站运行和管理的需要，应有一些辅助用房。这些用房一般包括贮藏室、修理间、休息室、卫生间等。至于它们的规模应按设计规范的要求决定。

附设变电所。不是每个排水泵站必须设变电所，这要根据站址取得电源的具体情况决定。

二、分类

排水泵站分类的方法很多。按排水性质，可分为污水、雨水、合流、污泥 4 类泵站；按在排水系统中的作用，可分为中途（区域）、终点（总提升）泵站；按引水方式，可分为自灌式、抽吸式（非自灌）泵站；按泵房平面形状，可分为圆形、矩形、组合形泵站；按集水池与水泵间的组合情况，可分为合建式与分建式泵站；按水泵与地面的位置关系，可分为地下式、半地下式泵站；按水泵的操纵方式，可分为手动、自动和遥控泵站。

三、泵房形式

泵房的形式与泵站分类一样，有多种不同的的形式。不同的泵房形式适用于不同的情况，选择泵房形式时，应根据进水管渠的埋设深度、来水量的大小及变化规律、水泵机组的型号及台数、水文地质条件、施工方法、泵站工作制度等，从布置、施工、运行条件、造价等方面综合平衡后确定，现介绍几种常见的排水泵房的基本形式。

图 4-1 为合建式圆形泵房示意图。半地下式，卧式水泵、自灌式工作。适用于是中小排水量、水泵台数不超过 4 台的场合。它的结构紧凑，便于沉井法施工，利于根据集水池水位实现泵站自动化工作。缺点是泵房较深，机组和辅助设备布置较困难，站内交通不便，自然通风和采光不好，潮湿。如将卧式机组改为立式机组，则可减小泵房面积，电动机安装在上层使工作环境和工作条件有所改善。但要注意到传动轴甚长，应按规定（轴长大于 1.8m）设置中间轴承及固定支架。

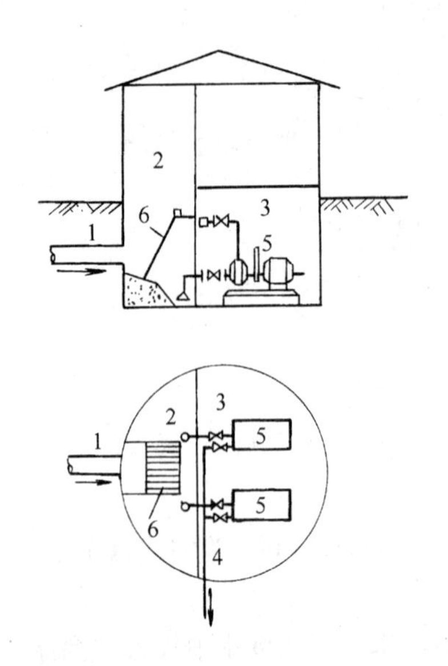

图 4-1　合建式圆形排水泵站

1—排水管渠；2—集水池；3—机器间；4—压水管；5—卧式污水泵；6—格栅

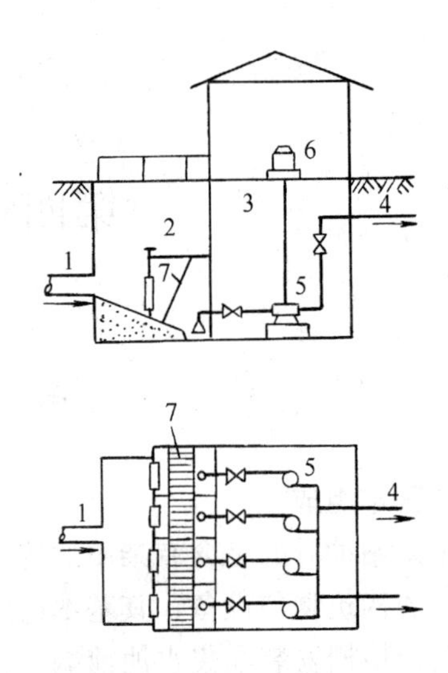

图 4-2　合建式矩形排水泵站

1—排水管渠；2—集水池；3—机器间；4—压水管；5—立式污水泵；6—立式电动机；7—格栅

图 4-2 为合建式矩形泵房示意图。半地下式，设置立式泵、自灌式工作。适用于大中流量（$Q=1.0\sim30m^3/s$），水泵台数超过 4 台的场合。这种泵房便于机组的布置，易于实现水泵操纵自动化，操作及管理较为方便。

图 4-3 为分建式矩形排水泵房。当土质差、地下水水位高时，为减小施工困难和降低土建费用，可采用这种机器间抬高的分建式泵房。集水池圆形、机器间矩形，水泵抽吸式工作。这种泵站的结构处理简单，水泵检修方便，机器间无渗污和被污水淹没的危险。缺点是吸水管线长，水头损失大，需引水启动，操作较为麻烦。

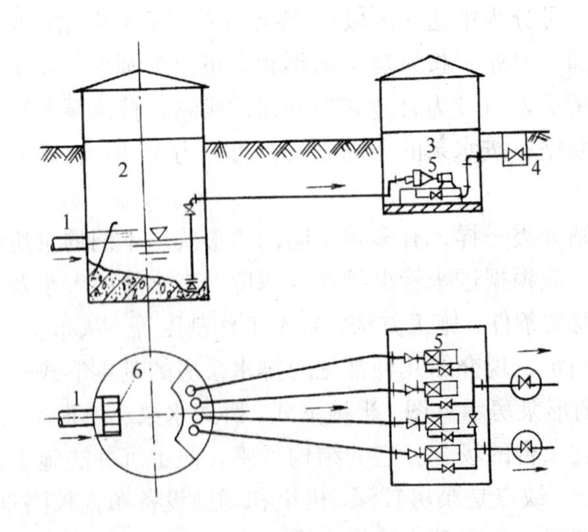

图 4-3　分建式排水泵房

1—来水管渠；2—集水池；3—机器间；4—压水管；5—卧式机组；6—格栅

第二节 污水泵站

污水泵站的功能在于：把污水从一根干管抽入另一根干管，以减小干管下游的埋深（中途泵站）；或把污水提升至污水处理厂（总提升泵站），以便进行处理。

一、水泵选择

污水泵站水泵选择与给水泵站基本相同。

1. 泵站的设计流量和扬程

城市用水量不均匀，排入管渠的污水量也不均匀，即污水来量的变化规律不能预先确知，因而污水泵站的设计流量一般按最高日最大时污水量计算。

泵站设计流量确定后，可按下式计算设计扬程：

$$H=Hss+H_{sd}+\Sigma h_s+\Sigma h_d+H_C \quad (m) \tag{4-1}$$

式中 Hss——吸水地形高度（m），为集水池最低水位与水泵轴线的高程差；

H_{sd}——压水地形高度（m），为水泵轴线与输水最高点（一般为压水管出口处）的高程差；

Σh_s、Σh_d——吸水和压水管路的水头损失（包括沿程和局部水头损失，m）；

H_C——安全水头（m），一般取 $H_C=1\sim2$m。

2. 水泵型号

在确定水泵型号时，要注意到，来水性质不同时，应选择相应型号的污水泵，确实选不到合适的污水泵时可选用清水泵（清水泵用于污水系统使用寿命大为缩短）；污水泵站一般扬程不高，可选择立式离心泵、轴流泵、混流泵，条件合适时应选择潜水污水泵（简称潜污泵），如QW型系列（$H=7\sim40$m，$Q=15\sim10000\text{m}^3/\text{h}$）、QZ型系列（$H=1.5\sim9$m，$Q=125\sim3400$L/s）。

3. 水泵台数

对小型泵站，可按2～3台（2用1备）配置，单泵流量为1/2设计流量；对大中型泵站可按2～3台或3～4台配置，单泵流量可按分级抽水方式（大小泵搭配）分配。

4. 水泵规格

水泵的规格应根据泵站的设计扬程和流量、水泵台数、水泵特性曲线确定。由于来水量不均匀，集水池水位也随着发生变化，因而设计流量下运行水泵的效率不必为最高，而要使在频率大的来水量范围内水泵的效率最高、扬程利用率也较高，还要使水泵并联或单泵运行时都处在高效段内。

二、集水池容积

集水池容积过大，会造成集水池中杂物的沉积与腐败，亦增加了泵站的土建投资；容积过小，则不能满足对集水池功能的要求，不难想见，集水池容积的大小与污水来量的变化情况、水泵型号和台数、泵站的操纵方式和工作制度、水泵的启动时间等有关。

工艺设计中，对污水泵房集水池容积的控制原则是：最小容积不应小于最大一台水泵5min的出水量。大型泵站，全天工作，5min足够启动备用泵，因而一般取5～10min最大一台水泵的出水量为集水池容积；小型泵站，一般夜间停止运行，因而用上面原则确定的集水池容积，还要用夜间污水流入量进行校核，工厂污水泵站，还要用短时淋浴排水量进行校核。

对自动控制污水泵站，集水池容积可按下式确定：

泵站为一级工作时：

$$W=Q_0/4n \tag{4-2}$$

泵站分二级工作时：

$$W=(Q_2-Q_1)/4n \tag{4-3}$$

式中 W——集水池容积（m^3）；

Q_0——泵站为一级工作时，工作泵总出水量（m^3/h）；

Q_2、Q_1——泵站分二级工作时，二级与一级工作泵的出水量（m^3/h）；

n——水泵每小时启动次数，一般取 $n=6$。

三、机组与管道布置（参图 4-5）

1．机组布置

污水泵房内机组一般不超过 3～4 台，且污水泵结构都是轴向进水、一侧出水，因而常采用纵向（即泵轴线相互平行）布置，示意如图 4-4 所示。图 4-4（*a*）适用于是卧式污水泵，（*b*）、（*c*）适用于立式污水泵。

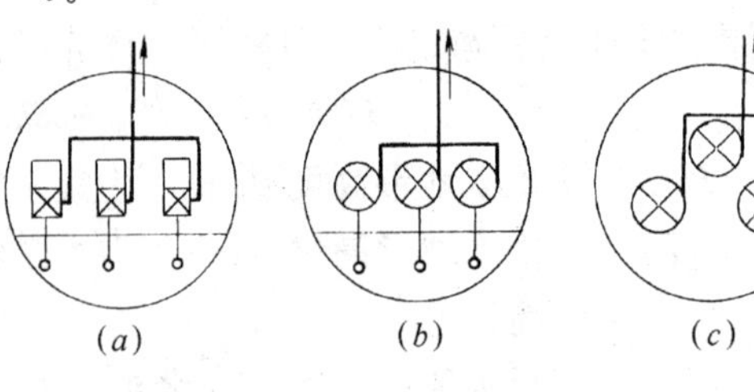

图 4-4　污水泵站机组布置

为减小集水池容积和利于实现泵站自动控制，污水泵常采用自灌式工作。此时，吸水管上必须装设检修闸阀（隔离闸阀）。

基础间距及通道尺寸，可参考给水泵站的要求。

2．管道布置

为了减小水头损失和堵塞的可能性，每台水泵应设一条吸水管；吸水管进口端应装设喇叭口（直径 $R=1.3\sim1.5D$），喇叭口朝下装于集水池内的集水坑中。为保证池内不产生漩流及漩涡，喇叭口边缘距坑壁 L_1 为（0.75～1.0）R，下缘至坑底 h_1 不小于 $0.8R$、但不小于 0.5m，喇叭口在最低水位下的淹没深度 h 为 0.4m；抽吸式工作的泵站，应用真空泵等引水，不允许在吸管上装设底阀。因底阀在污水中极易被堵塞、卡涩，阀板也容易损坏；确定吸水管径时，设计流速取 1.0～1.5m/s，不得低于 0.7m/s。吸水管短时设计流速可取 2.0～2.5m/s。

水泵出口的压水管路上，一般不设止回阀，但应设置检修闸阀；确定管径时，设计流速取 1.5m/s 以上。当两台或两台以上的水泵共用一条压水管路而只有一台水泵工作时，其流速不得小于 0.7m/s；各泵的出水管与压水干管连接时，不得自干管底部接入。

3．管道敷设方式

污水泵房内管道一般明装。吸水管置于地板上，压水管多置于沿墙的托架上。敷设应注意管道的稳定，管道位置不允许在电气设备的上空，不妨碍站内交通、设备吊装和检修。

四、站内高程设计

污水泵站内部高程设计基准：小型泵站为进水管渠底部高程；大中型泵站为进水管渠充满度下的计算水位。

1．集水池

集水池有关高程见图 4-5。集水池的有效水深 H_{ef} 是指最高水位与最低水位高程的差值，一般取为1.5～2.0m，集水池最高水位为高程设计基准减去过栅水头损失。集水池最低水位由最高水位与有效水深之差决定。格栅安装小平台距高程设计基准 h_2 为0.75～1.0m，顺水流方向的宽度 L_2 为0.5m。格栅安装角度 α 为45°～80°。集水池底向集水坑应有一定的坡度，一般为0.1～0.2。集水坑的大小应能容纳吸水管并使水泵有良好的吸水条件。格栅上部的清理工作平台应高出最高水位0.5m以上。

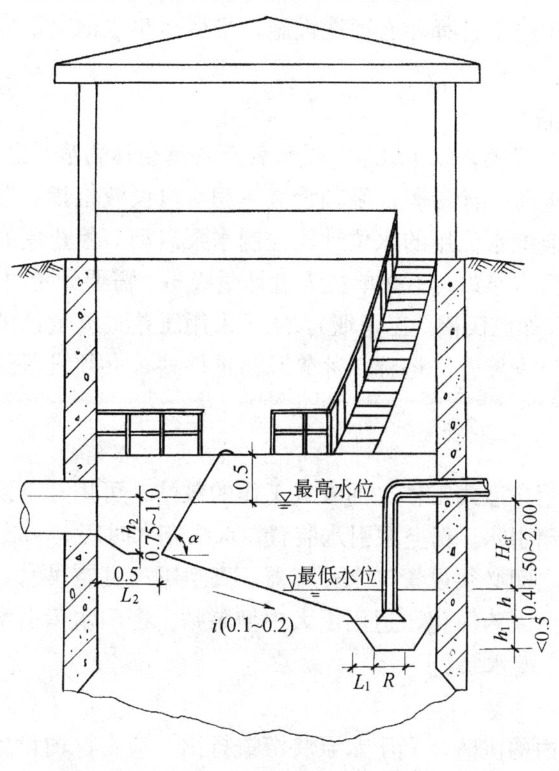

图4-5　集水池

2. 水泵间

水泵间内部高程设计原则上以集水池最低水位为基准，也可以低于最低水位的某一适当水位为基准。

抽吸式工作的泵站，应根据集水池最低水位、水泵的允许吸上真空高度，推算出水泵轴线高程的上限，由此确定水泵间地面高程及其它高程。水泵间上层工作平台一般比室外地坪高出0.5m。

自灌式工作的泵站，应根据集水池最低水位、喇叭口下缘高程推算出配管高程和泵轴线高程，进而推算出基础顶部、水泵间地坪的高程。在一般情况下自灌式泵站集水池底板与水泵间地坪高程基本一致。

五、主要辅助设施

1. 格栅及清除设施

格栅由平行栅条和格栅横向支撑组成。栅条断面形状可为矩形、圆形、方形或带圆头的矩形。材质可为钢或铸铁，一般选用断面10mm×50mm～10mm×100mm的扁钢或扁铸铁。栅条间距由水质和水泵型号决定，一般为20～120mm。横向支撑为80～100mm的槽钢，每米加1个。

工艺设计中，过栅流速取0.8～1.0m/s，栅前流速取0.6～0.8m/s，栅后到集水池流速取0.5～0.7m/s（轴流泵应不大于0.5m/s）。

小型泵站，格栅采用人工清渣，格栅安装角度45°～60°。大中型泵站，设置机械格栅和采用机耙清渣，格栅安装角度60°～80°。清除工作平台正面过道宽度，机械清除时不小于1.2m，人工清除时不小于1.5m；两侧过道宽度不小于0.7m，过道边缘应有1m高的栏杆。不论何种清除方式，工作平台都要有冲洗设施，平台至集水池上部应有梯子、至池底要爬梯。

2. 仪表及计量设备

排水泵站应设置的仪表有以下几类：吸水管上装真空压力表、出水压力管上装压力表；配电设备上装电流、电压、计量表；泵轴承液体润滑时设液位指示器，泵轴承循环润滑油设温度计、压力表；监控水位用的水位计，控制水泵启动、停止用的水位控制器。

设在污水厂内的污水泵站，不必单独设置计量设备。需要计量时，可采用电磁流量计、超声流量计、计量槽（如巴氏槽、三角堰），还可采用压差式流量计（如弯头、文丘里）。采用压差式流量计时，仪表接管（俗称脉冲管）易被堵塞，必须设置仪表接管的反冲洗管系统。

3. 引水设施

污水泵站一般采用自灌式工作。抽吸式工作的泵站，可用真空泵或水射器引水，也可采用真空罐或密闭水箱引水。真空泵引水装置，水泵充水时间3～5min，适用于各种水泵，但在真空泵与污水泵之间必须设置气水分离器。真空罐（真空吊水）引水，能使水泵随时启动，从而使控制电路大为简化，适用于大中型泵站。密闭水箱引水，设备简单，引水时间3～5min，适用于小型水泵。

4. 反冲设备

为了松动集水坑内的沉渣，利于水泵将沉渣排出，应在坑内设置压力水冲洗管。一般从水泵压水管上接一根ϕ50～100mm的支管，伸入集水坑内（坑内管为穿孔管），定期松动。也可外接自来水，定期松动。

5. 排水设施

抽吸式泵站，水泵间的污水能自流排入集水池。这时水泵间集水坑与集水池可用管道连接，管上装阀门，可视集水坑水位情况开阀排放。当水泵的吸水管能形成真空时，可在水泵吸入口附近，接出一根水管伸入水泵间集水坑，管上装阀门。当集水池水位较低时，可开阀用工作泵排放。

水泵间污水不能自流排入集水池和工作泵吸水管又不能形成真空时，应设专用排水泵将水泵间污水排入集水池内。

为便于水泵间污水排出，地面做成0.01～0.015的坡度倾向排水沟，排水沟以0.01的坡度倾向水泵间集水坑。排水沟断面为100mm×100mm，集水坑直径可为500～600mm，深600～800mm。

6. 采暖通风与防潮设施

污水泵房的污水温度通常不低于10～12℃，且集水池较深热量不易发散，因而集水池不需采暖。水泵间如需采暖，可用火炉或暖气设施。

集水池通常采用通风管自然通风，它的一端伸入清理工作平台以下，一端伸出屋顶并设置风帽；水泵间一般采用自然通风，即除开窗外另设一高一低拔风筒，由地下部分通过屋顶到室外。水泵间夏季温度应不超过35℃，自然通风不能满足要求时，应采用机械通风。

由于降雨所产生的湿气或室内外温差引起的室内结露，使水泵间相对湿度高于75%时，电机的绝缘强度大为降低。低压电机的绝缘电阻小于0.5MΩ时，将不能启动。因而应采取防潮措施，一般采用电加热器或吸湿剂防潮。

7. 起重设备

起重设备的型式和规格，应根据泵房的形式和尺寸、设备的重量确定。有关的规定与具体选法与给水泵站相同。

六、构造特点及示例

由于来水管渠埋深较深，加上水泵多为自灌式工作，因而排水泵房一般为地下式或半地下式。其构造特点如下：

1. 筒体及底板采用钢筋混凝土连续浇筑的整体。

地下式污水泵房，站址往往地势较低，埋深又深，常建在地下水水位以下，结构应考防渗、防漏、抗裂、抗浮。因而筒体及底板采用连续钢筋混凝土整体浇筑，泵房的地面以上部分墙体一般用砖砌筑。

2. 泵房常采用合建式

为缩短吸水管路，改善水泵的吸水条件，集水池与水泵间通常合建。合建时，集水池与机器间必须用无门、窗的不透水墙隔开，各自有单独的门进出。辅助间因与集水池，水泵间高程相差较大，往往分开建筑。在地质条件允许沉井法施工时，筒体多采用圆形结构，以降低施工费用和工程造价。

当水泵台数很多，来水管渠埋深又深时，为减小机器间埋深和便于机组布置，集水池与水泵间可分开建筑。这时，水泵间的埋深取决于水泵的允许吸上真空高度。要注意的是不要把水泵允许吸上真空高度使用到极限值。

3. 防洪

站址地势低，有可能被洪水淹没，应有防洪设施，如用堤将泵站围住，或提高水泵间进口门槛的高程。防洪设施的高程应高出站址一定频率下洪峰水位0.5m以上。由于人类对自然环境的影响，从大量的统计资料看，20年一遇的防洪设施已不能有效地抵御洪水。到底取多大的洪水频率做防洪的标准，要根据当地的水文、气象等情况决定。

4. 事故排放

由于供电或其它方面的原因，有可能使泵站不能及时排走污水，因而应设置污水事故排放设施，利用自流或壅水排放污水。事故排放管设在集水池中还是设在集水池前，要视具体情况确定。一般情况下设在集水池中。事故排放设施示意见图4-6。

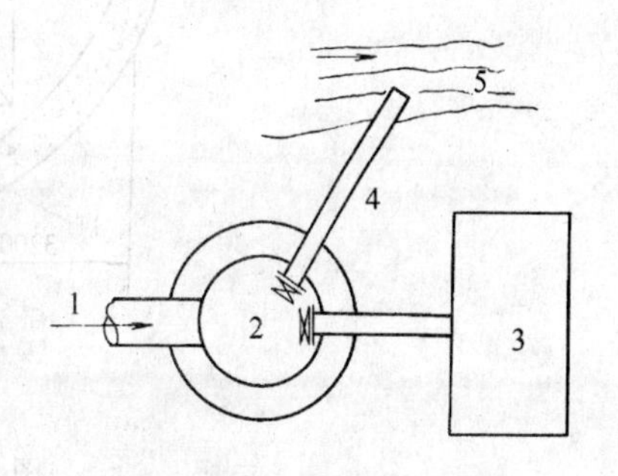

图4-6 事故排放口示意

1—来水管渠；2—集水池；3—泵房；4—事故排放管；5—河道

图4-7为自灌式圆形污水泵站的工艺设计图。部分资料为：最大时污水量为200L/s，来水管DN600mm、充满度0.75、管底高程24.85m，出水管提升后的水面高程39.80m、管长320m，泵站原地面高程31.80m。

工艺设计如下：

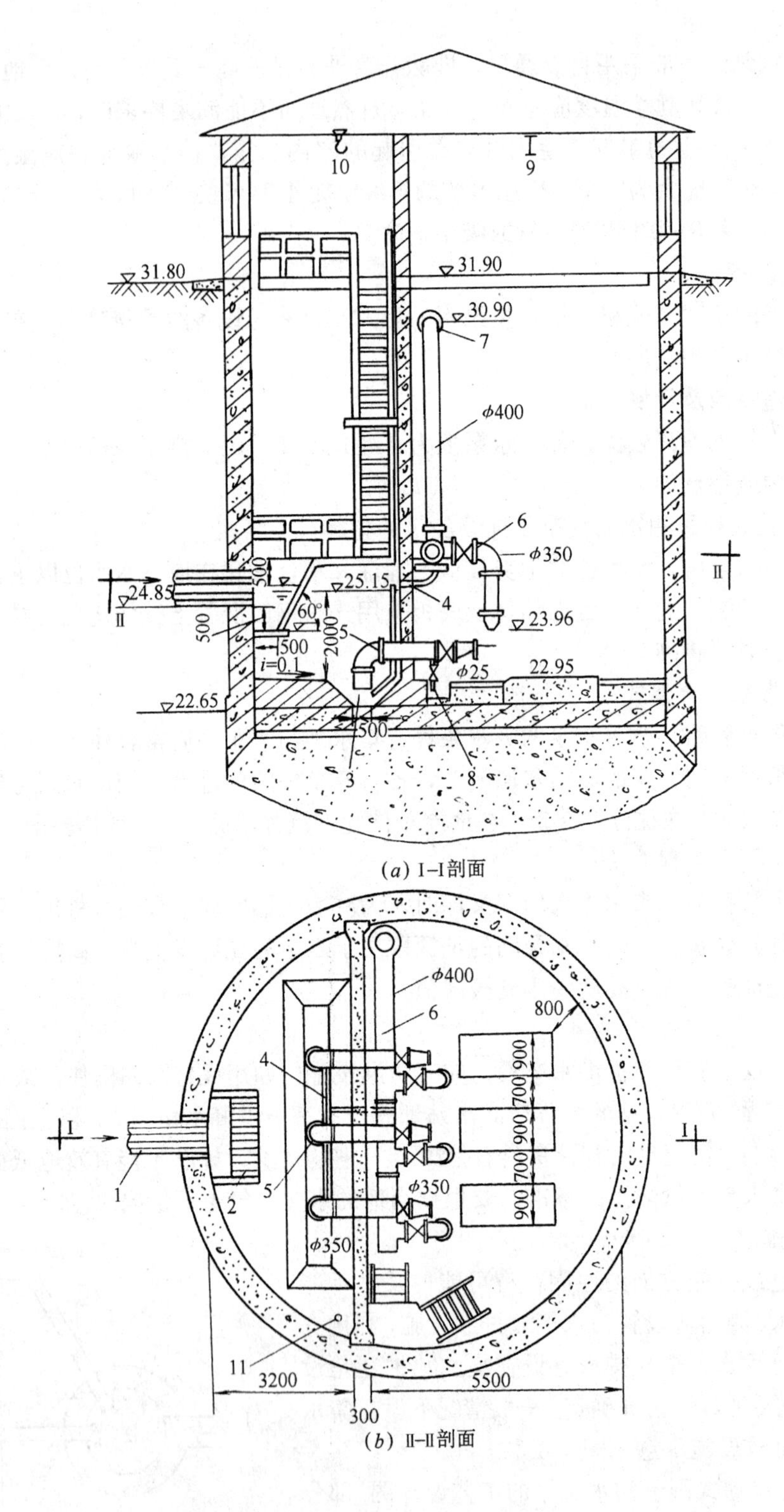

图 4-7　6PWA 型污水泵站

1—来水干管；2—格栅；3—吸水坑；4—冲洗水管；5—水泵吸水管；6—压水管；7—弯头水表；8—φ 25 吸水管；9—单梁吊车；10—吊钩；11—水位计

泵房地下部分为钢筋混凝土筒体，地面部分砖砌筑，集水池与机器间用钢筋混凝土墙隔开。内置3台6PWA污水泵（2用1备），单泵扬程23m时、出水量$Q=100L/s$。水泵自灌式工作。各泵有单独的吸水管，$DN350$，管上设闸阀。各泵有出口压水管管径$DN350$，管上装有闸阀。3台泵共用一条压水干管，$DN400$。

集水池容积按一台泵5min出水量估算，约$33m^3$。有效水深H_{ef}取2m。内设人工清除格栅一个，尺寸为1.5m×1.8m，安装角度60°。

利用压水干管的弯头位置装设弯头流量计。集水坑内设有水位计传感器。沿水泵间四周设排水沟，通向水泵间的集水坑。水泵吸水管上接出一根ϕ25的小管，伸到水泵间集水坑内，水泵工作吸水管形成真空时开阀排水。压水干管接出一根ϕ50的反冲选管，通到集水池的集水坑内与穿孔管相接。

集水池设一根拔风管（图中末示出），水泵间设两根拔风管（图中末示出），集水池设一固定吊钩，水泵间起重设备采用单轨梁吊车。

第三节　雨水泵站及合流泵站

当雨水管道出口处水体水位较高、雨水不能自流排出，或水体最高水位高出排水区域的平均高程时，应在雨水管渠出口前设置雨水泵站。泵站的典型工艺流程为：进水管→进水闸井→沉砂池→格栅井→前池→集水池→水泵→出流井→出水管→出水闸井→出水口。对合流制排水系统，集水池一般合用，水泵可以分设，也可以共用。雨水泵站的基本特点是大流量、低扬程、季节性强，因而大都采用轴流泵、混流泵，且不设备用泵。

一、泵房的基本型式

集水池和水泵间一般为合建式。对于立式轴流泵站或卧式水泵抽吸式泵站，集水池可设在水泵间底板下面，其中卧式水泵吸水管道通过地板时要做防水密封处理；对于自灌式泵站，集水池和水泵间可以前后并列，用隔墙分开。泵房的地下构筑物进水闸、格栅、出水井同集水池、机器间合建在一起。根据集水池与水泵间的相互位置关系，雨水泵站可分为两类：

1. 干室式泵房

图4-8为干室式泵房示意图。城市雨水及合流泵站应采用这种型式。这种泵房分为三

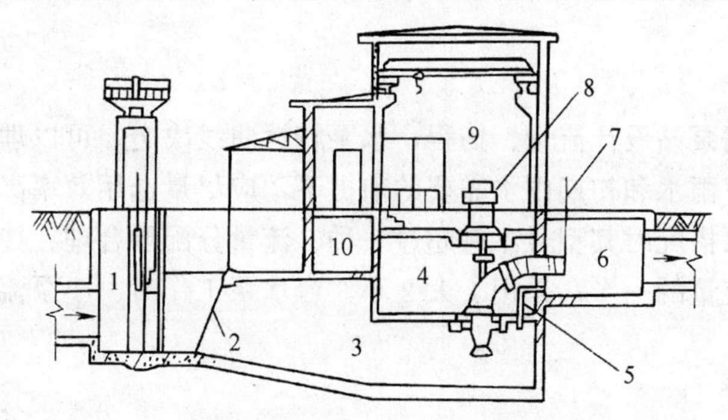

图4-8　干室式泵房示意图

1—进水闸；2—格栅；3—集水池；4—水泵间；5—泄空管；6—出水井；7—通气管；8—立式泵机组；9—电机间；10—电缆沟

层：上层为电机间。安装电机和其它电气设备；中层为水泵间。安装水泵轴和压水管；下层为集水池。安装底座为封闭式的轴流泵。水泵间与集水池用不透水的墙隔开。水泵间应设地面集水、排水设施，即设置排水沟、集水坑、排水泵。

这种泵房电机运行条件好，检修方便，卫生条件也好。缺点是结构复杂，造价较高。

2. 湿室式泵房

图 4-9 为湿室式泵房示意图。这种泵房的电机间下面是集水池，水泵浸入池内。它的结构简单，造价低，但比较潮湿，卫生条件不好，水泵检修不方便。

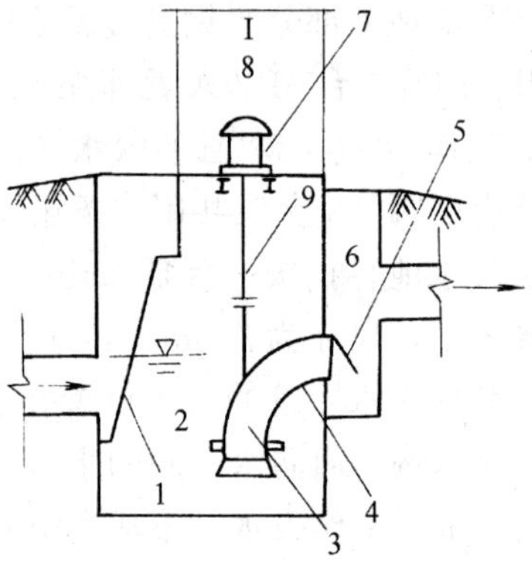

图 4-9 湿室式泵房示意图

1—格栅；2—集水池；3—立式水泵；4—压水管；5—拍门；6—出水井；7—立式电机；8—电机间；9—传动轴

二、水泵选择

1. 设计流量和扬程

雨水来量的大小相差极大。大型雨水泵站的设计流量应按进水管渠设计流量计算，小型雨水泵站（小于 2.5m^3/s）设计流量可略大于雨水管道设计流量。合流泵站内雨水、污水设计流量，应按各自的标准计算。当站内雨、污水分成两部分抽送时，设计流量应分别满足各自的工艺要求；当共用一套装置抽送时，应能满足污水与合流来水的要求。

泵站的设计扬程应对进水水位，排入水体的历年水位经分析综合后决定，用经常出现的扬程作为设计扬程。一般而言，泵站的设计扬程应满足从集水池平均水位到出水井最高水位所需扬程的要求。对于出水口水位变动较大的雨水泵站，出水管口可能淹没在最高洪水位下，出水井将有水位壅高，这时的设计扬程要同时满足在最高扬程下出水量的要求。

2. 水泵型号和台数

大型雨水泵站，可选用 ZLB、ZLQ、ZL 等型号的水泵，台数不少于 2～3 台，不宜超过 8 台。经常使用的规格有 36ZLB、28ZLB、20ZLB 等。合流泵站的污水部分除选用污水泵外，由于流量和扬程的要求亦可选用 14ZLB、20ZLB 等小型立式轴流泵或 HB、TL、丰产型混流泵。

雨水泵站不考虑泵的备用，因旱季可集中检修或更换。合流泵的污水泵要考虑水泵的备用。

3. 水泵规格

水泵规格应根据泵站设计流量、扬程，水泵特性曲线决定。可以理解为：工作泵在同时满足抽升设计频率雨水和初期雨水需要的前提下，应尽量选用效率高的同一型号和规格的水泵，如需大小泵搭配时其型号不宜超过 2 种、流量分配要合理。如采用 2 台泵时小泵流量不宜小于大泵流量的一半；采用 1 大 2 小 3 台水泵工作时、小泵流量不宜小于大泵流量的 1/3。

三、集水池设计

1. 集水池容积

雨水泵站的集水池一般不考虑调节作用。因为暴雨时需要排出的雨水量很大，若完全用集水池来调节，则所需的调节容积很大，既不合算也不可能；其次是进入泵站的雨水管渠的断面积很大、坡度又小，能起到某种程度的调节来水量的作用。工艺设计中，集水池一般按站内最大一台水泵30s～1min的流量计算容积。对于进水管渠断面大、水泵组合出水量范围宽，能适应来水量变化的泵站，集水池容积可适当小些。调速泵站、自控泵站，集水池容积可比定速泵站、人工操纵泵站小些。但都不得低于30s流量所对应的容积最小值。

2. 集水池计算深度

计算集水池容积的计算深度是指集水池最高水位与最低水位间的有效水深。雨水泵站的最高水位可采用进水管渠的管顶高程，最低水位可采用略低于进水管渠底部的高程。实际集水池容积的计算范围，除集水池本身外，可以向上游推算到格栅可能利用面积的上缘部位。

3. 合流泵站集水池容积

当集水池雨水与污水分开时，应根据雨水、污水使用的水泵分别按雨水、污水泵站集水池容积的计算标准确定，当集水池共用时，要同时满足雨水污水的容积要求。

4. 集水池污泥清除

集水池的布置要考虑清池挖泥。雨水泵站旱季挖泥，除用污泥泵排泥外，还要为人工挖泥提供条件。对敞开式集水池要设置至池底的出泥梯，对封闭式集水池要设排气孔及人行通道。

5. 集水池形状与池内设备布置

城市雨水泵站集水池的实际作用，常常包含了沉砂池、格栅井、前池和集水池（又称吸水井）的功能。由于雨水泵站大都采用轴流泵和混流泵，轴流泵只有一个流线形喇叭口而设有吸水管段，因而集水池内水流的情况直接影响到水泵的吸水条件和水泵的性能。为保证水泵具有良好的吸水条件和工作性能，不产生不利的轴向推力与机组振动，要求集水池内水流平顺、均匀地流向各台水泵，不产生漩流与漩涡，不出现几台泵同时运行时的干扰现象。

为满足上述要求，在进行集水池的形状和尺寸设计、水泵吸水口在池中布置时，应遵循下列原则：

(1) 集水池进口流速应尽可能缓慢

工艺设计中断面的尺寸用流速控制，过栅流速一般采用0.8～1.0m/s，栅后到集水池的流速最好不超过0.7m/s（轴流泵不超过0.5m/s），水泵入口的行近流速不超过0.3m/s。

(2) 集水池水流应均匀流向各台水泵

这要求水流的流线不要突然扩大和突然改变方向。工艺设计中，控制边壁面的扩散角、设置导流墙等，将水流平顺地导入水泵吸水口，参图4-10。

(3) 池内应避免形成漩流和产生漩涡

应结合集水池水流设计，控制喇叭口在池中的布置尺寸。喇叭口（直径D）要有足够的淹没深度h、合适的下缘与池底距离（悬高）h_1，边距C，后壁距T，中心距S（参图4-11）。

淹深h一般取值范围为0.5～1.0m。进水管立装时h不小于0.5m；进水管水平安装时，则管口上缘淹没深度不小于0.4m。设计淹深h还要用水泵汽蚀余量或样本要求的淹深进行校核。

边距C。池中只有一台泵时，$C=D$；池中有多台泵，$D<1.0$m时、$C=D$，$D>1.0$m时、$C=(0.5\sim1.0)D$。

后壁距T。从防止漩流和消除水面漩涡角度看，$T=0$时效果最好。但对立式泵，T值

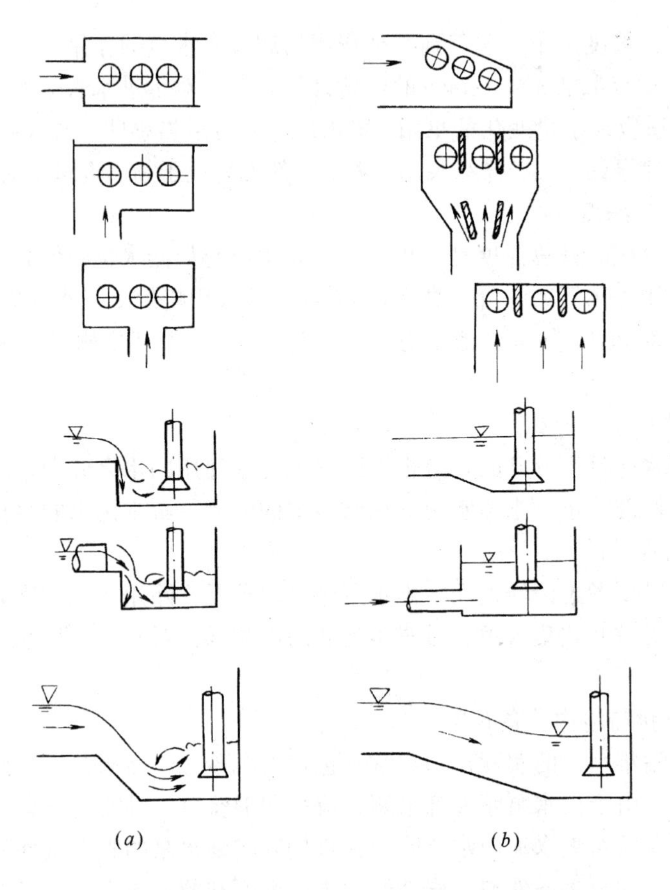

图 4-10　集水池水流设计

(a) 坏例子；(b) 好例子

过小时，会使进口流速和压力分布不均匀，导致水泵效率下降。同时给安装检修带来一定的困难。因此建议采用$T=$（0.25～0.5）D，当D值较小时，T取上限值。

中心距S。一般可取为$S\geqslant$（2.0～2.5）D。

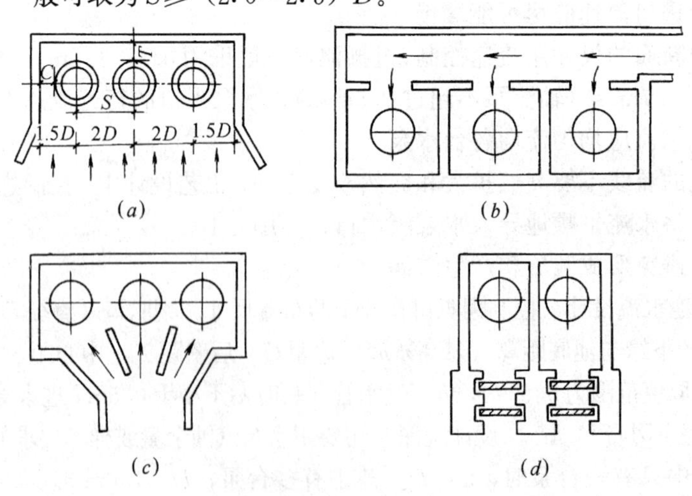

图 4-11　雨水泵吸水口布置及进水格间

悬高 h_1。实验证实，当 h_1 在（0.3～0.8）D 范围内变化时，水泵装置效率基本不变。考虑到 h_1 过大会增加池深和工程量，过小会使池底受到冲刷，甚至吸入砂石杂物损坏水泵。在工艺设计中建议：对中小型立式轴流泵取 $h_1=$（0.3～0.5）D，但不宜小于 0.5m；对卧式泵取 $h_1=$（0.6～0.8）D。要注意的是，不管 D 值的大小，h_1 均不得小于 0.3m。

（4）应考虑检修方便

为便于检修水泵时断水，集水池最好分成进水格间，使每台水泵有各自的进水格间，在进水格间的隔墙上设置闸墩，如图 4-11（*b*）、（*d*）所示。正常运行时，闸板开启；检修时，将闸板放下，中间用粘土填实以防渗水。

如果受某些条件的限制，集水池的形状、布置不能设计成较为理想的形态时，为了防止产生空气吸入涡（水面涡）、水中涡（包括附壁涡、附底涡）和漩流，可视具体情况采用涡流防止壁。如防止水面涡的水上多孔板、水下多孔板，防止漩流和随旋流而产生的涡流的防止壁，防止附底涡的导流锥等，如表 4-1 所示。

四、出流设施

有溢流条件时，应在合流泵站前设置溢流井，以便于事故或停电时来水由溢流口排出；在雨水泵站内设置溢流道，以便在江湖水位低于干管出口时来水由溢流道排出。这样，可减小泵站处理厂的负荷，节约能源。

涡流防止壁的形式、特征和用途 **表 4-1**

形式	特征	用途
壁	当吸水管、侧壁之间的空隙过大时，为防止吸水管下水流的旋流，并防止随旋流而产生的涡流。但是，如设计涡流防止壁中的侧壁距离过大时，会产生空气吸入涡	防止吸水管下水流的旋流与涡流
多孔板	防止因旋流淹没水深不足所产生的吸水管下的空气吸入涡，但不能防止旋流	防止吸水管下产生空气吸入涡
多孔板	预计到各种条件在水面有涡流产生时，用多孔板防止涡流	防止水面空气吸入涡

续表

形式	特征	用途
导流锥 D	当悬高 $h_1>D/2$ 时，吸入口水流产生偏流，使水泵效率降低，有时会形成附壁涡，产生振动和噪声，导流锥可防止上述情况发生	防止附壁涡和水泵效率的降低

雨水泵站的出流设施一般包括溢流井、超越管、出水井、出水管、排水口。示意如图 4-12 所示。

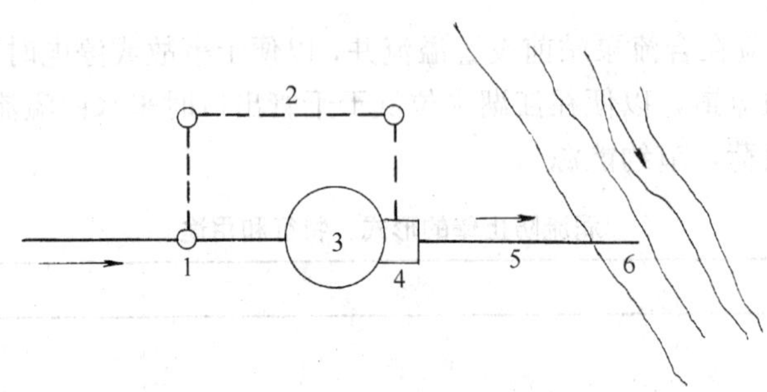

图 4-12　出流设施

1—溢流井；2—超越管；3—泵站；4—出水井；5—出水管；6—排水口

水泵工作时，装设于出水井中各泵出水口的拍门打开（参图 4-13），雨水经出水井 4、出水管 5、排水口 6、排入水体。拍门的作用相当于止回阀，防止水倒灌泵站。出水井可以是一台泵一个，也可几台泵共用一个。出水井一般设在泵房外，其结构形式可以是封闭式或敞开式，井底要设泄空管。封闭式出水井池顶要密封，井盖上设防止负压的通气管和压力人孔。

超越管的作用是当水体水位不高、同时排水量不大时，或当突然断电、水泵故障时排泄雨水。溢流井中应装设闸板，不用时关闭。

排水口设置应考虑它对河道冲刷和航运的影响。出口流速一般控制在 0.6～1.0m/s。当流速较大时，出口可采用八字墙形式以扩大出口断面。出水管方向最好向河道下游斜，避免与河道垂直。

五、站内布置与构造特点

泵站布置应包括主体构筑物平面、立面、总平面、流程、庭院等内容。这里只介绍泵房内部布置及构造特点。

1. 机组与管道布置

机组多采用单排并列布置。相邻机组基础之间的间距可参考给水泵站的要求。要注意的是立式泵当传动轴超过 1.8m 长时，必须设置中间轴承及固定支架。

轴流泵扬程低，应尽量缩短压水管路和减少管件，以减小水头损失。压水管管径选择应使其动能水头小于水泵扬程的4%～5%。压水管出口不设闸阀，只装拍门，水泵的淹没深度应按水泵样本的规定采用。

为便于检修，集水池最好设计成图4-11（*b*）（*d*）所示的进水格间。

2．主要辅助设施

（1）格栅及清除设施

为保护水泵，集水池前应设置格栅。格栅可设置在单独的格栅井中，格栅井通常为露天，四周围以栏杆，也可在井上装盖板。格栅也可附设在泵房内，这时格栅与机器间、变压器室及其它房间完全隔开。格栅宽度不得小于进水管渠宽度的2倍，栅前、栅后及过栅流速要符合设计规范。人工清渣时，设人工格栅。机械清渣时，设机械格栅及机耙。格栅的栅条材料、断面形状、间距与污水泵站相同。

清除格栅的清理工作平台，与污水泵站相同。

（2）集水池清池与排泥设施

一般在集水池内设集泥坑，集水池底以一定的坡度（如0.01）倾向集泥坑。设置污泥泵（或污水泵）以清池和排泥。

（3）排水设施

干室式泵房的水泵层应设置排水边沟（断面如采用100mm×30mm），边沟以一定的坡度（如0.002）倾向集水坑。汇集于集水坑内的水再泄入集水池，当不能自流泄入时应设电动排水泵。

（4）采暖、通风与防潮设施

雨水泵站一般在雨季或融雪期工作，不需考虑采暖，如需要时可用火炉取暖。

干室式雨水泵站，集水池和电机间采用自然通风，水泵间采用通风管通风。电机间通风条件好，不特设防潮设施。

（5）起重设备

采用立式轴流泵的雨水泵站，电机间在上层，应设起重设备。在泵房跨度不大时，可采用单轨梁吊车；在泵房跨度较大或起重量较大时，可采用桥式吊车。泵房结构设计应考虑：电机间地板上要开水泵吊装孔，且设盖板；设备进出泵房吊运要方便，如采用单轨梁吊车时可使工字梁伸出大门1m以上，采用桥式吊车时大门的宽度应使汽车能自由出入；电机间应有足够的净空高度，如电机功率$P_e<55$kW时，净空不得小于3.5m；$P_e>100$kW，净空不小于5.0m。

（6）仪表及计量设备

应有必需的监视电动机及水泵工作的电工及热工仪表；计量设备可用计量槽（如巴氏槽、梯形断面堰）或槽式超声流量计；水位监控一般在集水池内设置固定水位尺。

3．构造特点

（1）泵房筒体及底板采用钢筋混凝土连续整体浇筑。

这个特点与污水泵站相似，不再赘述。

（2）集水池、水泵间、电机间、出水井通常采用合建形式。

城市雨水泵站，通常为干室式形式、采用立式轴流泵。从技术、施工、运行管理等方面考虑，合建较为有利，集水池和水泵间可采用圆形、矩形和上方下圆的结构形式。一般情况下水泵间为矩形，以便于水泵机组安装及维护管理。当可采用沉井法施工时，地下部分可采用圆形结构。

(3) 防洪

防洪设施的高程应高出站址相应洪水频率下的洪水位 0.5m 以上。

六、示例

图 4-13 为干室式雨水泵站实例。

该泵站设计流量 $5.4m^3/s$，选用 4 台 28ZLB 立式轴流泵。由图可看出其工艺设计要点。

1. 格栅、集水池、机器间、出水池合建，沉井法施工。

集水池中装有 4.2m×2.0m 格栅 2 块，以保护水泵；集水池有效水深取 2m，容积不小于 30s 一台水泵的出水量（约 $33m^3$）。泵房下部为圆形钢筋混凝土结构，便于沉井法施工。

2. 集水池清池

集水池中设有集泥斗（集泥坑），设有 $2\frac{1}{2}$PWA 污水泵一台，以便排泥和清池。

3. 水泵间排水

4 台水泵单排并列。水泵层设有 100mm×30mm 的排边沟，坡度 0.002；设有集水坑，坑内水泄入集水池。集水坑取 S322-8 做法。

4. 设置中间轴承

由于水泵层空间较高（约 6m），水泵传动轴很长，必须设置中间轴承。

5. 出水井（池）设回流与泄空系统

出水井有两个，每 2 台泵共用一个。每个井均为密封井，设置有通气管、溢流管、放

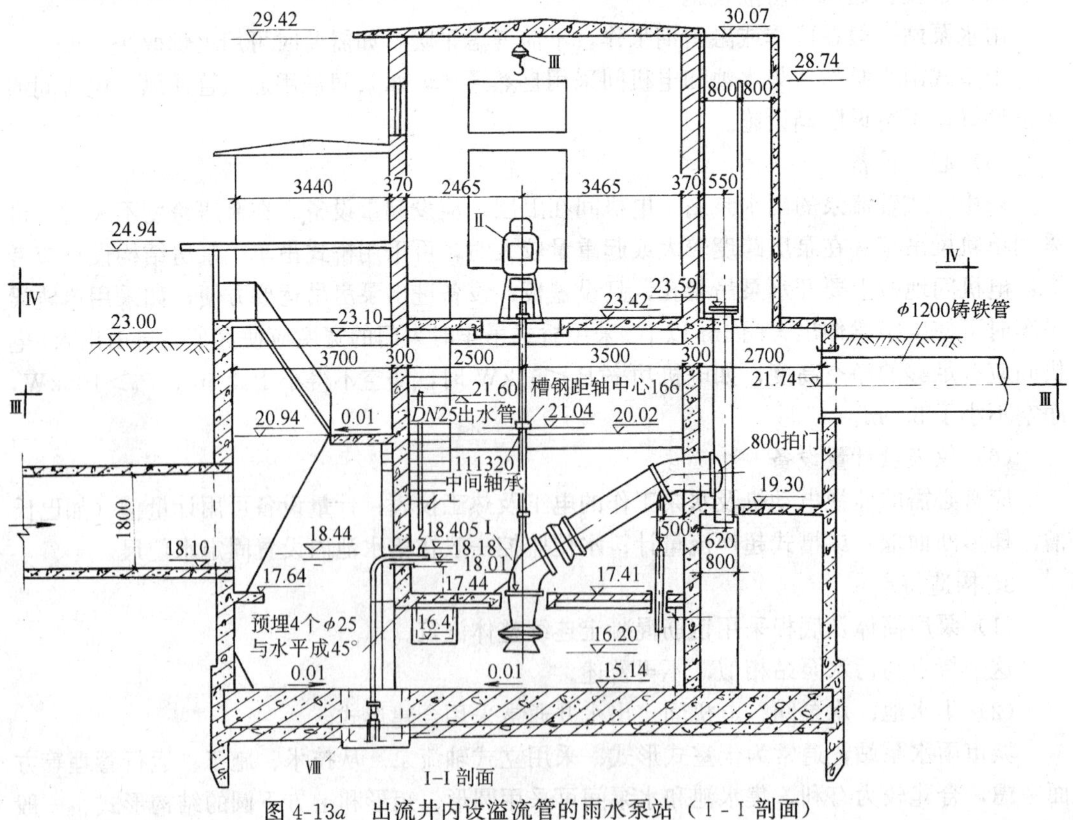

图 4-13a 出流井内设溢流管的雨水泵站（Ⅰ-Ⅰ剖面）

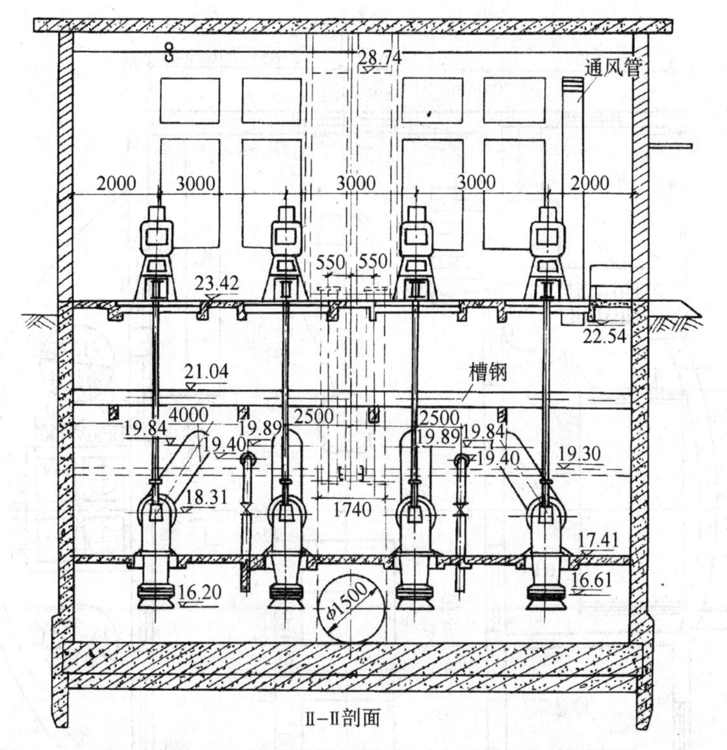

图 4-13*b*　出流井内设溢流管的雨水泵站（Ⅱ-Ⅱ剖面）

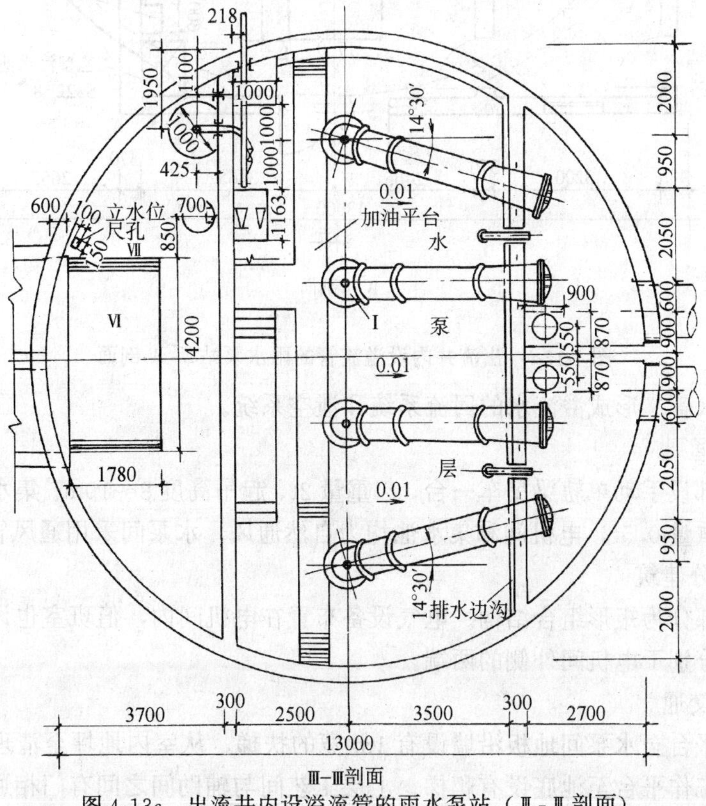

图 4-13*c*　出流井内设溢流管的雨水泵站（Ⅲ-Ⅲ剖面）

Ⅰ—28ZLB-$_{70}$轴流泵；Ⅱ—JBL 立式电机；Ⅲ—手动单梁吊车；Ⅳ—2 $\frac{1}{2}$PWA 污水泵；

Ⅴ—JO$_{51-4}$电机；Ⅵ—除渣吊车；Ⅶ—水位尺；Ⅷ—集泥坑

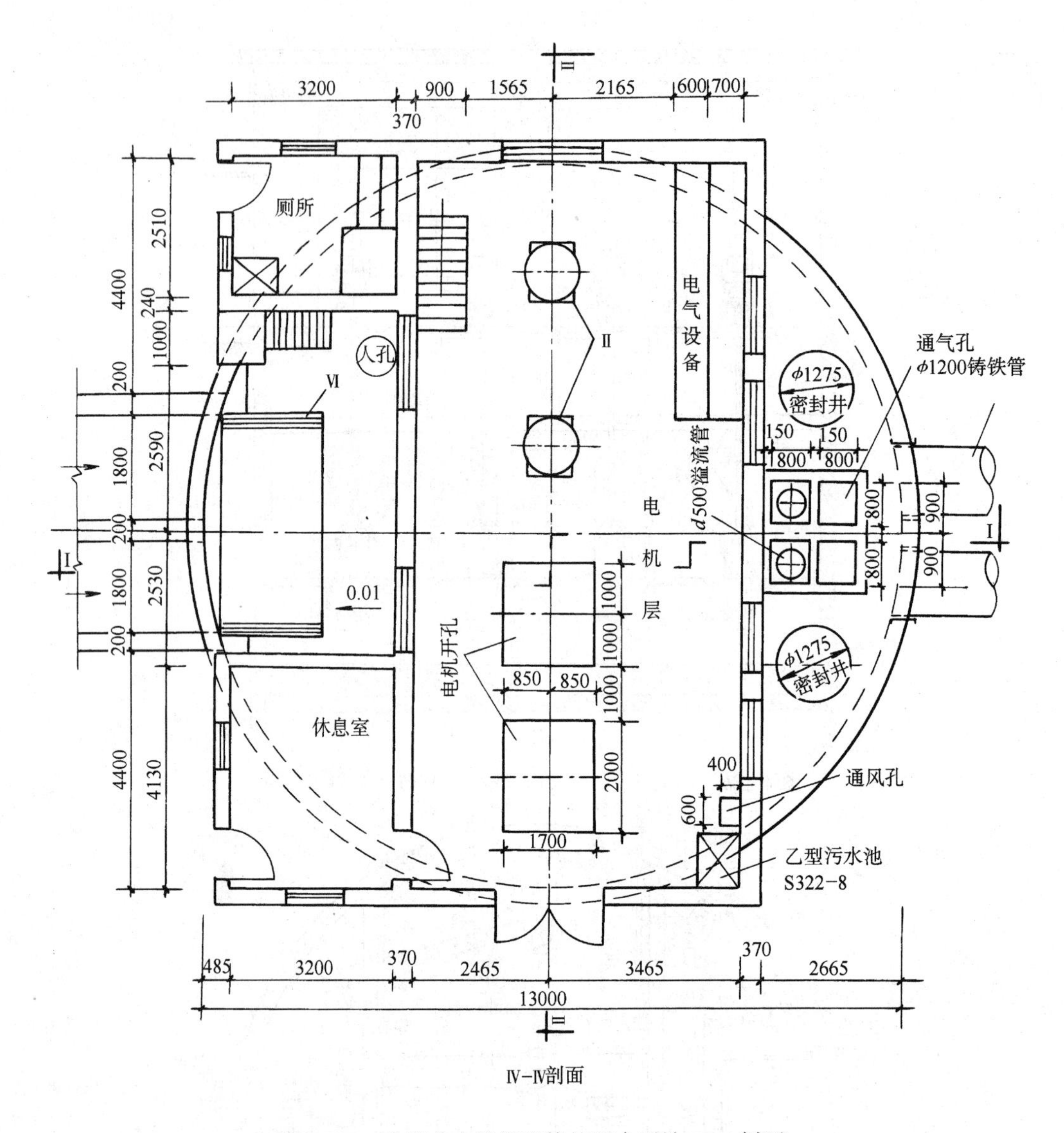

图 4-13d　出流井内设溢流管的雨水泵站Ⅳ-Ⅳ剖面

空管、压力排水管。形成溢流水的回流系统和泄空系统。

6. 起重与通风

电机间上部设手动单轨梁吊车一台，起重量 2t、起吊高度 8～10m。集水池上部设单轨吊车一台，起重量 0.5t，电机间和集水池均为自然通风，水泵间采用通风管通风。

7. 地面部分建筑

泵房地面部分为矩形组合结构。电气设备布置在电机间内，值班室也设在电机间。休息室和卫生间分别于电机间外侧的两端。

8. 泵房内交通

从电机层平台至水泵间地板沿墙设有 1m 宽的扶梯，从室内地坪至清理工作平台设有扶梯，从清理工作平台至池底设有爬梯。上层工艺间与辅助间之间有门相通，大门设在电机间的一端。

习题与思考题

1. 简述污水泵站的基本组成。
2. 污水泵站集水池容积如何确定？
3. 简述污水泵站的主要辅助设备？
4. 污水泵站的土建有哪些特点？
5. 污水泵房结构形式有哪些？
6. 污水泵房内部高程如何确定？
7. 雨水泵站集水池容积如何确定？
8. 雨水泵站集水池形状尺寸设计和泵吸水口布置时，要遵循哪些基本原则？
9. 雨水泵站为何要设置出流设施？出流设施由哪些部分组成？
10. 雨水、污水泵站集水池的清池是怎样实现的？

第五章 风 机 站

第一节 概 述

风机用于通风。通风的含义有二：一是把室内被污染的空气直接或经净化后排出室外，新鲜空气补充进来，维持室内符合卫生标准的空气环境和满足生产工艺的一般要求；一是工业生产工艺流程中必须加进某种气体，以生产出符合质量标准的相应产品，给水排水工程中两种含义的通风都有是存在的。泵房的通风属于前者，其通风方式有自然通风、"强迫"（机械）通风两类。满足水处理工艺要求的通风，如鼓风曝气充氧工艺，只能是机械通风。按排出压力的大小风机可分为低、中、高压风机三类。泵房机械通风系统中的风机多属于低压通风机（P_d＜14.7 kPa），工艺通风系统中的风机多属于鼓风机或低压压缩机（196kPa＜P_d＜980kPa）。

一、自然通风

地面式泵房，或发热量不大的半地下式泵房，通常只要求泵房内部保持空气新鲜，并在一定的程度上改善室内的气象参数（如空气的温度、相对温度、流动速度），因而一般采用自然通风。

自然通风是利用自然压力，即"热压"或"风压"使气体流动实现的。热压是由于室内外空气温度差形成的重力压差。产生温差升力形成自然循环的基本条件是系统的热端高程大、冷端高程小、适当的高程差及相应 h 的回路，空气流动示意如图 5-1 所示。风压是由于室外气流（风）造成室内外空气交换的一种作用压力。当风遇到房屋时会产生状如图 5-2 所示的绕流，在迎风面与背风面、迎风面与侧面、迎风而与顶面间形成压差。在此压差作用下，室外空气通过建筑物迎风面的门、窗孔进入室内，室内空气则通过背风面的及侧面的门、窗孔排出，如图 5-3 所示。

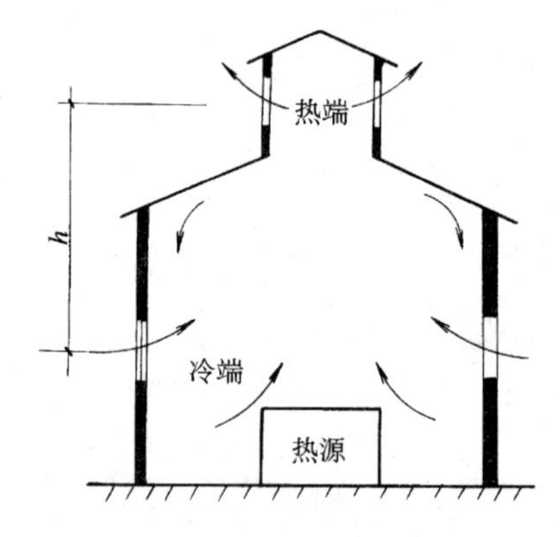

图 5-1 热压自然通风

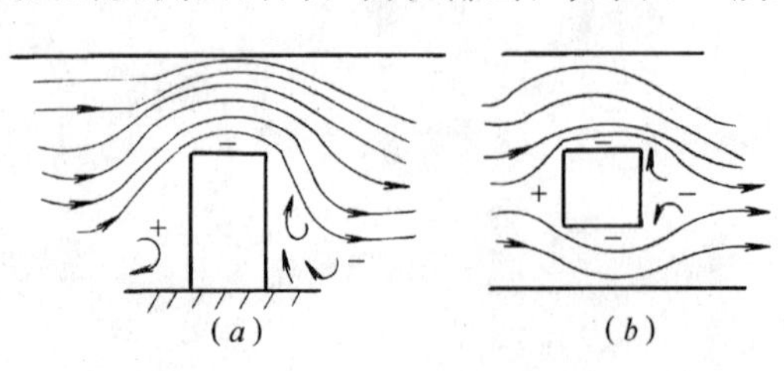

图 5-2 风迁到房屋时的绕流

（a）立面；（b）平面

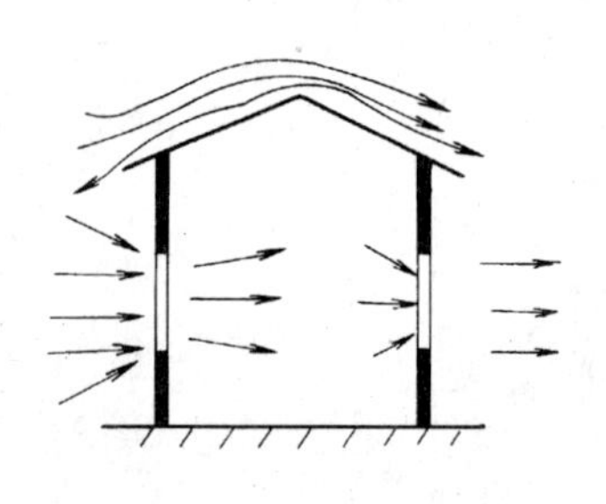
图 5-3 风压自然通风

泵房自然通风有两种形式。一是特设围护结构的高低窗自然通风系统，如图 5-1 所示。一种是特设管道的拔风筒自然通风系统，如图 5-4 所示。

关于自然通风的设计计算，可参考有关专业书籍和设计手册。

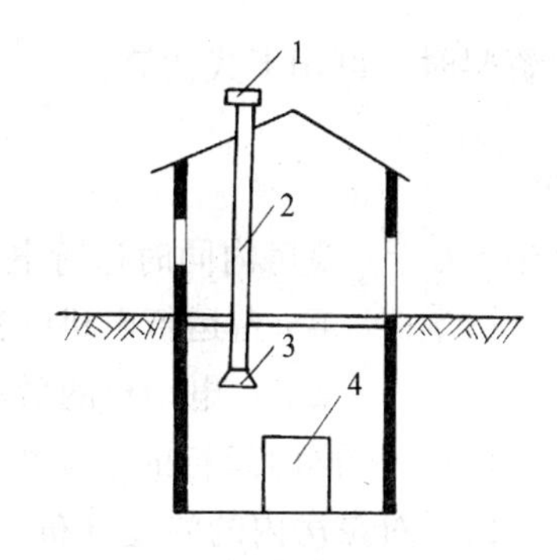

图 5-4 管道式自然通风
1—风帽；2—拔风筒；
3—进风口；4—热源

二、机械通风

在城市给水排水泵房中，当自然通风不能满足散热要求时，需用风机进行“强迫”散热通风，散热通风有抽风式与排风式两种。抽风式是将风机置于泵房上层窗户顶，通过进风口（装于水泵拖动电机附近或直联在电机排风口上）、风管、风机将热空气抽出室外，冷空气自然补进。排风式是将风机安装于水泵拖动电机附近，电机排出的热空气通过风机进口（与电机排风口直联）、风机、风管排至室外，冷空气自然补进泵房。对于埋深较深的地下式泵房，当只采用排出热风、自然补进冷空气的方式其运行效果不够理想时，可采用送风与排风的通风系统。

三、工艺通风

在给水工程中，当原水中含有过量的铁离子时，常用曝气工艺除铁，实现曝气工艺除铁的方式有多种，当采用鼓风曝气时，需要一套压缩空气系统。

在污水处理中，常采用活性污泥法降解有机物。为了强化微生物的代谢过程，除在池内保持有足够数量和性状良好的活性污泥外，还必须提供充足的溶解氧。氧的供应，通常是将空气中的氧强制溶解到混合液中，即通过所谓的充氧曝气工艺完成的。多数情况下，采用鼓风曝气充氧工艺，这需要一套压缩空气系统。

在给水排水工程中，如果泵房的散热通风系统、曝气工艺辅助系统设计不当，在运行中又不注意维护致使风机故障，不难设想，人员和设备的工作环境、主工艺流程都会受到重大的影响。从事给水排水工程设计和运行管理的技术人员，应掌握风机的性能、机组的选择、配套设施的选型、站房的设计及运行管理方面的理论和基础知识。

第二节 风 机 选 择

对于给水排水泵房，当自然通风不能满足散热或换气要求时，需采用机械通风。对工艺设计人员来说，泵房风机通风设计任务是决定风机型号、规格与台数，选择风管材料、断面形状和尺寸，布置风机和风管。

一、风机选择

选择风机的主要依据是所需风量和风压及它们的变化规律。

1. 所需风量计算

所需风量由具体的对象（或生产工艺）决定，对泵房通风来说，所需风量是可按下面的方法进行计算：

(1) 按导热计算

泵房中的热源主要是运行的电动机。电机的散热量一般由电机生产厂家提供，当无散热资料时，可用下式估算：

$$L=\sum_{i=1}^{n}N_i(1-\eta_i) \tag{5-1}$$

式中 L——泵房内同时运行电动机的总散热量（kJ/s）；

N_i——第 i 台运行电机的额定功率（kW，即 kJ/s）；

η_i——第 i 台电动机的效率。一般可取为 $\eta_i=0.9$；

n——同时运行的电动机台数。

由于对泵房内的温度分布不清楚，泵房内外的温度梯度也不甚清楚，无法估算泵房的自然散热量。当忽略泵房的自然散热量的，利用热平衡原理和空气量平衡原理，可得到导出电机散发热量所需的通风量：

$$Q'=\frac{3600L}{c\gamma(t_1-t_2)}\ (\mathrm{m^3/h}) \tag{5-2}$$

式中 Q'——所需通风空气量（m^3/h）；

C——空气定压比热容，一般取 $c=0.103$kJ/N℃；

γ——泵房外空气的密度，它随空气温度变化，可按下式近似确定：

$$\gamma=\frac{12.671}{1+\frac{1}{273}t}\approx\frac{3159.183}{T}\ (\mathrm{N/m^3}) \tag{5-3}$$

其中 12.671——0℃时干空气的重力密度（N/m^3）；

t、T——空气的摄氏及绝对温度；

t_1——排出空气的温度（℃）；

t_2——进入空气的温度（℃）。一般按最高温度日 14 点钟历年温度的平均值选取。

考虑一定安全余量（漏损）时，所需风量可取为：

$$Q=(1.10\sim1.15)Q'\ (\mathrm{m^3/h}) \tag{5-4}$$

（2）按换气计算

$$Q=NV\quad(\mathrm{m^3/h}) \tag{5-5}$$

式中 N——每小时换气次数，一般取 $N=8\sim10$；

V——泵房的建筑容积（m^3）。

2. 风道阻力损失与所需风压

从流体力学可知，风道阻力损失为沿程损失与局部损失之和，用应力单位表示时为：

$$P_w=\gamma(h_f+h_j)=\gamma\Sigma li\times10^{-3}+\Sigma\zeta\frac{\gamma v^2}{2g}\ (\mathrm{Pa}) \tag{5-6}$$

式中 P_w——风道的总风阻损失（Pa）；

l——风管的长度（m）；

i——每米风管的沿程损失，根据风量和风速、风管断面形状和尺寸，从通风设计手册中查取。如 $Q=1670m^3/h$、$v=5.9m/s$、矩形断面 320mm×250mm，查得：$i=0.155mmH_2O$，动压 2.13mmH_2O；

ζ——局部阻力系数。从通风设计手册中查取。如网格进风口，$\zeta=2.4$；百叶窗进口，$\zeta=3.0$；

γ——空气重力密度（N/m^3）。

* 在新计量标准颁布前的设计手册中，风阻损失以 mmH_2O 计量，$1mmH_2O=9.8Pa$。

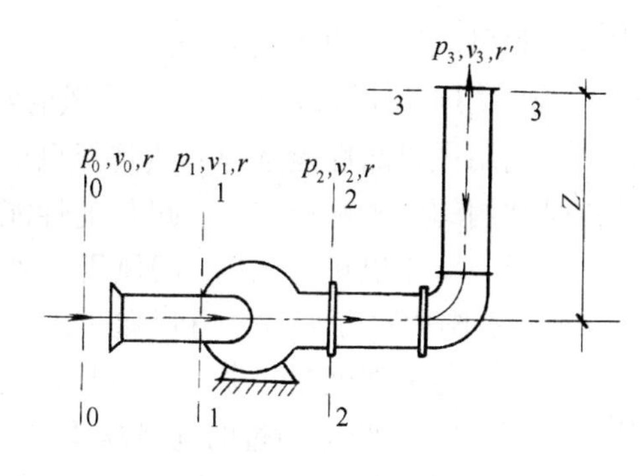

图 5-5 设计风压计算模式图

土建工程中的气体管路，一般不很长，气流速度远小于音速，系统中的气体密度变化不大，可近似地看作不可压缩流体的流动。只是在对气体管路中高程相差较大的两个断面列能量方程时，应注意到用相对压强表示的方程式必须考虑外界大气压在不同高程上的差值。

设通风系统如图 5-5 所示。对 0—0、1—1，2—2、3—3 断面列能量方程时有：

$$\begin{cases} P_0+\dfrac{\gamma {v_0}^2}{2g}=P_1+\dfrac{\gamma {v_1}^2}{2g}+P_{w0-1} \\ P_2+\dfrac{\gamma {v_2}^2}{2g}=P_3+\dfrac{\gamma v_3^2}{2g}+(\gamma'-\gamma)Z+P_{w2-3} \end{cases}$$

按风机压头的定义：

$$\begin{aligned} P&=E_2-E_1 \\ &=\left(P_2+\frac{\gamma {v_2}^2}{2g}\right)-\left(P_1+\frac{\gamma {v_1}^2}{2g}\right) \\ &=(P_3-P_0)+\frac{\gamma(v_3^2-v_0^2)}{2g}+(\gamma'-\gamma)Z+P_{w0-3} \end{aligned} \quad (5\text{-}7)$$

式中 $P_0 \sim P_3$——用应力单位表示的相应断面的相对压强；

P_{w0-1}、P_{w2-3}、P_{w0-3}——用应力单位表示的风阻损失；

γ'——出口处外界空气容重（N/m^3）。

如果断面的高程差 Z 很小，或管内外气体的容重差很小，则有：$P_3-P_0\approx0$，$(\gamma'-\gamma)Z\approx00$ 再忽略行近流速 v_0 的影响时，式（5-7）可改写为：

$$P=P_{w0-3}+\frac{\gamma {\nu_3}^2}{2g} \quad (5\text{-}8)$$

式（5-8）为所需风压（全压）的计算式。它包括静压 P_{w0-3}（即风道阻力损失），动压$\dfrac{\gamma v_3^2}{2g}$。

工艺设计中，所选风机的全压可用下式计算：

$$P=kP_w \quad (Pa) \quad (5\text{-}9)$$

式中 k——排风系数。在泵房散热通风系统中，可取 $k=1.10\sim1.15$；

P_w——用应力单位表示的风阻损失。

3. 风机选择

目前，风机的选择方法有两种：

（1）利用风机性能表选择风机

这种方法简单方便，但不能准确确定风机在系统中的最佳工况。选择步骤如下：

1）根据生产工艺的需要，计算出所需要的风量和风压；

2）根据风机的用途、所需的风量和风压确定风机的类型（离心或轴流风机）；

3）根据所需的风量和风压、选定类型风机的性能表，找到规格、转速及配套的功率与所需风量和风压适合的风机。

T_{30}型通用轴流风机是泵房散热通风的常用风机，其性能如表 5-1 所列。

（2）利用风机的性能选择曲线选择风机

这是常用的风机选择方法。风机的性能选择曲线是用对数坐标绘制的。它把相似的不同叶轮直径 D_2（常以机号表示）的风机的风压、风量、转速、轴功率绘制在同一张图上，如图 5-6 所示。图中有等 D_2 线（机号线），等转速 n 线，等轴功率 N 线，压头线的高效工作段。等 D_2 线和等 n 线通过每条压头特性曲线的最高效率点，等 N 线不一定通过压头特性的设计工况点。等 D_2 线穿插过的几条压头特性，表示同一机号不同转速下的压头特性；对任意指定的一条压头特性，线上各点的转速和叶轮直径是相同的，可以通过效率最高点的等 D_2 线和等 n 线查到对应的 D_2、n 值；压头特性上每一点的轴功率是不相等的，这与第一章介绍的离心风机的轴功率特性是一致的。通过重力密度换算可得到风机工作状态下的轴功率。

T30 型轴流通风机性能表（一） 表 5-1

叶片数 4

叶片角度 θ		流量系数 $\overline{Q}$		压力系数 $\overline{H}$	
10	15	0.13	0.15	0.055	0.070
20	25	0.21	0.25	0.070	0.075
30	35	0.29	0.35	0.078	0.080

机号	叶轮直径 (mm)	叶轮当量面积 $\frac{\pi D^2}{4}$ (m²)	叶轮周速 (m/s)	主轴转数 (r/min)	叶片角度（度）	流量 (m³/h)	压力 (mmH₂O)	效率	轴功率 (kV)	所需功率 (kV)	采用电动机型号	功率 (kV)	生产厂代号
2½	250	0.049	36.5	2790	15	1035	11.4	0.67	0.048	0.055			
					20	1360	11.4	0.66	0.064	0.074			
					25	1620	12.2	0.64	0.084	0.097			
					30	1870	12.7	0.61	0.106	0.122			
					35	2140	13.0	0.56	0.136	0.156			
			18.2	1390	15	515	2.8	0.67	0.0059	0.0068			
					20	675	2.8	0.66	0.0078	0.009			
					25	805	3.0	0.64	0.0103	0.012			
					30	935	3.0	0.61	0.0135	0.0155			
					35	1060	3.2	0.56	0.0165	0.019			
3	300	0.0707	43.8	2790	15	1780	16.5	0.67	0.12	0.14	YLF11 IAO5632	0.18 0.250	4 3
					20	2340	16.5	0.66	0.16	0.185	YLF12 IAO5632	0.27 0.250	4 3
					25	2780	17.6	0.64	0.208	0.24	YLF12 IAO5632	0.27 0.250	4 3
					30	3230	18.3	0.61	0.264	0.31	YLF21 IAO7112	0.40 0.370	4 3
					35	3670	18.8	0.56	0.336	0.39	YLF21 IAO7134	0.40 0.550	4 3
			21.8	1390	15	890	4.0	0.67	0.0145	0.017	YLF01	0.05	4
					20	1170	4.0	0.66	0.0193	0.022			
					25	1390	4.4	0.64	0.26	0.03	IAO5614	0.090	3
					30	1610	4.5	0.61	0.0324	0.0375			
					35	1830	4.6	0.56	0.041	0.046			

叶片数 4					
叶片角度 θ		流量系数 $\overline{Q}$		压力系数 $\overline{H}$	
10	15	0.13	0.15	0.055	0.070
20	25	0.21	0.25	0.070	0.075
30	35	0.29	0.35	0.088	0.080

机号	叶轮 直径 (mm)	叶轮 当量面积 $\frac{\pi D^2}{4}$ (m²)	叶轮 周速 (m/s)	主轴转数 (r/min)	叶片角度 (度)	流量 (m³/h)	压力 (mmH$_2$O)	效率	轴功率 (kV)	所需功率 (kV)	采用电动机 型号	采用电动机 功率 (kV)	采用电动机 生产厂代号
3½	350	0.096	51.2	2800	15	2830	22.5	0.67	0.259	0.31			
					20	3720	22.5	0.66	0.346	0.40			
					25	4420	24.0	0.64	0.452	0.52			
					30	5150	25.0	0.61	0.575	0.66			
					35	5850	25.7	0.56	0.73	0.84			
			25.6	1400	15	1410	5.6	0.67	0.032	0.037			
					20	1860	5.6	0.66	0.044	0.051			
					25	2210	6.0	0.64	0.0565	0.065			
					30	2560	6.2	0.61	0.071	0.082			
					35	2920	6.4	0.56	0.091	0.105			
4	400	0.126	58.5	2800	15	4250	29.3	0.67	0.506	0.58	YLF22 IA07132	0.6 0.75	4 3
					20	5570	29.3	0.66	0.675	0.78	JO$_2$-21	1.5	3.4
					25	6640	31.4	0.64	0.89	1.02			
					30	7700	32.6	0.61	1.13	1.3			
					35	8750	33.4	0.56	1.43	1.65	JO$_2$-22 JO$_2$-21	2.2 2.7	4 3
			29.5	1400	15	2140	7.4	0.67	0.0645	0.075	IAO5614 YLF11	0.09 0.12	3 4
					20	2810	7.4	0.66	0.086	0.1	IAO5634	0.18	3
					25	3340	8.0	0.64	0.114	0.131	IAO5634	0.18	3，4
					30	3880	8.3	0.61	0.144	0.165	YLF12	0.18	
					35	4410	8.5	0.56	0.183	0.21	IAO5632 YLF21	0.25 0.27	3 4
5	500	0.196	36.8	1410	15	4150	11.6	0.67	0.197	0.23	JO$_2$-11	0.6	2,3,4
					20	5450	11.6	0.66	0.261	0.3	JO$_2$-11	0.6	
					25	6500	12.4	0.64	0.343	0.395	JO$_2$-11	0.6	
					30	7500	12.9	0.61	0.435	0.5	JO$_2$-11	0.6	
					35	8550	13.3	0.56	0.555	0.65	JO$_2$-12	0.8	
			25.2	960	15	2780	5.2	0.67	0.059	0.068	JO$_2$-21	0.8	2,3,4
					20	3640	5.2	0.66	0.0785	0.09			
					25	4340	5.6	0.64	0.104	0.12			
					30	5040	5.8	0.61	0.131	0.15			
					35	5730	5.9	0.56	0.165	0.19			

续表

机号	叶轮			主轴转数 (r/min)	叶片数 4								
	直径 (mm)	当量面积 $\frac{\pi D^2}{4}$ (m^2)	周速 (m/s)		叶片角度 θ			流量系数 $\overline{Q}$			压力系数 $\overline{H}$		
					10		15	0.13		0.15	0.055		0.070
					20		25	0.21		0.25	0.070		0.075
					30		35	0.29		0.35	0.088		0.080
					叶片角度 (度)	流量 (m^3/h)	压力 (mmH_2O)	效率	轴功率 (kV)	所需功率 (kV)	采用电动机 型号	采用电动机 功率 (kV)	采用电动机 生产厂代号
6	660	0.283	45.5	1450	15	7250	17.0	0.67	0.5	0.575	JO_2-21	1.1	2,3,4
					20	9500	17.0	0.66	0.67	0.77	JO_2-21	1.1	
					25	11300	18.2	0.64	0.875	1.01	JO_2-21	1.1	
					30	13150	18.9	0.61	1.11	1.16	JO_2-22	1.5	
					35	15000	18.4	0.56	1.42	1.63	JO_2-31	2.2	
			30.2	960	15	4800	7.5	0.67	0.147	0.17	JO_2-21	0.8	2,3,4
					20	6300	7.5	0.66	0.195	0.225			
					25	7500	8.3	0.64	0.255	0.295			
					30	8700	8.0	0.61	0.322	0.37			
					35	9900	8.5	0.56	0.41	0.47			
7	700	0.385	53.1	1450	15	11500	23.2	0.67	1.09	1.25	JO_2-22	1.5	2,3,4
					20	15100	23.2	0.66	1.45	1.67	JO_2-31	2.2	
					25	18000	24.8	0.64	1.91	2.2	JO_2-31	2.2	
					30	20900	25.8	0.61	2.42	2.8	JO_2-32	3.0	
					35	23800	26.4	0.56	3.06	3.5	—	—	
			35.3	960	15	7650	9.5	0.67	0.296	0.34	JO_2-21	0.8	
					20	10100	9.5	0.66	0.396	0.455	JO_2-21	0.8	
					25	12000	10.0	0.64	0.512	0.59	JO_2-21	0.8	
					30	13900	10.5	0.61	0.655	0.75	JO_2-21	0.8	
					35	15800	10.7	0.56	0.825	0.95	JO_2-22	1.1	
8	800	0.502	60.7	1450	15	17300	30.0	0.67	2.11	2.43	JO_2-32	3.0	2,3,4
					20	22700	30.0	0.66	2.81	3.25	JO_2-41	4.0	
					25	27000	32.0	0.64	3.68	4.25	JO_2-42	5.5	
					30	31300	33.0	0.61	4.62	5.3	JO_2-42	5.5	
					35	35600	34.0	0.56	5.9	6.8			
			40.2	967	15	11400	13.3	0.67	0.616	0.71	JO_2-21	0.8	2,3,4
					20	14900	13.3	0.66	0.82	0.94	JO_2-22	1.1	
					25	17800	14.2	0.64	1.08	1.25	JO_2-31	1.5	
					30	20300	14.8	0.61	1.36	1.56	JO_2-32	2.2	
					35	23500	15.2	0.56	1.74	2.0	JO_2-32	2.2	
9	900	0.636	45.2	960	15	16200	16.8	0.67	1.11	1.28	JO_2-31	1.5	2,3,4
					20	21200	16.8	0.66	1.47	1.7	JO_2-32	2.2	
					25	25200	18.0	0.64	1.93	2.22	JO_2-32	2.2	
					30	29300	18.7	0.61	2.45	2.82	JO_2-41	3.0	
					35	33400	19.0	0.56	3.1	3.6	JO_2-42	4.0	
10	1000	0.785	50.2	960	15	22600	21.0	0.67	1.93	2.22	JO_2-32	2.2	2,3,4
					20	29700	21.0	0.66	2.58	3.0	JO_2-41	3.0	
					25	35400	23.0	0.64	3.46	4.0	JO_2-42	4.0	
					30	41000	24.0	0.61	4.4	5.05	JO_2-51	5.5	
					35	46700	24.7	0.56	5.6	6.45	JO_2-52	7.5	

注：采用电动机 2 为河南省周口风机厂；采用电动机 3 为北京西城风机厂；采用电动机 4 为济南向阳风机厂。

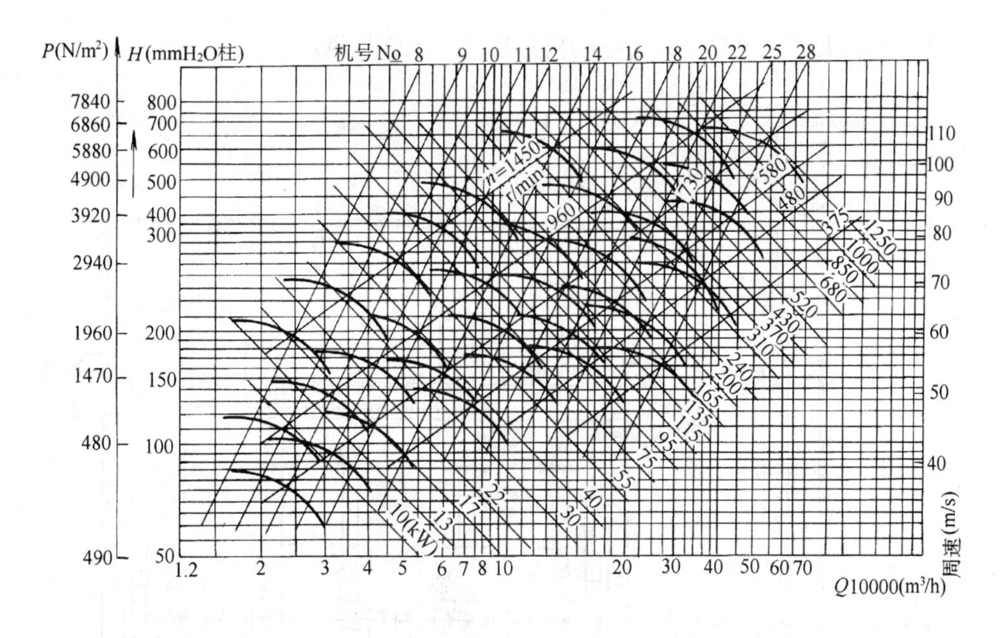

图 5-6　某型号单级离心通风性能选择曲线

风机选择步骤如下：

1）按式（5-4）或（5-5）、（5-6）、（5-9）确定风机的风量和风压，如果输送的介质与试验条件不符时，应进行换算；

2）从安全、经济原则出发，决定风机的类型、运行方式和台数，进而决定所需的选择参数（单机风量和风压）；

3）根据决定了的选择参数，在风机的选择特性曲线上，点绘 Q、P 值，由点（Q，P）即可查得所选风机的机号、转速和轴功率值。要说明的是（Q，P）点往往不落在（$Q-P$）曲线上，如图 5-7 所示的 1 点。通常的做法是，保持风量不变垂直往上找，找到一条最接近的（$Q-P$）特性曲线上的 2 点 3 点，再由 2 点或 3 点所在的（$Q-P$）特性曲线查出相应的机号、转速，轴功率用插值法经容重换算后确定，再考虑一定的安全余量选配电机，如果电机由厂家配套供应，则不必另选。

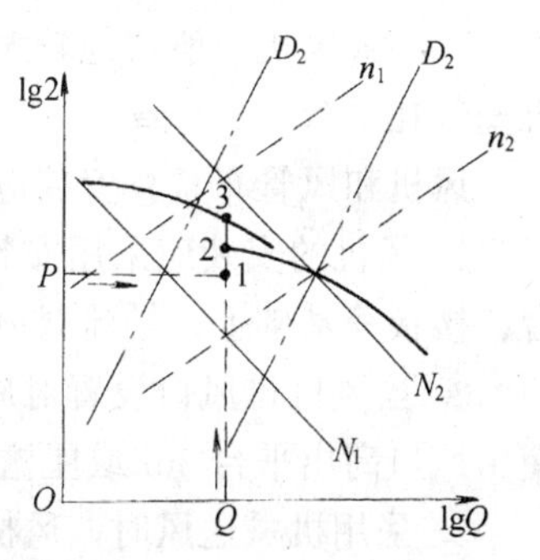

图 5-7　风机选择特性的使用

4）2、3 两点对应了两台风机，复核它们的运行工况，并经运行效率、压头利用情况比较后，决定其中的一台为的所选风机。

二、风机及风管的布置

风机通风管断面尺寸较大，在泵房机组及吸压水管道布置时，必须结合通风系统统一考虑。

当采用轴流式风机时，风机一般安装在洪水位以上，或泵房窗户顶上，或垂直的通风管井中，如图 5-8 所示。图 5-8（a）所示形式布置简单，无需特殊处理，但泵房平台以上有多条排风管，不甚美观；图 5-8（b）所示的布置，要求墙壁作相应的结构处理，泵房平台以上建筑简洁，无通风管道。适用于多台水泵合用风机的钢筋混凝土的地下式泵房。如果电动机功率较大，也可采用每台电动机单独设通风管排风。

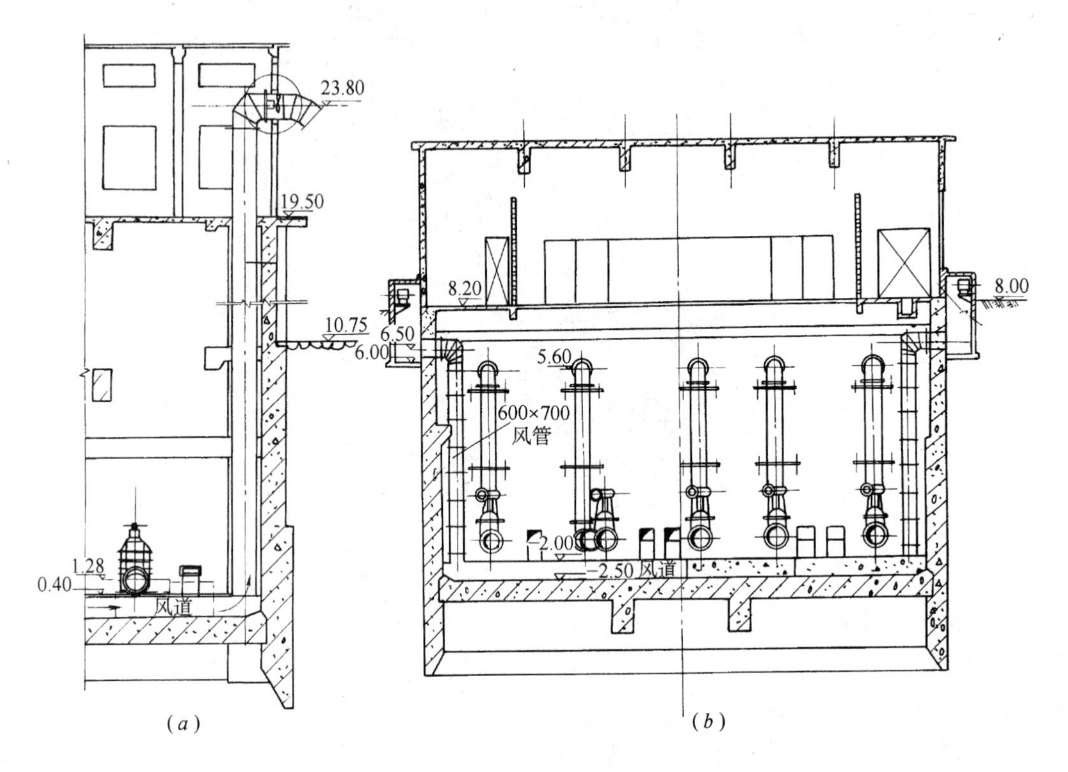

图 5-8　轴流风机布置

离心式风机一般占地较大，为减小泵房面积，通常利用泵房的空间建筑风机平台，风机安装在平台上。

风机和风管布置、安装应注意以下几个方面的问题：

1. 风机的安装应采用安装标准图集。离心式风机可安装在钢支架、混凝土独立基础、平台、楼板等基础上；轴流式风机可安装在砖墙、砖柱、混凝土柱、钢柱等基础上。

2. 当风机排风口设置对周围空气温度影响较大、为环境条件不允许时，必须加装风管使出风口高出平台 3m 或屋檐以上。

3. 采用机械送风时，风机进风口的位置应设在环境洁净、温度较低处。

4. 风冷式电动机的进风口与排风口，可以是“机边式”或“直联式”，泵房通风系统应与之配套。如果电动机采用直联式时（即单独通风），散热通风系统的进风口、风冷式电动机的进风口的连接方式应按电机制造厂的规定设计。一般需设置风闸门，当电动机停用时关闭风闸门，以免电机受潮。

5. 风管通常为 0.5～6mm 厚的钢板制作，输送腐蚀性气体采用涂刷防腐漆的钢板不能满足要求时，可用硬聚氯乙烯塑料板材制作。由于工作环境潮湿，容易腐蚀，故风管宜架空敷设。如果必须沿地面敷设时，风管宜敷设于单独的管沟内，不与电缆沟、排水沟相通。

风道结构要严密、不漏气，并在必要位置设置检查孔，以便清除积灰和积水。

6. 风管断面积不应小于风冷式电机进出风口面积，风速应满足电机生产厂的规定。如果缺乏风速数据时，可取 $v \leqslant 5.0$m/s，或参考表 5-2 中的数据。

风道中的空气流速（m/s）　　表 5-2

风道名称	辅助建筑和行政用房		工业建筑机械通风
	自然通风	机械通风	
总　风　管	0.50～0.75	5～8	5～12
支　风　管	0.50～1.50	1～5	2～8
排风竖风管	1.20～1.50	4	4～6

7. 风管布置应不妨碍站内交通、设备吊运和避开电气设备的上空。

第三节　压缩空气站

水处理工程中的鼓风曝气工艺需设置曝气系统，其设施包括风机、风机辅助设施、风机房、风管系统、充氧装置（或称曝气头）。充氧装置、所需风量计算在系列教材《水处理工程》课程中讲授，这里只介绍风机的选择、辅助设施的选型、风机房的布置及站房主要尺寸的确定。

一、风机的选择

压缩空气站的风机选择是决定风机的类型、规格和台数。选择的主要依据是的所需风量和风压。目前在污水处理厂曝气系统中可能采用的风机有罗茨鼓风机、低压活塞式压缩机、离心风机、轴流通风机等。应根据具体的对象、所需同的风量和风压、风机的性能表（或特性曲线）确定风机。

中小型污水处理厂，可采用罗茨鼓风机，国产罗茨鼓风机单机风量在 $80m^3/min$ 以下，风压有 3.5、5、7、9、11mH_2O（$1mH_2O=9.8kPa$）等几种可供选择。但罗茨鼓风机噪声大，采用时必须有消声、隔声措施。

大中型污水厂，所需风量大，可采用离心式鼓风机。它的噪声小（一般为 85dB 左右），效率高。选用时，应使机组的运行工况点避开“湍振”区（湍振区由生产厂家提供）。

空气压缩机（鼓风机）机组选择时应考虑的主要方面是：

1. 在满足工艺要求的风量和风压的前提下，要选效率高、占地少、运行可靠、维护及运行管理方便的风机。

2. 设置满足规范要求的备用机组。当机组台数不多且未设贮气罐时，可设一台备用机组。当工作机组数≥4 台时，备用 2 台。

3. 为运行及维护方便，机组的型号不宜过多，最好选用同一型号的空气压缩机。

4. 在改建或扩建项目中，应考虑原有设备的利用。

5. 空气压缩机多数由电动机拖动，并由空气压缩机生产厂成套供应，电动机不必另选，但电机的额定电压应与该工程供电电压相一致。

6. 压缩机供气能力的当地气压修正。由曝气头的设计计算可知，需要的风量（体积流量）是按需要氧量折算得到的。当安装地高程较高时，大气压力较低（空气密度较小），会使空气压缩机实际的重量流量小于需要的重量流量，因而要对体积流量做当地气压修正。修正系数如表 5-3 所列。修正方法可以是将设计风量乘以修正系数后作为选择风量的依据，或是将选定压缩机的风量（体积流量）除以修正系数作为实际风量。风压也要做相应的修正。

不同海拔高度的体积流量修正系数　　表 5-3

海拔高度（m）	0	305	610	914	1219	1524	1829	2134	2438	2743	3048	3658	4572
修正系数	1.00	1.03	1.07	1.10	1.14	1.17	1.20	1.23	1.26	1.29	1.32	1.37	1.42

二、风管系统计算原则

1. 设计流速

风管中的设计流速不宜过高，否则会产生过大的噪声。风管中的空气流速可参考表 5-2 中的数据，一般情况下，干、支管中空气流速采用 10～15m/s；竖管、小支管采用 4～5m/s。

2. 计算温度采用空气压缩机的排风温度

排气温度可参照空气压缩机给出的资料确定。

3. 风阻可按下列公式计算

$$h=h_f+h_j \qquad (mmH_2O，1mmH_2O=9.8Pa) \tag{5-10}$$

$$h_f=il\alpha_t\alpha_p \qquad (mmH_2O) \tag{5-11}$$

式中　i——单位管长阻力损失（mmH_2O/m）；

在 $t=20℃$、标准压力 101kPa（760mmHg）时，

$$i=6.61\frac{v^{1.924}}{d^{1.281}} \qquad (mmH_2O/m) \tag{5-12}$$

l——风管长度（m）；

α_t——温度为 t℃时空气重力密度修正系数。

$$a_t=\left(\frac{\gamma_t}{\gamma_{20}}\right)^{0.852} \tag{5-13}$$

式中　γ_t——温度为 t℃时的空气重力密度（N/m^3）；

γ_{20}——温度为 20℃时的空气重力密度（N/m^3）；

α_p——空气压力为 P 时的压力修正系数。

$$\alpha_p=P^{0.852} \tag{5-14}$$

根据式（5-12）、(5-13)、(5-14) 制成 i 值、α_t 值、α_P 值表，实际计算时查表即可。

$$h_j=\Sigma\xi_i\frac{v_i^2\gamma}{2g} \qquad (Pa，9.8Pa=1mmH_2O) \tag{5-15}$$

式中　γ——压缩空气重力密度（N/m^3）。当温度为 20℃、标准压力 101kPa 时，空气重力密度为 11.809N/m^3。其它情况下；γ 值可用下式换算：

$$\gamma=\frac{12.67\times273\times P}{1.03\ (273+t)} \qquad (N/m^3) \tag{5-16}$$

其中　P——压缩空气绝对压力（10^5Pa）；

t——空缩空气温度（℃）。

风机所需风压为：

$$H=(1.10\sim1.15)(h_f+h_j+h_1+h_2) \tag{5-17}$$

式中　h_1——曝气头以上的曝气池水深；

h_2——曝气头的阻力损失。根据试验数据或有关资料决定。

三、辅助设施

为满足用户对压缩空气量的需要，保证空气压缩机安全可靠、经济地运行，需有必要的辅助设施。

压缩空气站中的辅助设施主要有：空气过滤器、后冷却器、油水分离器、贮气罐、废油收集器现简介如下：

1. 空气过滤器

如果灰尘和其它杂质大量进入空气压缩机，将使运动件表面磨损加剧，密封不良、排气温度升高、功率损耗增大，因而使压缩机的供气质量和能力下降、效率下降。这是我们不希望出现的，故在空气压缩机的进气道上装设空气过滤器，使过滤后进入压缩机的空气含灰尘量小于 1.0mg/m^3，但要求空气过滤器的终阻力不大于 30mmH_2O。

空气过滤器的基本部件为壳体和滤芯。按滤芯材料，如纸质、织物、泡沫塑料、玻璃纤维、金属网，过滤器有相应的名称；按滤芯表面涂油与否分为粘油过滤器和干式过滤器。

空气过滤器累计运行一段时间后，由于尘埃、杂质的沉积，阻力增大，过滤效果变差。当阻力超过一定数值时，过滤器应清洗或更换。

粘油过滤器的清洗工艺和程序为：拆下滤芯，浸入温度 70～80℃、浓度 5%～10%的碱溶液中，清除粘油和附着的污垢，再用热水或煤油冲洗，直到滤芯的过滤层完全清洁为止，凉干后浸入 60℃的粘油中，取出置于干燥架上，待用。

干式过滤器一般用压缩空气吹洗。

过滤器的选型计算要点是：在通过设计流量的前提下，合理地选定过滤层的结构、面积、气流通过过滤层的流速，使过滤层阻力不大于 30mmH_2O。

空气压缩机上的过滤器，由压缩机制造厂随机成套供应。每台机组有单独的过滤器，无特殊要求时，可直接采用。

2. 后冷却器

空气压缩机最后一级的排气温度高达 140～170℃。在这种温度下，压缩空气中所含的水和油均为气态，如被带往贮气罐和风管系统中，将导致：油蒸汽聚集在贮气罐中，成为易燃物，甚至是可能爆炸的混合物；渣滓在管内沉集，减小了管道的流通截面积；聚集在个别管段内的凝结水，在气流压力推动下弥合时有引起水击的危险；寒冷地区的冬季，凝结水有可能冻结管道和管件。因此，压缩空气站中往往装设后冷却器，以降低进入贮气罐的压缩空气的温度，使油和水由汽相转变为液相而排出。

后冷却器的结构型式有列管式、散热片式、套管式和蛇管式。应根据安装条件等选择冷却器的结构型式，根据压缩机的排气量、排气温度选择冷却器的容量。

3. 油水分离器

油水分离器的作用是分离压缩空气中的油分和水分，以减小对管道的污染和腐蚀、降低对生产工艺的不利影响。

油水分离器的结构使进入的气流产生方向与速度大小的改变，利用气流组成成分惯性的不同，分离出密度较大的油滴和水滴。油水分离器的基本结构有三种形式：即使气流产生环形回转的结构；使气流产生撞击并折回的结构；使气流产生离心旋转的结构。在实际应用中，为提高分离效果，常采用上述基本形式的综合结构。

油水分离器应根据风量的大小（体积流量）及压缩空气中所含油、水分的多少来选择。

4. 贮气罐

压缩空气系统中的贮气罐作用有三：一是贮存一定量的气体，以提高压缩空气站供气的可靠度；一是稳压，减弱压缩机（特别是活塞式）排出气压的周期脉动对用户压力的影响；一是罐内流速降低，进一步分离压缩空气中的油分和水分。

贮气罐通常是高度为直径2～3倍的立式钢制焊接圆罐。进气管道安装在罐的下部，出气管道装于罐的上部。为有利于气油水的分离，应尽量加大进出管间的高程差。每个贮气罐必须装设安全阀，其起跳压力应整定在工作压力的1.1倍；应设供清理检查用的人孔或手孔；要安装压力表；底部安装排放管和相应的阀门。

贮气罐选择主要是决定罐的设计压力和容积。与活塞式压缩机配套的贮气罐，考虑稳压时的容积，取决于压缩机的排气量。当风量为6～30m^3/min时，$V=0.15Qm^3$；风量大于30m^3/min时，$V=0.1Qm^3$；考虑供气可靠度时的容积，应按正常运行机组停机、备用机组启动结束时段内用户的耗气量确定。

为简化压缩空气站的辅助设备，后冷却器、油水分离器、贮气罐三位一体的结构形式已在工程实际中应用，且运行效果良好。为风机站选择辅助设备时，应尽量选择占地少、便于运行管理的三位一体的结构形式。

5. 废油收集器

废油收集器（亦称排污箱）是用来收集活塞式空气压缩机各级冷却器、油水分离器、贮气罐所排出的油分和水分，并在其中使油水分层澄清，废水直排下水道，废油回收后再生，防止油分对环境的污染。

四、站房布置

1. 工艺系统

压缩空气站的工艺系统设置，取决于所选压缩机的类型。对于活塞式空气压缩机，基本工艺系统如图5-9所示。

这种工艺系统以一个机组为单元，每台空气压缩机有各自的辅助设备，对运行操作、安装及检修极为有利，也为设备的分期安装提供了方便，也不会因某机组故障停机时影响风机站的全量供气，提高了供气的可靠性。

由图5-9可看出，压缩空气站有3种工艺管道：

（1）空气管道

空气管道为主工艺管道，管材一般采用焊接钢管。

在进气管道上，当压缩机本身配有减荷阀时，不再装设其它阀门；未设减荷阀时，在集中空气过滤器与每台压缩机间的进气管上应装设插板阀，以便停机的压缩机与其共用的进气系统隔离。

为防止气流倒流，在压缩机与贮气罐间的排气管上应装设止回阀（11）。为空载启动的需要，应在空气压缩机与止回阀间的排气管上引出装有截止阀（10）的放空管。贮气罐与输气联络管间的管道上，应设置截止阀（12）。为防误操作引发安全事故，空气压缩机的末级排气口至贮气罐的进气口之间的管道上，一般不装截止阀。如果要装，则必须在截止阀前的排气管段上设置安全阀，安全阀的起跳压力整定值与贮罐安全阀相同。

（2）冷却水管道

冷却水是冷却空气压缩机的气缸、润滑油及各级冷却器中的压缩空气的，通常称为的

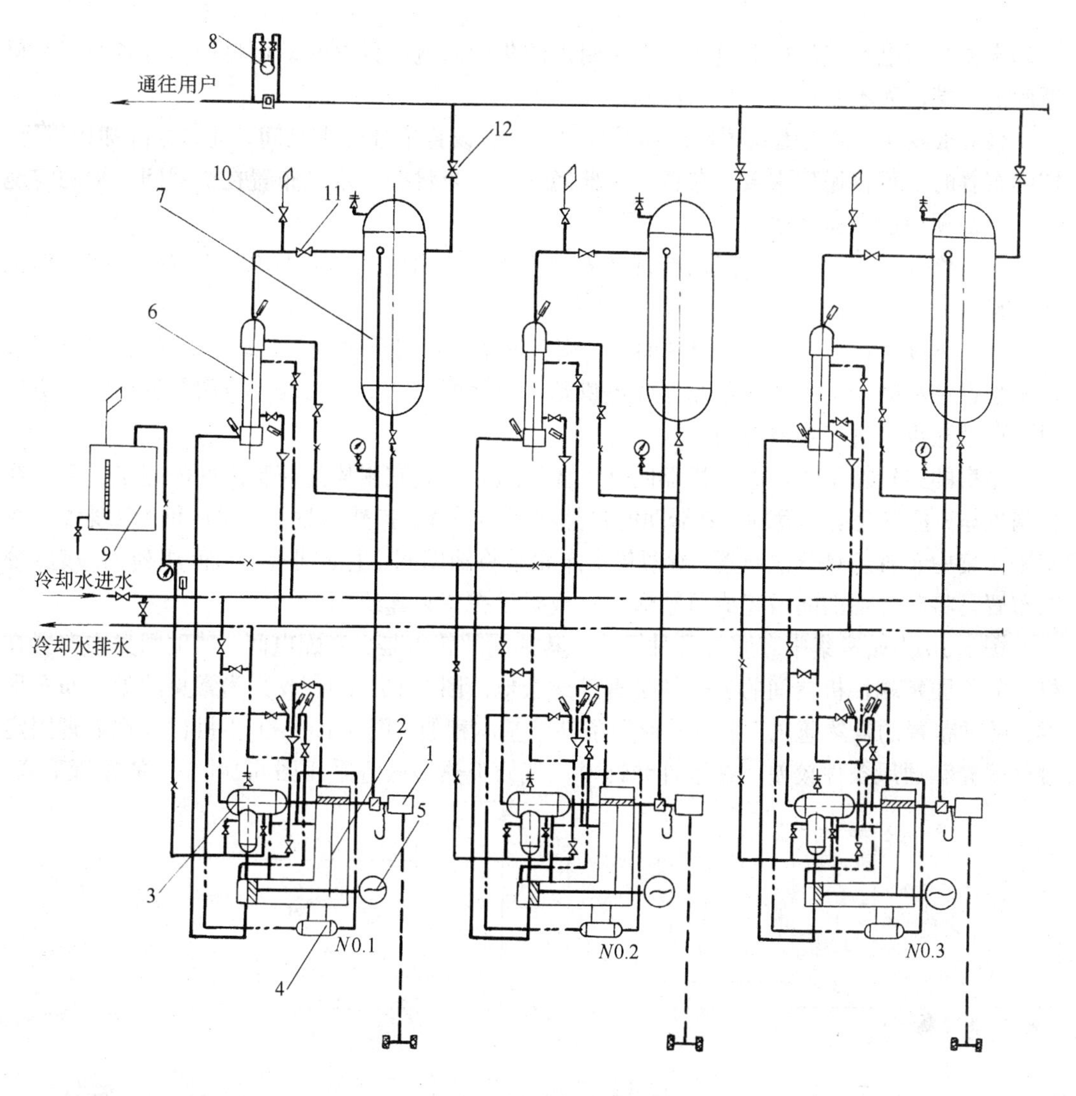

图 5-9 单元机组工艺系统图

1—空气过滤器；2—空气压缩机；3—中间冷却器；4—油冷却器；5—电动机；6—后冷却器；7—贮气罐；8—流量表；9—废油收集器；10—截止阀；11—止回阀；12—截止阀

设备冷却水或工艺冷却水。冷却水系统包括进水管与排水管，如果是闭式循环系统还应包括冷却构筑物、集水池、水泵站。

（3）油水吹除管道

油水吹除管道是指从各级冷却器、油水分离器、贮气罐向外排放油水的管道，排放物一般汇集在废油收集器中。

2. 站房布置

在污水处理厂（或给水处理厂）整体布置时，应把压缩空气站布置为独立建筑物，与试验室、办公楼，生活区应有足够的距离。

压缩空气站布置的内容包括机器间、变配电间、水泵间、修理间、有时还包括油料间和空气过滤器清洗间。

（1）变配电间。变配电间的平面尺寸和建筑高度，应由工艺设计人员会同电气设计人员确定。当压缩空气站用电量较小、由附近的集中变电所供电时，可将配电设备布置在机器间的一端，而不必设置单独的房间。

（2）水泵间。采用闭式循环冷却系统时，一般设置单独的水泵间，且靠近冷却构筑物。实际布置时，可将循环水泵房布置在机器间一端，或将循环水泵布置在机器间一端的空地上（上加顶盖的半露天式）。

（3）修理间。如果机器间内有富裕面积用作检修场地时，可不单独设置修理间。但机器间噪声大，宜设修理间。

（4）油料间和空气过滤器清洗间。大型压缩空气站各种油料消耗较多，为存、取方便，可单独设油料间。采用粘油过滤器的风机站，当粘油过滤器数量较多或需频繁清洗、更换时，可单独设置过滤器清洗间。

站房的布置在于正确处理机器间（主体建筑）与其它附属建筑物之间的建筑关系。在权衡安全、检修及运行管理、机器间的自然通风与采光、扩建余地、工程造价等因素后，决定采用集中布置还是分散布置。所谓集中布置是将辅助间、生活间等与机间组建在一起；分散布置是将部分辅助间另建成单独建筑物或附设在其它建筑物内。

图 5-10 为站房集中布置的几种形式。其共同的特点是：变配电间、辅助间集中布置在机器间的固定端，机器间的另一端是有扩建余地。图 5-10（*a*）、（*b*）为常见的站房布置形式，两种布置的自然通风、采光及使用条件等基本相似。图 5-10（*d*）中机器间在靠近固定端处采光和通风条件较差。在条件允许时，气候炎热地区宜采用图 5-10（*c*）的布置形式。

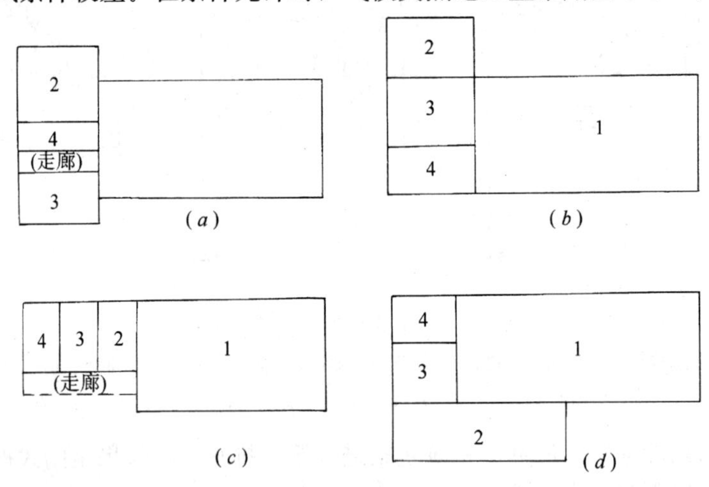

图 5-10　压缩空气站建筑物平面布置

1—机器间；2—变配电间；3—辅助间；4—生活间

3. 机器间设备布置

机器间安装空气压缩机、电动机、后冷却器和所需干燥设备等，有时水泵、废油收集器也安装在内。这里主要介绍机组的排列方式及有关问题。

图 5-11 是常用的纵向单列布置方式。这种布置的优点在于设备布置紧凑、占地面积小，管线布置整齐，空气压缩机主要操作面在同一方向、便于运行人员对设备的监视和检查，也为扩建提供了条件。但在机组台数较多时，机器间长度较大，给操作、管理带来一定的困难，这时可改为双行布置。

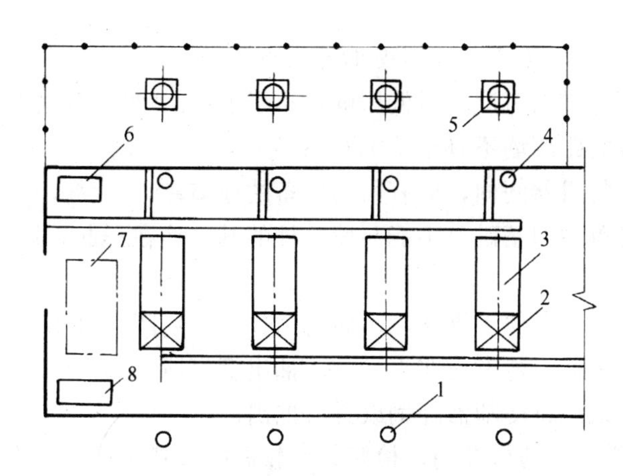

图 5-11　机组纵向单列布置

1—空气过滤器；2—电动机；3—空气压缩机；4—后冷却器；
5—贮气罐；6—废油收集器；7—检修场地；8—钳工台

图 5-12　为纵向双行布置方式。这种布置方式缩短了机器间长度，但跨度有所增加，需用桥式吊车吊运设备。

图 5-13 是小型空气压缩机站机组环形布置形式。这种布置形式多半是风机站附设在其它建筑物内才用，或是在建筑模数与实际需要不太匹配时才用。

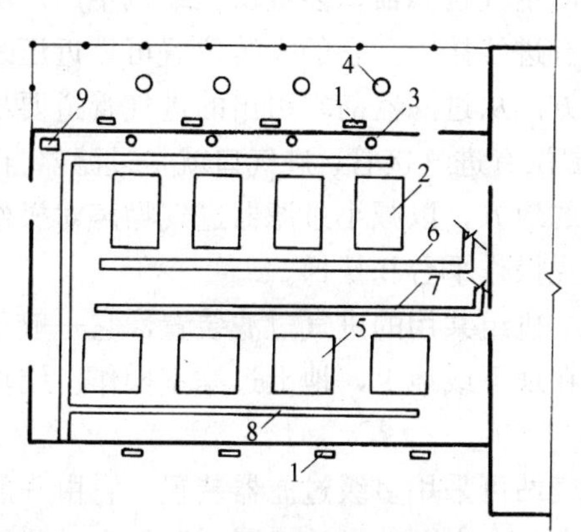

图 5-12　机组纵向双行布置

1—空气过滤器；2—空气压缩机；3—后冷却器；4—贮气罐；
5—空气压缩机；6、7—电缆沟；8—管道地沟；9—废油收集器

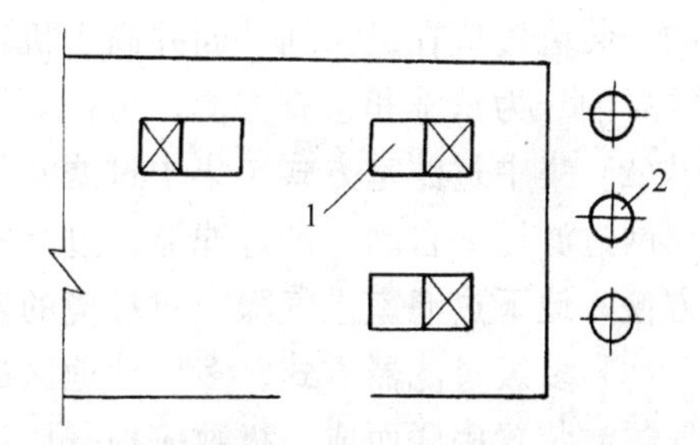

图 5-13　机组的环形布置

1—电机、过滤器、空气压缩机整体；2—贮气罐

机组布置时，在排列方式确定后，需要确定有关间距。间距要满足电气安全、站内交通、设备检修或安装需要、检修场地等的要求。实际控制时，应遵守下列设计规范：

(1) 卧式气缸压缩机，须考虑抽出活塞和连杆的距离；立式气缸压缩机须考虑抽出活塞和连杆的空间高度；

(2) 相邻两机组突出基础部分间的间距，机组突出部分与墙壁的间距，应满足检修的要求，并不得小于 0.8m。如果电机功率 $P_e>55$kW，则不得小于 1.0m；

(3) 相邻两机组基础间净距，电机容量小于 55kW 时，不得小于 0.8m；$P_e>55$kW 时，间距不得小于 1.2m；

(4) 无吊车的机器间，一般在每台机组的一侧应有比机组宽度大 0.5m 的通道，但不得

小于第（3）条的规定，作为主通道不得小于1.2m；

（5）配电屏前面通道的宽度，对低压屏不小于1.2m，对高压屏不小于2.0m，当配电屏在屏后检修时，屏后距离墙不宜小于1.0m；

（6）有桥式吊车的机器间内，应有吊运设备的通道；

（7）压缩机应有单独的基础，不能与墙、柱的基础连在一起，以免压缩机的振动影响建筑物的基础；

（8）辅助设备的位置要便于操作，不妨碍门、窗户启闭，且不影响自然通风和采光；

（9）卧式列管冷却器，须考虑在水平方向抽出管束所需的空间。立式列管式冷却器的管束应可垂直吊出，或能将冷却器卧倒放置后抽出；

（10）在设有起重设备的机器间，检修频率较高的设备不应布置在吊钩工作死区内；

（11）在不结冻的地区，后冷却器、油水分离器、废水收集器等辅助设备可露天布置，但要采用简易的防雨、遮阳措施。

4. 机器间的吊车布置

与给水泵站的吊车布置相同。

5. 空气过滤器的布置

空气过滤器的进气口宜位于空气较清洁、干燥、气温较低的地方，同时考虑清洗过滤器要方便。过滤器有三种基本安装形式：

（1）单台机组过滤器方式。每台机组有各自的空气过滤器，多数由压缩机生产厂配套供应，其结构形式有两种，一种是过滤器前端带有进气接管。它的安装位置可靠近压缩机本体的进气口或置于机器间内、外适当高度的地方。从过滤器前端引出的进气管道要尽可能超过屋檐、管顶要装防雨罩；一种是过滤器前端没有进气接管，进气口就是过滤器自己。它的安装位置应在机器间外面并高于机器间窗户的地方，以减小过滤器进气噪声对操作人员的影响。为清洗和检查方便，可视具体情况设置操作平台和扶梯。

（2）集中过滤室方式。集中过滤室是多台压缩机组共用的进气过滤装置，它一般采用金属网过滤器或自动浸油过滤器。过滤室外可设在地下或地上，地上过滤室操作、维护较为方便，地下过滤室进气噪声对环境的影响较小。

（3）多级过滤器方式。多风沙地区的压缩空气站可采用多级过滤器装置。它由一般的空气过滤装置串联而成，级数应根据风沙情况确定。在大颗粒风沙地区，还可在过滤器前加装旋风分离器。一般情况下，多级过滤器的级数不超过两级。

要特别提醒的是：压缩空气站不论采用何种风机（如罗茨鼓风机、离心式鼓风机、低压往回式压缩机、轴流式压缩机等），进风口及其管段、出风口及其管段的噪声加上机组运行噪声，肯定超过《工业企业噪声卫生标准》和《城市区域环境噪声标准》很多，应采取必要的防治噪声措施，如在进口、出口管段上安装消声器，值班室采用隔声间等。

6. 贮气罐及废油收集器布置

贮气罐一般露天安装，其基础顶面应高出室外地坪。多罐时宜采用单列布置，相邻两罐的净距不宜小于1.0m，与机器间外墙的距离不宜小于1.5m，安装位置应避开机器间的门、窗，以免影响机器间的自然通风和采光。对于卧式安装的贮气罐，罐底与水平线应形成适当的倾角，以便汇集与排出罐的的油和水。

罐底吹除阀，可接长管道后安装于机器间内，便于操作。寒冷地区，吹除管应加保温设施。压力表的脉冲管（仪表接管）应引至机器间内，便于监视。罐的进口及出口阀的安装高度，以常人能就地操作为宜，避免另设操作平台和扶梯。

废油收集器一般安装在室内，不结冻地区也可露天安装。

五、站房尺寸

机器间的平面尺寸（长度和跨度）及高度决定方法与给水泵站的相同，不再赘述。要注意的是如无特殊限制，机器间和辅助间的长度、跨度和高度应符合统一建筑模数的规定。

习题与思考题

1. 给水排水泵站用风机散热通风时，风机的风量风压如何计算？
2. 散热通风时，选择风机的方法和步骤是怎样的？
3. 为压缩空气站选择机组时，应考虑哪些主要因素？
4. 压缩空气站为满足供气工艺的需要，需设置哪些必要的辅助设备？
5. 在使用往复式空压机的压缩空气站中，有几种工艺管道？各有什么作用？
6. 压缩空气站的布置包括哪些内容？
7. 站房内机组的布置有哪些形式？
8. 如何确定站房的主要尺寸？